KB083761

창의적이고 거대한 잡탕의

# 진화론

LE GRAND BORDEL DE L'ÉVOLUTION

# 창의적이고 거대한 잡탕의 진화론

완전히 새롭게 보게 만드는 진화론의 마인드픽

레오 그라세 지음 · 알리스 마젤 그림 · 서희정 옮김

그러나

할머니들께

섹스 관련 언급을 겸연쩍어하셨을,

아니 오히려 꽤 즐기셨을지 모르는 분들

(맙소사)

책의 이곳저곳에서 자신을 알아볼 사람들에게

글을 쓰는 동안 나를 참아준 불쌍한 사람들,

٩( ᐛ )و 미안해요 ٩( ᐛ )و

(사랑해요. 그리고 거기에 있어줘서 고마워요.)

## 차 례

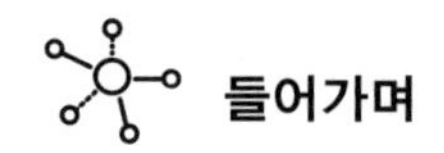

# 들어가며

## 왜 이 책을 읽어야 하나요?

똑똑해 보이지는 않지만 충분히 할 수 있는 질문입니다. 죽기 전에[1] 남은 시간을 책 읽기보다 즐겁게 보낼 방법은 엄청나게 많잖아요, 그렇지 않나요?

첫 번째로 흥미로운 일화가 많습니다. 나비목의 성기에 흥미를 느끼는 사람들이 있다는 사실을 아시나요? 알아두면 다 쓸 데가 있을 거예요.

두 번째로 알리스 마젤이 재능을 발휘해 그린 예쁜 일러스트가 많습니다. 글이 형편없다고 생각하시더라도 그림 오리기를 하면 재미있을 거예요.

그렇지만 무엇보다 이 책은 여러분의 생각을 전환시켜줄 겁니다. 어쨌

1 협박이 아니라 사실을 말한 겁니다.

든 그러려고 부단히 노력할 거예요.

## '마인드퍽'의 즐거움

각 장은 '마인드퍽mindfuck'을 유발하려고 쓰였습니다. 〈식스 센스The Sixth Sense〉에서 "맙소사, 브루스 윌리스가 유령이었어", 〈파이트 클럽Fight Club〉의 두 인물이 "동일인이었어, 대박"[2]이라는 사실을 깨달았을 때 느끼는 감정과 비슷할 거예요. 안타깝게도 마땅한 한국어가 없는 '마인드퍽'은 우리가 알고 있다고 생각한 사실을 완전히 새롭게 보게 만드는 급격한 관점의 변화를 말합니다. 맞아요 그거예요. 그걸 생물학 분야에서 해보겠다는 거지요.

제 생각에 생물학은 지금까지 과학의 대중화 흐름에서 다소 벗어나 있었습니다. 근본적인 위대한 질문, 즉 거대한 우주에서 인간이 차지하는 미미한 자리를 환기하는 질문은 대부분 물리학이나 천문학의 영역이지요. 인간은 원자 무더기이며, 그중 많은 부분이 성운 주위를 초속 220킬로미터로 달리는 별의 중심에서 발생한 것입니다. 게다가 인간이 태어난 이후로 원자는 계속 바뀝니다. 그리고 원자핵의 부피가 원자의 부피에 비해 헛웃음이 나올 정도로 작기 때문에, 원자는 99.9999999999999%가 빈 공간이에요. 와, 새롭지 않나요?

빅뱅은 왜 일어났을까요? 양자의 세계는 어떻게 작동할까요? 우주의

2 스포일러를 적어서 미안합니다. 그렇지만 이 책을 읽기 전까지 이 영화를 안 봤다면 인생의 우선순위를 다시 살펴보셔야 할 거예요.

차원에서 인간은 무엇을 의미할까요? 잠재적으로 '마인드퍽'을 불러일으킬 수 있는 질문들은 이렇게나 많습니다. 물리학자들이 다룰 법한 질문이고 이미 다루기도 했죠.[3]

## 풍부한 일화

생물학자들은 과학 초보자들이 품은 수수께끼를 남의 일처럼 바라봤습니다. 시간이 없거든요! 박새의 날개 크기를 재거나 땅속에서 득실거리는 뭔가를 찾아서 땅을 긁어내야 하니 은하에서 인간의 자리와 같은 전복적인 질문은 나중 문제인 거죠! "음경이 와인오프너 모양인 오리가 있다는 거 아시나요?"라는 질문 정도가 과학 초보자들의 관심을 끌 수 있을 거예요.

뭐, 대중 과학서 베스트셀러 중에 생물학을 다룬 책도 많은데 제가 좀 과장하긴 했어요. 그렇지만 대부분은 고생물학적 관점에서, 그러니까 아주 아주 오래전에 살아서 아주 아주 다른 모양의 생물의 형태를 다루거나 놀라운 사례를 나열하며 가볍고 재미있는 접근법을 택했다는 점은 인정해야 합니다. 위장에서 새끼를 키우는 개구리[4]가 있었다는 사실을 아시나요? 게거미*Xysticus*속 어떤 거미들은 비단실로 된 막을 분비해 바람을 타고 날 수 있다는 사실을 아시나요? 이런 일화들은 많아요. 하지만

---

3 명저인 칼 세이건(Carl Sagan)의 『코스모스 Cosmos』나 스티븐 호킹(Stephen Hawking)의 『시간의 역사 A Brief History of Time』가 대표적이지요.

4 위부화개구리(*Rheobatracus*)는 1980년대에 사라졌습니다. 나사로 프로젝트가 복제 기술을 활용해 이 종을 부활시켜 명맥을 이으려고 했습니다.

우주에서 인간의 자리를 논하는 발견들은 궁금해하는 사람들이 적지요.

그렇지만 생물학은 마인드펵을 줄 이야기들이 적지 않습니다. 특히 진화생물학은 말이죠.

## 진화의 1001가지 장점

살아 있는 생명이 시간의 흐름에 따라 변화하고 이런 변화는 반복 가능한 법칙에 따라 일어난다는 사실을 이해하는 데는 수천 년이 걸렸습니다. 칼로니 만에서 자연주의적 태도로 관찰한 아리스토텔레스부터 자연 선택[5]의 흔적을 찾으려고 어마어마한 게놈 데이터를 자세하게 분석한 박사 과정생까지 수많은 지식인이 유전자로 가득 찬 인간이라는 물주머니의 작동법의 비밀을 밝히는 데 기여했습니다. 그들의 노력 덕분에 오늘날 진화론은 체계적인 이론으로 자리 잡았습니다. 설명이 축적되어 생물계에 관한 정보를 이해하고 이따금 미래의 변이를 예측하기에 이르렀지요. 간단히 말해 그만큼 견고한 학문이 되었습니다.

그러나 무엇보다도 생물학은 놀라운 능력을 품고 있습니다. 정체성, 현실과 비현실의 인지 능력, 삶, 죽음, 성, 할머니, 성기, 의식, 오르가슴 등이 우리와 어떤 관련이 있는지 의문을 제기하는 학문이니까요. 생물학이라는 뛰어난 지적 도구는 왜 북극곰은 흰색인데 사촌인 회색곰은 그렇지 않냐에 대한 답을 줄 뿐만 아니라 이 책의 1부와 2부를 이루고 있는 두

---

5 [역자 주] 자연 선택(自然選擇): 자연계에서 그 생활 조건에 적응하는 생물은 생존하고, 그러지 못한 생물은 저절로 사라지는 일. 다윈이 도입한 개념이다.

가지 마인드퍽을 불러일으키기도 합니다.

하나는 생각하지도 못했던 과학적 질문을 하게 하는 마인드퍽입니다. 왜 아이를 만드는 데 (혼자서는 안 되고 17세에도 안 되고) 둘이 필요한지, 왜 언젠가는 죽는지, 왜 세상을 무색이 아닌 컬러로 보는지에 대한 수긍할 만한 이유를 발견하게 되실 겁니다. 다른 하나는 우리, 그러니까 호모 사피엔스에 관해 이미 알고 있다고 생각하는 관점을 뒤집는 마인드퍽입니다. 우리가 정말 인간일까요? 무엇이 우리를 다른 동물들과 구분 지을까요? 알려지지 않은 생물학적 힘이 우리에게 있을까요? 2부에서는 무척 흥미로운 과학적 신지식을 근거로 우리가 자기에 대해 가진 견해를 뒤집어보겠습니다.

## 이 책을 어떻게 읽어야 하지요?

당신이 한 질문은 아니지만, 그래도 질문에 답을 해보자면, 마음 가는 대로 하시는 게 제일 좋습니다. 책을 펼쳐서 구미가 당기는 그림이 있다면 무슨 내용인지 한번 읽어보세요. 아니면 마음에 드는 제목부터 펼쳐 읽으셔도 좋고요. 앞에서부터 차례로 읽도록 구성된 책은 아니니까요.

단, 한꺼번에 다 읽어버리지는 마세요. 꽤 두서없고[6] 각주가 몹시[7] 무척[8] 많이 붙었거든요. 이렇게 쓰인 글은 읽기에 꽤 피곤하잖아요.[9] 다소

---

6 생물학의 특징을 빗대자면, #바이올로지(인)셉션(biologieception, 생물학적 사고의 발상)이라고나 할까요?

7 각주는 엘리자베스 여왕의 인쇄공이었던 리처드 저기(Richard Jugge)가 고안했습니다.

어수선한 면이 있으니 여유를 갖고 천천히 읽어보세요.

하나만 짚고 갈게요. 제 유튜브 채널 '더티바이올로지DirtyBiology'를 알고 계시다면 어떤 장은 기존 영상과 같은 주제도 있을 거예요. 그렇지만 접근 방법이 약간 달라졌거나 훨씬 더 풍성한 내용을 다루고 있답니다. 책의 장점이 그거잖아요, 자리가 있다는 거.

독자분들의 댓글을 제가 읽을 수 없다는 게 단점이긴 하지만, 기회가 되면 제게 메시지를 보내주세요. 즐겁게 읽으시길!

---

**8** 엘리자베스 1세는 16세기에 살았어요.

**9** 게다가 늘 건설적인 것도 아니에요. 하지만 각주는 언제라도 읽지 않고 건너뛸 수 있어요!

# 1부

# 커다란 질문들

# 1장

# 믿기 어려운 사실

◆

어떤 박테리아는 전선 같은 형태를 만들어 인간 두뇌의 기능을 흉내 낸다고 하면 믿으시겠어요? 사실인지 확인하려면 수십억 년이라는 시간을 거슬러 올라가야 합니다.

뽀롱. 뽀롱.

바다 깊이 저 아래, 태양 빛이 절대 닿지 않는 짙은 암흑 속에서 전기음 뽀롱이 고요한 심연을 가로지릅니다. 섭씨 4도 물기둥이 가로지른 바닷속 바닥으로 맨눈에는 보이지 않는 가느다란 실을 통해 전류가 흐르고 있습니다.

뽀롱.

이 파동은 인간이 만들어낸 것이 아닙니다. 가까이 다가가 보면 무슨 실인지 보일 겁니다. 표면은 단백질이 감싸고 있고 안에서는 효소가 활발히 움직이고 있습니다. 이 실은 박테리아랍니다. 이 박테리아는 온몸으로 전자를 전달하면서 살고 있습니다. 뽀롱. 뽀롱.

## 전선을 통해 숨쉬기

세포 호흡을 하면서 세포는 분자로부터 전자를 가져옵니다('산화'라고 합니다). 그리고 바로 이 전자를 산소 원자에게 제공하지요('환원'이라고 합니다). 이 과정에서 방출된 에너지로 유기체가 생존할 수 있습니다. 인간의 경우에 이 모든 과정은 세포 속 한 구획, 그러니까 몇 마이크로미터에 불과한 미토콘드리아에서 이뤄집니다.

그러나 해저의 전자 박테리아는 산소가 극히 부족한 토양에서 살고 있습니다. 그래서 문제를 우회적으로 해결하는 방법을 터득한 겁니다. 몇 센티미터 길이의 실 모양을 만들어서 침전물을 뚫고 바다 바닥에 닿은 거죠. 그곳에는 산소가 있거든요. 해저 진흙에 있는 황화수소에서 가져온 전자가 유기 전선을 통과해 바다에 산소를 공급하고 이때 발산되는

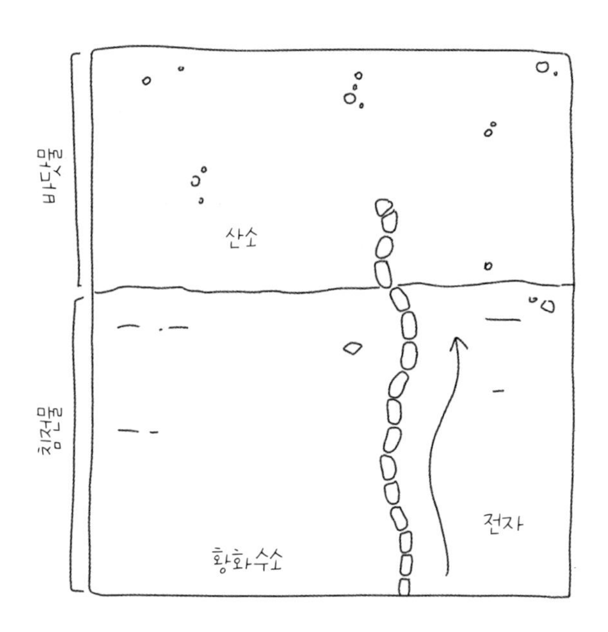


에너지로 전선을 만든 박테리아가 생존할 수 있는 거죠.

뽀롱. 뽀롱. 박테리아 약 1만 마리가 협력해 전선을 만들고 다시 서로 연결되어 꽤 밀도 높은 망을 형성합니다. 박테리아 전자망은 말 그대로 전자를 먹고살지요. 이 박테리아 실이 발견되어 큰 충격을 줬습니다. 인간으로 비유하자면 신진대사를 하는 두 부분이 약 20킬로미터 떨어져서 작동하는 것이기 때문이지요. 사실 이 전자 박테리아는 비교적 최근에 발견되었고 앞으로도 놀랄 만한 것들이 수도 없이 발견될 겁니다. 아닌 게 아니라 전기의 다른 용도가 새롭게 밝혀졌습니다. 예를 들어 지오박터*Geobacter* 박테리아는 협력해서 전선을 형성하지는 않지만 자기 주위로 나노 전선을 뻗어내지요. 이 박테리아는 생태계 여기저기에서 볼 수 있습니다. 심지어 우리 입안에서도요. 뽀롱. 뽀롱. 뽀롱.

## 글자의 해석과 관련된 마인드퍽

지금 앉아서든 누워서든 여러분은 이 글을 읽고 계십니다. 읽는 동안 여러분의 눈은 엄청난 양의 시각 정보를 뇌로 전달했지요. 이 책의 그림, 종이나 전자책의 색깔, 섬세한 아라베스크 문양이 눈으로 들어옵니다. 이 모든 시각 정보는 뇌의 뒤쪽에 있는 후두엽으로 이동합니다. 이 정보는 다시 좌측 방추상회로 흘러가 설회로 들어가는데 이곳에서 낙서가 글씨로 해석됩니다. 좌뇌의 이 부분이 해석하는 데 꼭 필요하지만, 이것만으로 되는 것은 아닙니다. 전두엽과 측두엽이 각각 단어의 의미를 판독하고 발음을 상기합니다. '뇌'를 뜻하는 아래의 상형 문자를 보세요. 이 상징을 개념으로 해석하는 데 필요한 정보가 없으면 한낱 그림일 뿐이지요. 우리가 사용하는 언어의 글자와 단어도 마찬가지입니다.

글자를 해석하는 전기적 과정은 몇 밀리초(1/1,000초) 만에, 미처 의식하지 못한 사이에 일어납니다. 여러분이 판독한 흔적은 10억 년 전에 생성된 복잡한 신경 계통 덕분에 자동으로 의미를 지니게 됩니다. 뇌의 역사는 시간이 흐르면서 중요한 사실을 내포하게 되었습니다. 세상에서 가장 믿기 어려운 사실을요.

## 과거로 돌아가기

광기 어린 신경생물학자가 시간 여행 기계를 가지고 있다고 해봅시다. 그가 과거로 돌아가면 무엇을 보게 될까요? 작동 버튼을 눌러 '파박' 하고 시간의 물결을 점점 빠르게 거슬러 올라갑니다. 그는 우선 우리 선조의 두뇌가 더 작다는 점을 확인할 거예요. 현재 인간의 두뇌는 부피가 1,350세제곱센티미터인데 이는 약 200만 년 전에 살던 호모하빌리스 *Homo habilis*보다 두 배 커진 것이거든요. 호모하빌리스의 두뇌도 침팬지와 우리의 공통된 선조로 약 800만 년 전에 살았던 영장류의 뇌보다 부피가 두 배 정도 커졌고요. 호기심 많은 이 신경생물학자는 가속기를 밟아 더 멀리, 훨씬 과거로, 약 5억 5,000만 년 전으로 돌아갔어요. 우리의 선조를 마주치겠지요. 골격이 없는 뱀장어 형태를 한 선조들요.

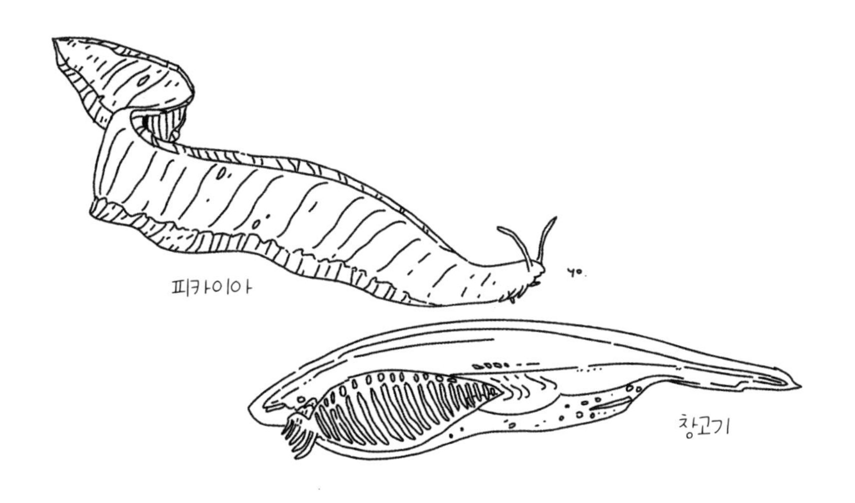

오늘날 피카이아*Pikaia* 같은 화석을 발굴해봐도 이런 특성이 있습니다. 아주 먼 과거의 조상인 피카이아가 어떤 모습인지 상상하려면 창고기 *Branchiostoma lanceolatum* 같은 현재의 동물을 보면 됩니다. 이 물렁물렁한 바다 동물은 눈 하나, 앞에 입 하나, 항문, 뒤에 지느러미 하나 이렇게 기본적인 해부학적 구조로 되어 있거든요.

창고기와 비슷한 피카이아는 진화사상 처음으로 신경계가 몸의 뒤쪽보다는 앞쪽에 집중되어 있어요. 뇌의 전조가 되는 연수가 나타났습니다. 이런 '두화(頭化, cephalization)'[1]는 생물학적 혁신이지요.

약 7억 년 전으로 시간을 더 거슬러 가면 생물학자는 신경계가 전신에 흩어져 있는 생물을 만나게 될 겁니다. 작은 신경 세포 뭉치로 된 사슬이나 망과, 신경절이 피부 아래 고르게 분포되어 있겠지요. 모두 기능은 얼추 비슷합니다. 주위 환경을 느끼고 유기체가 감각에 맞게 반응하게 하는 것이지요. 이런 신경망은 여전히 불가사리나 해파리에서 볼 수 있습니다. 생물학자는 초기 신경계를 관찰하고 향후 진화 과정을 가늠해보겠지요. 이런 원시적인 신경 세포망에서 대중 과학서를 읽을 수 있는 두뇌가 되기까지 수억 년이나 기다려야 하는 건 좀 너무하다고 생각할 거예요. 그래도 호기심에 가득 찬 그는 더 과거로 가보고 싶겠지요.

생물학자는 다시 시간 여행 기계에 올라타서 신경 계통의 기본 세포인 신경 세포가 처음 등장한 시점으로 갑니다. 이 순간에도 여러분의 두뇌를 구성한 신경 세포 800~900억 개 중 일부가 약 100조 개의 연결[2]을

---

1 그리스어로 케팔레(kephalê)는 '머리'를 뜻합니다.

통해 소통하고 조정해가며 이 장을 읽고 있습니다. 동시에 호흡[3]은 물론 생존에 필요한 수많은 생리적 과정을 관장하고 있지요.

신경생물학자는 여기서 멈추지 않을 겁니다. 뇌의 역사가 시작된 시점에 도착하지 못했으니까요. 사실 신경 세포가 스스로 흥분해 전기 임펄스를 방출하려면 필요한 장비를 갖추게 하는 유전자 피카이아가 구불구불 움직이려고 신경절을 사용하기 훨씬 이전에 등장했습니다. 또 해파리가 자기의 젤라틴성 몸체에 파묻힌 신경 세포망을 개발하기도 이전이지요. 더 나아가 유기체가 세포 몇 개로 이뤄지기도 이전입니다.

유전자는 여러 세대를 거쳐 개체에서 개체로 시간 여행을 하며, 일부 유전자는 아주 먼 시절에서 온 것도 있습니다. 신경 세포의 전기적 흥분에 필요한 유전자 한 줌은 약 40억 살일 수도 있어요.

## 의미 있는 간주(間奏)

잠깐, 잠깐만요. 잠시 쉬었다 가지요. 여기까지 읽다 보면 진화는 보이지 않는 손이 복잡성을 향해 인도하는 필연적인 과정이라는 인상을 받을 수 있습니다. 하지만 자연은 꼭 그렇게 작동하지 않아요. 우선, 진화

2 $10^{14}$입니다. 대략적이지만 엄청난 숫자이지요. 이 '회로도'에 커넥톰이라는 이름도 붙고, '인간 커넥톰 프로젝트(Human Connectome Project)'와 같이 인간의 뇌를 구성하는 망의 지도를 만들려는 대대적인 시도가 이뤄지고 있습니다.

3 여러분이 호흡 정지 상태가 아니라면 지금도 마찬가지랍니다. 그런데 여러분이 호흡하고 있었다는 걸 방금 전에 새삼 깨달으셨을 겁니다. 신경 세포는 여러분이 개입하지 않아도 이 일을 잘 수행하고 있어요.

는 항상 복잡성을 향해 가지 않습니다. 전체 종의 40%를 차지하는 기생충은 세대를 거치면서 해부학적 구조도 신경계도 극도로 단순해졌습니다. 또 (이 책의 다른 곳에서도 확인하겠지만) 진화는 끊임없는 시행착오이며, 매우 긴 시간에 걸쳐 이뤄지는 때에만 조직 체계를 갖추게 되는 맹목적인 과정의 연속입니다.

문제는 우리의 언어가 목적을 향해 가는 일상의 영향을 받아 빚어졌다는 점입니다. 우리는 무엇을 얻기 위해 움직이고, 우리의 행동은 보통 동기가 있다는 뜻입니다. 우리가 표현하는 방법은 어디로 가는지 '모르는' 맹목적인 과정을 기술하기에는 적합하지 않습니다. 그래서 이 책에서 "진화를 거듭해 이런 특징이 발생했습니다"라든지 "이 유기체는 이러한 방향으로 진화하게 됩니다"라는 궁극 목적적 표현을 자주 보시게 될 겁니다.

이런 표현을 피하려고 최대한 노력하겠지만, 그래도 이게 자연에서 벌어지는 일을 있는 그대로 묘사하기보다는 우리의 화법에서는 어쩔 수 없는 부분이라는 점을 기억해주세요! 유전자는 무엇을 위해 진화하지 않고, 박테리아는 아무것도 바라지 않지만, 비비 틀고 에둘러서 표현하는 것보다 훨씬 간결하게 이야기할 수 있으니까요. 자, 여담은 여기까지 하지요.

## 전기를 생산하는 박테리아

샌디에이고의 캘리포니아대학교 연구자인 귀롤 쉘Gürol Süel은 박테리아 생물막을 연구합니다. 최근 몇 년 동안 박테리아에 대한 관점이 바뀌었습니다. 기존에는 박테리아를 독자적 유기체로 간주했지만, 이제 박테리아가 공동체를 형성해 생물막을 만들 수 있다는 점이 알려진 거죠. 수십억 개의 개체로 이뤄진 얇은 막은 어디에나 있습니다. 바다에도, 상하수도관에도, 나뭇잎에도, 심지어 인간의 치아에도 치태의 형태로 존재합니다.[4] 박테리아는 모여 있으면 업무를 서로 나눠서 적대적인 환경에 더 쉽게 저항합니다. 표면의 박테리아는 보호층 역할을 하고 아래쪽 박테리아는 먹이를 공급하는 거죠. 모든 공동체는 소통을 해야 하지요. 2015년 귀롤이 이끄는 팀이 생물막 안에서 박테리아가 전기 임펄스를 통해 서로 소통할 수 있다는 점을 발견했습니다.

생물막을 형성하는 박테리아는 세포벽에 자리 잡은 관 형태의 단백질 덕분에 칼륨 이온을 방출합니다. 이 칼륨 이온은 이웃 박테리아로 이동하고, 이 이웃 박테리아는 다시 칼륨 이온을 방출해서 신호가 차츰 외부에 있는 세포로 확산되는 거죠.

이 전기 신호 덕분에 박테리아는 정보를 전달할 수 있습니다. 먹잇감이 부족할 때 증식 기제를 중단시키는 데 유용하게 사용되겠지요. 박테리아가 활용하는 통신 체계는 신경 세포 사이에서 작용하는 기제의 원시적 형태[5]입니다. 인간의 뇌에서 신경 세포는 언제나 전기 정보를 전달합니다. (주로) 칼륨 이온을 세포 밖으로 방출하면서요. 이는 세포 내외부 사이의 전기 부하 차이를 만들고, 이 극성의 차이는 점차 막을 순환하다가 신경 세포의 한쪽 끝에서 다른 쪽 끝으로 이동합니다.

---

**4** 책의 다음 장으로 넘어가기 전에 양치 한 번 하면 좋겠지요.

**5** 이 원시적 형태의 통신 체계는 아주 느리게 작동합니다. 칼륨은 1시간에 수 밀리미터 확산하거든요. 인간의 뉴런 중에는 초당 100미터가 넘는 속도로 전기 정보를 전달하는 것도 있습니다. 가늠되시죠?

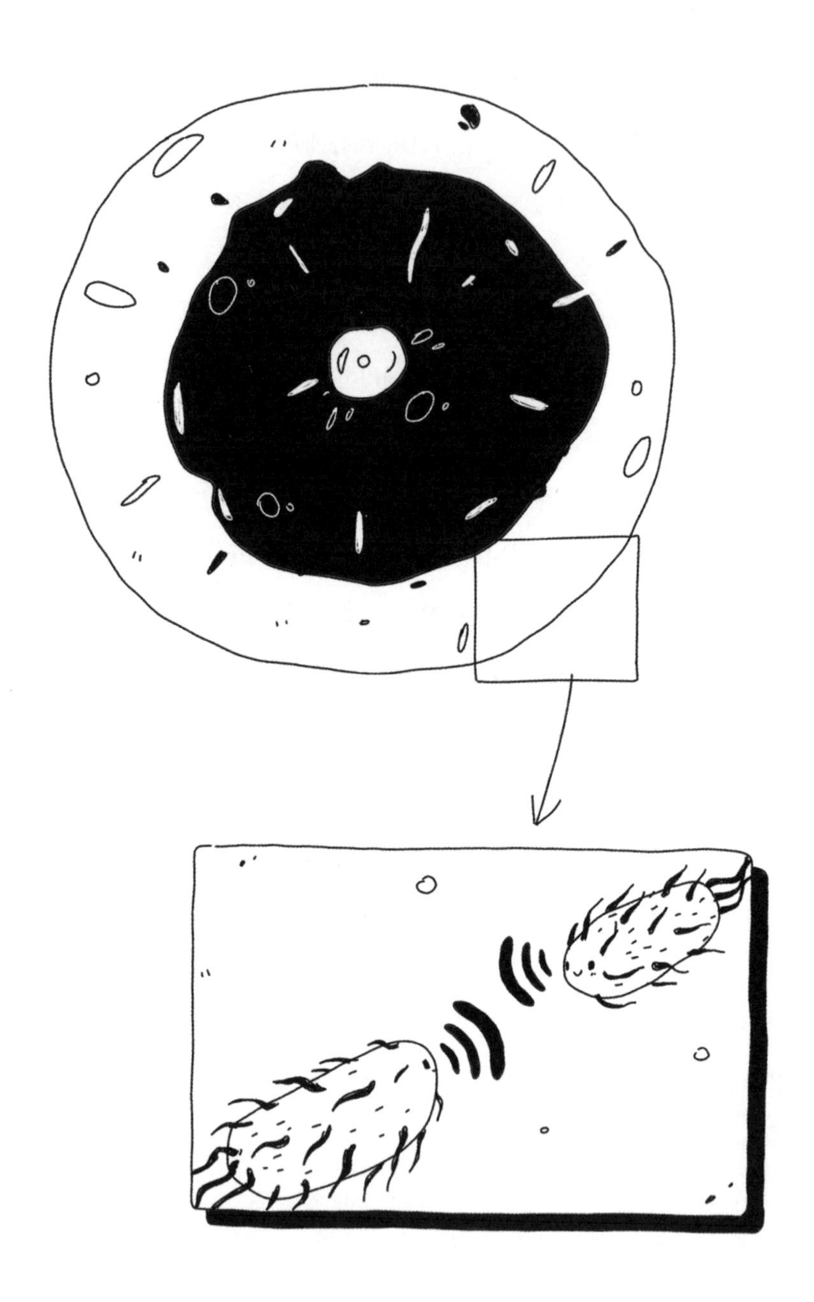

• 예술가의 관점에서 본 생물막

활동 전위라는 이 복잡한 기제는 박테리아가 칼륨을 방출하는 관과 유사한 관을 통해 작동합니다. 이 관은 지구에 사는 모든 유기체(식물, 버섯, 동물, 박테리아 등)에서 찾아볼 수 있습니다.

달리 말하자면, 지금 여러분이 하는 독서의 기본 기제는 수십억 년 전 박테리아와 공통분모를 가진 우리 선조로부터 진화해왔습니다.

여러분이 이 문장을 구성한 글자를 읽고 있다는 진화된 미래를 고려해보면 이 정보는 신의 계시나 획기적인 발견, 유레카에 버금가죠. 복잡하고 전문화된 뇌 영역에 모인 신경 세포가 매 순간 칼륨 이온을 방출하는 거예요. 우리 조상들이 이미 수십억 년 전에 같은 단백질로 그랬던 것처럼요.

변이를 거듭하면서 새로운 특징이 나타나고 어떤 특징은 선택되고 유기체는 단세포에서 다세포가 되고 신경 세포가 발달하고 등등 그랬겠지요. 빙하기가 도래하고 기후 변화가 대륙을 초토화시키고 화산이 대폭발을 일으켜 지구의 대기 구성을 급작스럽게 변화시키기 전까지요. 그리고 신경 세포망이 처음에는 단순하게 시작해 점점 복잡해지면서 머리, 뇌, 전문 영역을 이뤘겠지요. 그래서 여러분이 지금처럼 종이에 쓰인 글씨를 보며 이 모든 과정을 그려볼 수 있게 되었어요.

## 인간보다 오래된 특징들

앞에서 두뇌와 신경 세포 같은 특징의 개괄적인 시간적 발달사를 살펴보았습니다만, 이는 단지 그 특징에만 해당하는 것은 아닙니다. 인간 신체의 다른 특징도 비슷한 역사를 갖고 있습니다. 인간의 소화관, 눈,

피부, 치아도 마찬가지로 지금 모습을 갖추기 전에 믿기 어려운 진화 과정을 거쳤습니다. 사실 지구상에 살고 있는 어떤 생명체의 어떤 특징도 마찬가지입니다. 나무고사리의 잎, 파충류와 포유류의 페로몬을 감지하는 양서류의 야콥손 기관, 완보동물의 입에 달린 입술침 등 이 모든 특징은 점진적으로 등장했고, 그 기원은 매번 인간과 어느 정도 연결되어 있습니다.

유기체가 물려받은 특징의 기원을 찾다가 유기체 사이의 공통된 혈족 관계를 밝혀냈습니다. 인간의 신경 계통은 전반적인 척추동물, 더 크게는 동물과 기원이 공통되지만, 그 시점은 선캄브리아기[6]의 박테리아로 거슬러 올라가지요.

진화생물학, 특히 생물체의 계통수[7]를 만드는 학문인 계통발생학이 우리에게 알려주는 바는 곱씹어볼 만합니다. 예를 들어 15억 년 전에 우리와 분기된 먼 친척의 일부가 변해 이 책이 인쇄된 종이가 되었다는 사실을 알려주거든요.

지금 이 순간 여러분의 속눈썹에서 신나게 놀고 있을 응애목(이 친구도 우리 친척입니다)을 비롯해 지구에 살고 있는 모든 생명체가 그렇답니다. 아침에 마신 원두의 분말, 식중독을 유발한 박테리아 등등 결국 우리는 모두 적어도 하나의 공통된 선조를 공유하고 있어요. 모든 생물체

---

6 [역자 주] 선캄브리아기(先cambria紀) : 캄브리아기 이전의 지질 시대. 약 46억 년 전부터 약 5억 7,000만 년 전까지의 시대.

7 [역자 주] 계통수(系統樹) : 진화에 의한 생물의 유연관계를 나무에 비유하여 나타낸 그림.

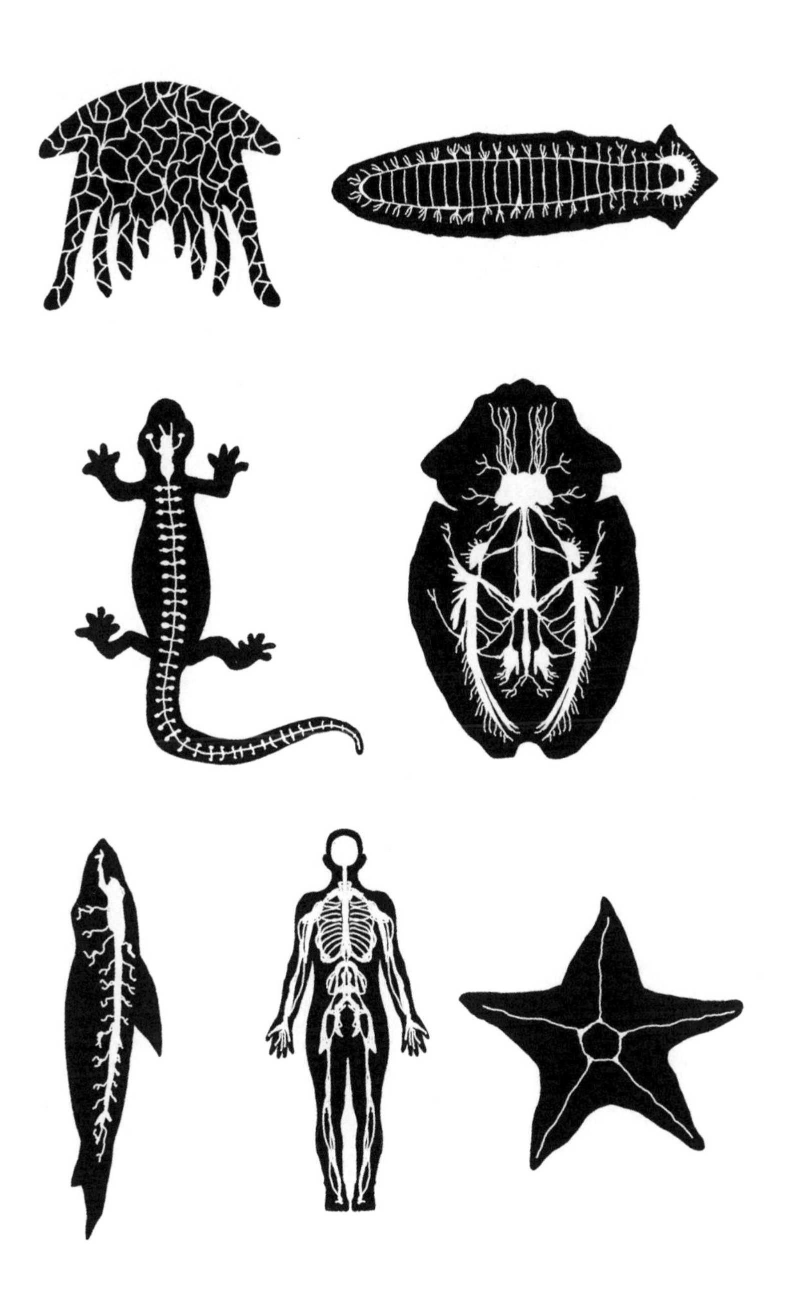

는 거대하고 동일한 가계도에 속하고, 그 뿌리는 생명의 저 먼 기원, 현재 생명을 가진 모든 형태의 보편적이고 공통된 선조로 거슬러 올라가지요.

모든 유기체가 공유한 유전자를 비교해 현존하는 모든 생명의 공통 조상인 루카(LUCA, Last Universal Common Ancestor)가 어떤 모습이고 어느 시기에 살았을지 추정할 수 있어요. 가장 최근의 계산 결과를 보면 약 45억 년 전인 명왕누대일 거래요. 운석이 폭탄처럼 쏟아지고 지상에는 극한의 더위가 기승을 부리고 방사능이 곳곳에서 발견되는 끔찍한 시기가 우리의 완전 끝내주는 조상이 번성하고 재생산한 시기였던 거지요. 그 후로 후손들은 수많은 생물학적 능력을 획득했습니다. 글을 읽는 능력도 포함해서요. 생명체의 끊어지지 않는 사슬, 그러니까 수십억 년 동안 이어진 유전자의 이어달리기에 사람이 속했다는 점이 정말 가장 믿기 어려운 사실이라고 생각합니다.

# 2장

# 우리는 생명이 무엇인지 모릅니다

◆

생명이란 무엇일까요? 간단하지요. 우리처럼 살아 있는 것이에요. 그렇지만 오늘날에도 여전히 이 질문은 과학자들 대부분을 혼란스럽게 한답니다.

특별히 세련된 이름의 직업을 가진 사람들이 있습니다. 바로 '행성 보호관(Planetary Protection Officer)'입니다. 우리가 태양계의 다른 행성에 탐사선, 로버[1], 각 잡은 깃발[2] 등을 띄워 보낼 때 이 다양한 사물에 지구의 유기체가 실려 가거나 지구에서 보이는 고유한 형태의 생명이 그 별을 오염시키지 않도록 하는 게 그들의 일입니다. 그들은 업무 중 대부분의 시간을 '저 위', 특히 지구의 생명체와는 다른 생명체가 살고 있을 것 같은 곳, 가령 화성, 엔켈라두스[3], 에우로페[4] 등으로 쏘아 올릴 개별 부품을 소독하는 데 씁니다.

지구의 유기체가 다른 행성을 오염시킬 수 있는 위험을 차단하는 일은 사실 윤리적 논쟁과 관련이 있습니다. 〈스타 트렉 Star Trek〉의 제1지령과 마찬가지로 우주적 격리 체제[5]를 적용해 최소한의 위험도 피해야 한다고 여기는 사람들이 있습니다. 이들은 다른 생명체의 발달에 개입하지 않는다고 100% 확신할 수 없다면 탐사선을 보내서는 안 된다고 합니다.

---

1 [역자 주] 로버(rover) : 지구 이외의 물체 표면에서 이동하도록 설계된 차량.

2 비행사들은 잡다한 물건을 달에 두고 왔습니다. 배설물, 골프공, 가족사진, 기념물은 물론 지구로 가지고 돌아오지 않아도 되는 수많은 장비를 가방에 넣어 버리고 왔습니다.

3 토성의 위성입니다. 눈 덮인 두꺼운 표면 아래 액체 바다가 있습니다.

4 목성의 위성입니다. 여기도 액체 바다와 열이 있습니다.

5 '동물원 가설'에 따르면, 우리보다 뛰어난 우주인들이 지구를 격리 및 보호하고 있다고 합니다. 이 가설은 드넓은 우주에 존재하는 외계인이 많을 텐데 우리에게 접근해 오는 존재가 없다는 점을 설명하려고 나왔습니다. 우리는 멀리서 아무런 개입 없이 관찰되고 있으며 외부 고등 문명은 우리가 그들에게 파괴당하지 않고 상호 접촉을 감당할 수 있을 때 찾아올 것이라고 이 가설은 설명합니다.

〈스타 트렉〉 주인공들은 이 절대적 지령을 운운하느라 보내는 시간만큼 이 지령을 어기느라 시간을 보냅니다. 그리고 우리도 다종다양한 로봇을 보내는 데 더는 주저하지 않지요. 하지만 좀 더 실질적인 질문이 우리에게 남습니다. 과연 우리와 다른 생명체가 코앞에 있을 때 우리가 그것을 알아볼 수 있을까요?

## 소행성 블루스[6]

1976년 탐사선 '바이킹 1호'와 '바이킹 2호'의 다리가 화성의 붉은 자갈 위에 놓였습니다. 지구에서 출발해 약 1년의 여행을 거쳐 두 로봇은 네 가지 실험을 시작했습니다. 이 실험의 목표는 "화성에도 생명체가 존재할까?"라는 본질적 질문에 답하기 위한 정보를 연구자에게 충분히 제공하는 것이었습니다.

'바이킹'에는 화성 토양 내 유기 분자 유무를 확인하기 위해 토양의 화학적 구성을 분석하는 기구 두 가지, 즉 크로마토그래프와 질량 분석계가 탑재되었습니다. 또 다른 기구는 토양과 대기 사이의 가스 이전 여부("화성의 생명체는 호흡을 할까?")를 측정하는 기구였습니다. 세 번째 기구는 광합성을 할 수 있는 유기체가 있다면 그 능력을 측정하는 것이었지요. 마지막 기구는 화성 생명체의 신진대사를 감지하는 용도였습니다.

탐사선 '바이킹'의 검사 결과는 모두 부정적이었습니다.

---

6 [역자 주] 소행성 블루스(Asteroid Blues): 일본 애니메이션 시리즈 《카우보이 비밥 Cowboy Bebop》의 1화 제목.

그때부터 다른 로봇들이 화성의 화학 구조 안에서 생물학적 활동의 흔적을 찾아보았거나 여전히 찾아보고 있습니다만, 외계인은 아직 눈에 띄지 않습니다.

## 생명? 음, 살아 있는 거지 뭐야……

이런 측정 기구는 효과가 있을까요? 어쨌든 지구 생명체와 독립적으로 발달한 생명체가 있다면, 우리와 크게 다른 모습일 겁니다.

우리가 가진 기구로는 측정하지 못할 정도로 다를 수도 있지요.

곰곰이 생각해보면 우리는 우리가 생각하는 작동 기제와 신진대사, 살아 있는 유기체와 주위 환경으로 방출하는 분자라는 가설을 세우고 살아 있는 유기체를 찾고 있습니다. 우리가 이미 알고 있는 것과 비슷한 유기체

라는 대전제 위에 세운 가설이지요. 그게 틀릴 수도 있잖아요.

사실 화성에서 이뤄진 진화는 미국항공우주국(NASA)의 기구로는 검출할 수 없는 완전히 다른 방식의 신진대사로 진행되었을 수 있습니다. 우리의 '살아 있다'는 개념이 지구의 생명에만 적용될 수 있는 사례를 바탕으로 세워졌다는 이유만으로, 아무도 몰랐지만 탐사선이 화성의 유기체를 망가뜨려버렸을지 누가 알겠어요.

요컨대 우리가 내일 외계인을 맞닥뜨린다 해도 그 사실을 인지하지 못할 수도 있습니다. 그렇다면 당연히 이런 궁금증이 생기지요. "우리는 생명에 대해 두루 적용할 수 있는 올바른 정의를 내리고 있는 것일까?"

대답은 "아니요"입니다.

그래요, 아니에요.

이렇게 단정 짓는 게 이상할 수도 있어요. 어쨌든 우리는 직관적으로 어떤 것이 살아 있는 것인지 알고 그 특징을 설명할 수 있잖아요. 세포로 구성되어서 성장하고 움직이고 재생산을 하고 신진대사를 하고 에너지를 써서 열역학 장치를 가동해 내부의 평정을 꾀하고 시간이 흐르면서 다윈의 원칙에 따라 진화하는 등등 말이지요.

## 사이가영양, 당신보다 힘이 세요

예를 하나 들어보지요.

카자흐스탄 바이코누르 우주선 발사 기지에서 그리 멀지 않은 곳에 사이가영양*Saiga tatarica*이 살고 있습니다. 아시아에 사는 이 영양은 가젤에 하이테크 청소기의 이중 호스가 합쳐진 것처럼 생겼습니다. 코가 아주

길게 입까지 내려와서 우스꽝스럽기도 하고 친근감이 느껴지기도 하지요. 그 코로 대초원의 혹독한 겨울에 들이마신 차가운 공기를 데웁니다.

2015년 여름, 전 세계 사이가영양의 절반이 갑자기 죽었습니다.

철저한 조사 끝에 연구자들은 이 초식 동물들이 박테리아가 원인인 전염병으로 죽었다는 사실을 밝혀냈습니다. 동물파스퇴렐라증병원균 *Pasteurella multocida*은 평소에 사이가영양의 소화 기관에 해가 없이 존재하는 박테리아인데 갑자기 치명적인 질병을 일으켰고 아무도 진짜 이유를 알 수 없었죠. 영양의 '살아 있는' 상태는 거의 논쟁의 여지가 없으며 박테리아의 상태도 어느 정도 확실해 보입니다. 두 유기체는 먹이를 먹고 재생산을 하고, 어디에서 걷고 어디에서 수영할지 결정하는 광수용체, 어디가 아래인지 알 수 있는 중력 수용체, 독성을 감지하는 통증 수용체 등 주위 환경을 느낄 수 있는 수단이 있습니다. 두 유기체는 DNA 분자가 있고 당분이 에너지원이지요. 요컨대 사이가영양과 박테리아는 살아 있고, 그 반대로 생각하는 것은 실제 생물학자들이 접하는 현실과는 거리가 먼 자세입니다. 마치 태평한 한량이나 집착할 법한 모발 절제술[7]에 집중하며 필요 이상으로 정확성을 따지는 행동입니다.

그런데 실은 그 반대지요.

## (거의) 종의 수와 비슷하게 다양한 정의

'생물학'이라는 용어는 19세기 초부터 있었지만, 약 200년 동안 과학자들은 생명에 관해 모두가 동의하는 단 하나의 정의를 도출하지 못했습니다. 논리적으로 당연하지만 수백 개가 넘는 서로 다른 정의를 내놓았습니다. 아리스토텔레스, 물리학자 에르빈 슈뢰딩거Erwin Schrödinger, 생물학자 자크 모노Jacques Monod, 천체물리학자이자 과학 대중화에 앞장선 칼 세이건 등 수많은 사람이 제각기 제안을 하면서 이번에는 좀 더 보편적이고 결정적이기 바랐지요. 하지만 그런 일은 일어나지 않았습니다.

---

7 머리카락을 넷으로 가르는 기술에 가깝습니다.

오히려 안타깝게도 살아 있는 것을 정의하려는 노력은 그저 시도에 불과해졌습니다. 언젠가 과학철학자 에두아르 마셰리Édouard Machery가 적었듯이 "불가능하든지, 불필요하든지" 한 거죠.

앞에서 봤던 정의를 다시 생각해봅시다. 생명은 세포로 구성되었고 생활환[8]을 거치고 항상성을 유지하고 신진대사를 하고 성장하고 주위 환경에 적응하고 자극에 반응하고 재생산하고 진화합니다. 그러나 이런 일련의 기준에 맞지 않는 사례가 있습니다. 당나귀와 말의 교배종인 노새는 생식력이 없어서 재생산을 못하지 않나요? 생명의 정의가 제시하는 기본적인 기준을 충족하지 못하지만 살아 있는 경우도 있는 것 같습니다.

돌려서 생각해봅시다. 산불은 에너지를 소비하고 에너지를 전환해 이동하고 불길이 커지고 재생산합니다. 생명의 신진대사에 관한 정의의 모든 항목에 해당하지만 우리는 산불을 살아 있다고 보지 않습니다.

컴퓨터에서 시뮬레이션한 생명의 움직임, 세대에서 세대를 거쳐, 아니 '프로세서의 주기를 거쳐' 인실리코[9]에서 진화하는 알고리즘은 어떻게 보아야 할까요?

생명을 정의하려는 시도가 제기하는 두 번째 문제는 우리가 살아 있다고 알고 있는 사례를 통해 생명의 특징을 식별하려고 한다는 점입니다. 인간이나 개, 블로브피시(전문가들에게는 프시크롤루테스 마르키두스

8 [역자 주] 생활환(生活環): 생물이 수정란, 접합자 혹은 포자 따위에서 개체 발육을 시작하여 여러 시기를 거치면서 성체로 성숙하여 재생산을 하고, 다시 그 자손이 같은 과정을 거쳐 순환하는 일.

9 [역자 주] 인실리코(in silico): 컴퓨터 가상 환경에서 하는 실험.

*Psychrolutes marcidus*로 친숙한)[10]를 선택하고 무엇을 하는지 관찰해봅시다.

이들은 세포가 있고 움직이고 성장하고 재생산하고 하니까 넓은 의미에서 살아 있는 유기체라고 하면 다들 그렇겠다고 생각할 수 있겠지요. 그렇지만 이런 방식으로 본다면 다른 규칙에 따라 기능하는 유기체는 (아마도) 완벽하게 살아 있음에도 불구하고 우리가 제대로 인식하지 못할 수 있다는 함정이 있습니다.

인간이 인지하기 어려운 차원의 시간에 걸쳐 움직이는 식물은 어리석게도 '살아 있지 않다'고 보일 수 있고, 산호는 단순하게 색이 다채로운 자갈로 여겨질 수 있지요. 해초나 박테리아 생물막, 버섯 등도 마찬가지로 맨눈에는 때나 얼룩 같을 수도 있어요. 우리에게 질병을 전하는 기생충이나 원생동물, 박테리아도 살아 있다고 인정받기에는 아주 오랜 시간이 걸렸습니다.

다시 말하자면 개별적인 관찰에서 일반적인 규칙을 정의하는 것, 이 게임에서 인간의 직관은 아주 형편없어요.

## 거의 살아 있는 것의 세계

최근에 발견되었고 생명에 관한 '기존' 정의에 전혀 맞지 않는 유기체를 보면 이 점을 더 분명히 확인할 수 있습니다. 바이러스는 세포가 없고

---

10 우리가 생각하는 것만큼 못생기진 않았어요. 심해에 사는 물고기를 물 밖으로 꺼내 사진을 찍었잖아요. 깊이 4,000미터에서 우리 얼굴을 찍는다면 어떤 꼴이 나오겠어요? 블로브피시 혐오를 멈춰주세요!

주로 캡시드로 보호되는 DNA 가닥으로 되어 있어서 논란의 중심에 있습니다. 그리고 '살아 있다'고 분류되는 경계선에 있는 세포 내 구조로 된 몇 나노미터의 다른 유기체도 있습니다.

1950년대 오스트레일리아 관리들은 파푸아(당시 식민지였습니다)의 이스턴하이랜즈를 순찰하던 중에 특이한 질병에 걸린 포레Fore족을 발견했습니다. 그들은 근육을 마음대로 쓰지 못하고 비틀거리며 걷다가 웃음이 터지면 멈추지 못하다가 결국 더는 움직이지 못하고 죽었습니다.

이 끔찍한 신경퇴행성 질환은 '쿠루'라는 이름을 얻었습니다. 쿠루는 뇌가 프라이온이라는 입자에 감염되는 병으로 크로이츠펠트·야코프병과 유사합니다. 파푸아에서 포레족은 전통적인 장례 문화인 식인 풍습으로 망자의 뇌를 지인들이 나눠 먹으면서 이 프라이온에 감염되었습

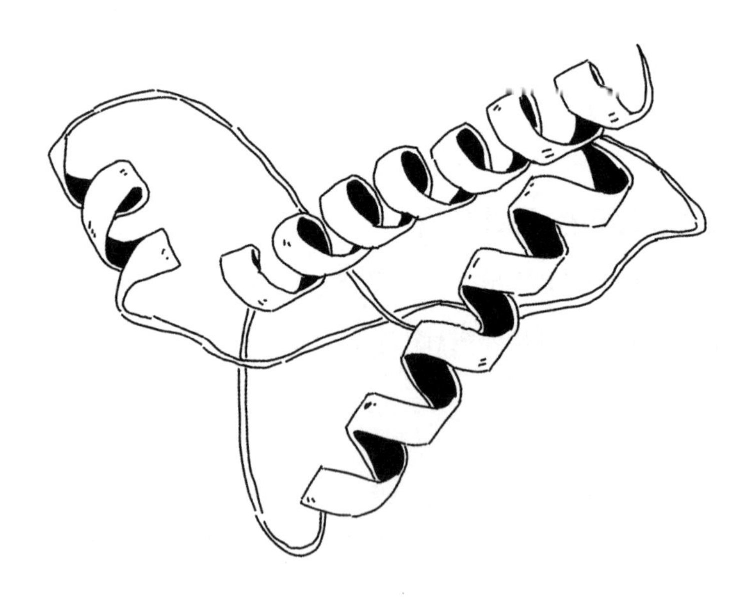

니다. 이 관습은 부족 내에서 프라이온이 효과적으로 전파되는 데에 한몫했습니다. 관계 당국의 보건 활동으로 이 질병은 점차 사라졌습니다.

그런데 이 이야기에서 가장 흥미로운 부분은 프라이온 입자의 성격입니다.

바이러스와 마찬가지로 이 개체가 '살아 있는' 존재인지는 논란거리이고 작용 기제는 여전히 제대로 알려지지 않았습니다. 우리가 아는 점을 정리해보지요. 프라이온은 단백질이고 수많은 다양한 방식으로 접힙니다. 그러다가 유해한 구조가 형성되면 다른 단백질을 감염시켜 이 단백질이 자기와 같은 방식으로 접히도록 만듭니다. 이렇게 감염된 단백질은 다시 유해성을 띠고 다른 단백질이 이 구조를 수용하도록 만들고, 이 과정이 연쇄적으로 일어납니다. 이런 재생산 과정은 매우 독특해서 복잡한 세포 구조체가 전혀 필요하지 않습니다. 그러니까 프라이온은 어느 시점에 DNA가 개입하지 않아도 빠르게 확산할 수 있습니다!

논란이 되는 생물체는 또 있습니다. 부수체, 플라스미드, 전이 인자는 DNA나 RNA 가닥으로, 자기가 속한 유기체에서 분화되어 나가야 이득이 됩니다. 그럼 살아 있다고 할 수 있을까요? 가장 충격적인 사례는 바이로이드입니다. 바이로이드는 원형 RNA 가닥으로, 자유롭게 이동하며 다른 유기체의 세포를 이용합니다. 바이로이드 분자는 겨우 몇백 개의 뉴클레오타이드 서열이고 기생충처럼 재생산합니다. 세포 구조체는 없고 단지 분자 코드만이 수천·수백만·수십억 년에 걸쳐 번식해왔습니다. 그런데 우리는 바이로이드나 그 생애에 관해 아는 것이 별로 없습니다. 생명이 등장한 이래로 바이로이드는 이런 형태로 존재했을까요, 아니면 반대로 고대 유기체가 극도로 단순화된 결과일까요? 지금으로서는 아무도 알지 못합니다.

어쨌든 자신을 예로 들어 개념을 정의하는 것은 실제로 매우 다른 것을 한정하는 데 그다지 유용하지 않은 방법입니다. 우리와 비슷한 것은 당연히 무리에 속하지만, 경계선에 있는 것을 분류하는 것은 꽤 까다로운 일입니다.

## 생물권[11]의 위대한 업적

이 과제는 16세기 '물'을 정의하려는 연금술사들이 부딪힌 장애물과 사실 비슷합니다. 당시에는 원자 구성에 따라 분자를 분류하는 분자 이론이 없었습니다. 따라서 물은 '산소 원자 한 개에 수소 원자 두 개'가 아니었고, 용해성과 색깔, 농도를 규정하는 형용사를 덧붙인 모호한 개념이었습니다. 현인들은 '물'이라는 개념을 아우르는 형용사 모음, 순수하고 이상적인 정의를 찾으려고 애썼습니다. 마치 오늘날 우리가 '생명'을 놓고 그렇듯이요.

그래서 강수(aqua fortis), 왕수(aqua regia), 증류주(aqua vitae) 등의 단어가 생겼습니다. 모순되게도 이 중에 진짜로 $H_2O$ 분자로 된 물은 없습니다. 강수는 질산이고, 왕수는 질산과 염산의 혼합액이고, 증류주는 말 그대로 강도 높은 술이니까요.

---

11 [역자 주] 생물권(生物圈): 지구화학적으로는 지구상의 생물 전체를 나타내고, 생태학적으로는 생물이 생활하고 있는 장소 전체를 의미한다.

필요한 특성을 두드려 맞춰서 물을 정의하려고 고군분투했던 연금술사들처럼 생명을 정의하고 싶은 생물학자도 잘못된 방식으로 고민했던 것입니다. 물의 특징을 포착한 분자 이론과 같은 틀이 없다면 생명의 정의를 분명하게 내릴 수 없어요.

최소한의 특성 목록으로 생물체를 분류하는 대신 다른 접근법을 택해 좀 더 효율적인 이론적 틀을 찾을 수 있습니다. 결국 생명 체계에 관한 전반적인 이론이 필요한 것이죠. 막연하다고요? 당연합니다. 진짜 장애물은 현재 '생명'에 관한 정의가 단 하나만 있다는 사실이니까요. 현재 살아 있는 모든 종의 계통수를 공통 조상 루카[12]까지 거슬러 올라가면 공통된 특징(동일한 유전 매개체 DNA, 비슷한 화학적 처리 과정 등)을 가진 대상을 발견하게 될 겁니다. '생명'과 이 종들의 특성을 자동으로 연관 짓지 않고 그저 이런 종들을 비교하는 것만으로는 어떤 대상을 '살아 있는' 것으로 정의할 수 있는 기준을 절대로 알아낼 수 없을 것입니다.

달리 말하자면 생명 체계에 관한 전반적인 이론을 정립하려면 실제로 독립적인 방식으로 진화한 생물 형태에 근거를 둬야 합니다.

## 외계 생명체를 찾아서

여러 방법이 존재합니다. 예를 들어 'RNA 세계' 가설을 연구하는 작업이 있습니다. 우리 생물권이 세포로 이뤄지기 전, 초기 생명 형태가 RNA로 구성되었다는 가설입니다. 이 분자는 세대에서 세대로 전달할

---

12 1장을 보세요.

수 있는 정보를 내포하고 있을 뿐만 아니라 신진대사 과정을 수행할 수 있습니다(마치 오늘날 단백질이 그렇듯이요). 이 가설에 따르면 세계는 다윈의 규칙에 따라 진화한, 자기 복제가 가능한 분자로 가득 차 있었습니다. 그러니까 우리와는 전혀 다른 생명 형태이지요.

그러나 이색적인 방법도 있습니다. 지구가 아닌 다른 곳에서 생명 형태를 찾아보는 것이지요. 생명의 지표가 되는 분자를 찾는 것이 목표인 우주 탐사선 '바이킹'을 발사한 지도 45년이 지났습니다. 금성의 대기에서 포스핀을 발견했을 때 이 소식은 생명 활동의 증거[13]로 여겨져 큰 반향을 불러일으켰습니다. 반면 화성에서 주목을 받은 것은 메탄이었지요. 이 분자는 매우 국지적으로, 계절에 따라 달리 나타났기 때문에 생명 활동의 지표로 볼 수 있습니다. 이를 확인하려고 유럽우주국(ESA, European Space Agency)은 2022년 화성으로 탐사선을 보내는 엑소마스(ExoMars) 프로젝트를 진행할 예정입니다. 이 프로젝트를 통해 2미터 크기의 대형 착암기를 탑재한 탐사선 '로절린드 프랭클린'을 화성 표면에 착륙시켜 화성 토양에서 현재 혹은 과거의 생명의 흔적을 찾을 예정입니다. 현재 화성에는 로봇만이 존재하기에 오히려 대안적 생명 형태를 찾기에 최적의 장소입니다. 이번에 보내는 탐사선으로 화성에는 로봇이 하나 더 늘겠네요.

13 결국에는 아닌 것으로 판명 났습니다. 이 분자는 이따금 산소가 없는 환경에서 박테리아에 의해 생산되기도 하는데 이 경우에는 지옥과 같은 행성의 수많은 화산에서 방출된 것으로 짐작됩니다.

철학자들도 할 일이 많습니다. 미래의 탐사선이 지구 밖에서 생명의 속성을 드러내는 요소를 찾아냈다고 하더라도 그 속성이 우리가 말하는 생명과 병행하는 생물 형태와 연관되었는지 알아보려면 이 문제를 철학적으로 접근하지 않고는 답을 찾기 어렵습니다. 그리고 수수께끼가 풀린다고 하더라도 연관된 윤리적 사안에 관해 숙고해야 합니다. 그들 행성을 테라포밍[14]하고 그들 행성 고유의 서식지를 훼손하고 생물권을 점령해야 할까요? 아니면 마치 동물원처럼 격리해 이 환경을 보호해야 할까요?

잠재적으로 회복 불가능한 결과를 낳을 수 있는 우주 개발을 시작하기 전에 해답의 실마리를 찾을 수 있길 바랍니다!

---

**14** [역자 주] 테라포밍(terraforming) : 지구가 아닌 다른 행성이나 위성 및 천체를 지구의 환경과 비슷하게 바꾸어 인간이 살아갈 수 있게 꾸미는 일.

# 3장

# 사람은 왜 죽을까요?

◆

인간은 죽고 싶어 하지 않습니다. 그렇지만 이상하게 진화가 계속되어도 죽음은 사라지지 않았습니다. 그리고 죽음이 있어야 하는 데는 아주 그럴듯한 대답이 있지요.

벗 엔키두의 죽음 앞에서

길가메시는

서럽게 울면서

대초원을 뛰었다.

“나 역시 죽어야 하는가?

엔키두의 길을 따르지 않으면 안 되는가?

불안이

안에서부터 나를 잠식한다!

죽음에 대한 두려움으로

나는 초원을 달리는구나!”

『길가메시 서사시』, 태블릿 IX, 장 보테로 번역.

주제로 미뤄봤을 때, 이 장은 다른 장보다 필연적으로 더 철학적일 것 같지 않나요? 놀라운 소식을 들을 준비를 하시길 바랍니다.

첫 번째 엄청난 진실은 인간이 죽음을 적당히만 좋아한다는 점입니다. 죽는 것은 영 별로예요.

놀라셨나요? 제가 미리 얘기했잖아요.

우리가 오늘날에도 살펴볼 수 있는 가장 오래된 문학 작품은 약 4,000년 전에 쓰인 『길가메시 서사시』로 이 책의 절반은 영웅인 길가메시가 친구인 엔키두처럼 끝나고 싶지 않아 불멸을 찾아 헤매는 이야기입니다.

끝난다는 건 죽는다는 거죠.

신체의 관점에서 보면 노화는 기이한 현상입니다. 신체 항상성을 유지하는 작용이 명백한 사유 없이 점차 멈추고 유기체가 결국 더는 자기 존재를 감당하지 못하게 됩니다. "죽어야 하니까 죽는 것이다"라는 운명주의적인 입장을 내세우기는 쉽습니다. 그러나 그러면 과학적으로 흥미진진한 질문을 놓치게 될 겁니다. "왜 우리는 반드시 죽고 말까요?"라는 질문을요.

## 죽음이란 무엇일까요?

잠깐 단어를 짚고 가자면, 여기서는 노화, 생물학적 전문 용어로는 노쇠(세포 노화)를 다룹니다. 갑작스러운 사고를 당해 생명 유지에 필수인 기능이 멈추어 결국 사망하는 일은 논의 대상이 아닙니다. 우리는 지구상의 모든 유기체가 사고로부터 자기를 완벽하게 보호할 때조차도 왜 언젠가는 죽고 마는지, 그 이유를 살펴볼 것입니다.

노화는 왜 일어날까요? 왜 우리 몸의 기관은 무한히 회복하지 않을까요? 왜 기력이 쇠하고 죽음을 맞게 될까요? 어느 단계에 집중하는지, 누구에게 물어보는지에 따라 답은 여러 가지가 있습니다.

세포의 단계에서 보면 분열 기제가 멈추기 전까지 세포 분열을 할 수 있는 횟수는 제한되어 있습니다. 1960년대 레너드 헤이플릭Leonard Hayflick은 인간 배아의 각 세포가 약 40~60번까지 분열한 후 더는 분열하지 않는다는 점을 입증하며 세포 분열의 유한한 횟수에 자기 이름을 붙였습니다. 세포 분열 횟수가 정해져 있다는 점을 설명하는 데에 뉴클레오타이드의 반복으로 구성된 염색체의 끝단을 보호하는 텔로미어가 언급되기도 합니다.

인간의 텔로미어는 'TTAGGG' 서열이 2,500번이 넘게 반복됩니다. 텔로미어는 단백질을 합성하지 않지만 염색체가 다른 염색체와 실수로 융합하거나 손상되지 않게 합니다. 세포가 체세포 분열을 할 때마다 DNA가 먼저 복제됩니다. 복제가 일어날 때마다 책임 효소는 텔로미어 끝까지 가지 못하고 따라서 텔로미어 끝부분이 약간씩 짧아집니다. 이렇게 텔로미어가 짧아지는 현상이 그 유명한 헤이플릭 분열 한계와 연관되어 있긴 하지만 세포를 조금씩 늙게 하는 다른 과정도 관련이 있습니다.

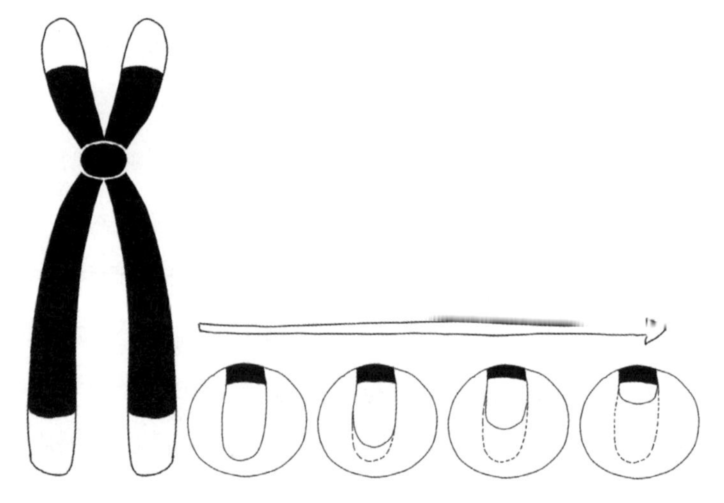

• 염색체 끝단의 텔로미어는 세포가 분열하는 주기를 거칠 때마다 짧아집니다.

2013년 기존의 학술 문서를 검토한 「노화의 징후The hallmarks of aging」라는 논문에서 유럽 연구진은 세포가 노화 현상을 보이는 기제 아홉 가지를 설명했습니다. 그중에는 DNA에 누적된 나쁜 변이, DNA 복제 시 발생한 오류 등이 있습니다. 다른 원인은 미토콘드리아의 기능 이상입니다. 미토콘드리아는 세포 내 존재하는 소기관으로, 포도당을 분해해 즉시 사용할 수 있는 에너지를 제공합니다. 가혹하긴 하지만 논리적으로 보면 이렇습니다. 세포가 쇠약해지면 기관에 영향을 줘 기능을 저하시키고 이는 다시 유기체의 전반적인 노화로 이어지고 결국 죽음으로 마무리됩니다.

그러나 신체역학적 쇠퇴 원인은 모두 기능이 저하하는 이유에 불과하고, 그 이유는 노화가 왜 일어나는지가 아니라 어떻게 진행되는지를 설명하는 편에 가깝습니다. 이 정도 관점에서 보는 것은 마치 술 취한 운전자가 플라타너스 나무에 충돌해 사망했을 때 그 나무의 밀도를 측정하는 일과 비슷합니다. 물론 나무에 부딪친 충격으로 운전자가 사망했지만 진짜 원인은 다른 차원에 있습니다. 노화의 원인도 마찬가지라는 이야기입니다.

## 죽음의 원인을 찾아서

생물학자의 눈에 띄는 게 하나 있었습니다. DNA에 유기체를 죽일 수 있는 오류와 변이가 축적되지만, 이를 고칠 수 있는 효소도 존재한다는 점입니다. 인간의 신체는 사실 놀라울 정도의 재생 능력이 있고 특히 어린 나이에 이 능력이 더 뛰어납니다. 텔로미어도 마찬가지로 길이를 늘려주는 역전사 효소 텔로머레이스가 있습니다.

그렇다면 질문은 "왜 손상된 부분을 고치는 작용이 더는 일어나지 않을까요?"가 되어야겠네요.

우리가 궁금한 점은 노화의 궁극적 원인이자 죽음의 본질적 이유입니다. 생리학적 기제가 '어떻게'에 관해서는 알려줘도 '왜'는 알려주지 못했지만, 진화생물학은 우리에게 도움을 줄 수 있습니다.

"우리는 왜 죽는가?"라는 질문은 19세기 말부터 수많은 생물학자의 화두였습니다. 다윈이 사망하고 난 후 몇 년 지나지 않아 아우구스트 바이스만August Weismann(훗날 당대 최고 영향력이 있는 생물학자로 여겨진 인물입니다)은 하나의 이론을 내놓았습니다. 그는 개체가 나이가 들어 사망하는 것은 단순히 젊은 개체에게 자리를 내주기 위해서라고 했습니다. 뭔 소리야. 솔직히 말하면, 그는 결국 이 설명을 포기했고 그 이유는 명확했습니다. 이 이론은 유기체가 따르기 위해 노력하는 프로그램, 목적이 있다는 사고를 내포하기 때문입니다. 그렇지만 진화는 미리 정해진 목표가 없는 맹목적인 과정입니다. 증식하기에 가장 효율적인 특성을 보유한 개체가 더 많은 후손을 남기는 것이지요. 이 후손들도 이 특성을 갖고 있고 또 효율적으로 증식할 수 있겠지요.

자연 선택설은 살아 있는 유기체의 특성을 이해할 수 있는 틀을 제공합니다. 바이스만 이론은 진화 과정에서 노화가 어떻게 선택될 수 있었는지 파악하는 데 전혀 도움을 주지 못합니다. 어떤 기제로 인해 먼저 죽는 개체가 다른 개체보다 효율적으로 번식을 할 수 있을까요? 노화라는 생물학적 특성은 이 특성을 보유한 개체에게 그렇지 않은 개체에 비해 어떤 이점을 제공할까요? 오랫동안 수수께끼로 남은 물음들입니다.

## 진화 과정에서 선택된 죽음

결국 대답이 될 만한 실마리를 준 것은 자연 선택설입니다. 아니 정확히는 자연 선택설의 부재입니다. 사실 충분한 시간(과 세대)이 지나면 자연 선택은 생애 말에 문제를 일으킬 수 있는 불리한 변이를 사라지게 하거나 회복 작용이 꽤 오래 제 기능을 발휘하는 개체를 선호할 수 있습니다. 자연 선택이 수십억 년 전부터 유기체의 '품질 관리' 역할을 해온 셈이지요. 그런데 20세기 초반에 두 유전학자가 기이한 현상을 밝혀냅니다. 유기체가 나이 들수록 이 품질 관리 체계가 힘을 잃게 되는 겁니다.

1941년 영국의 유전학자 J.B.S. 홀데인 J.B.S. Haldane은 끔찍한 헌팅턴병을 연구했습니다. 헌팅턴병은 유전자 하나의 변이로 발생하는 신경계 퇴행성 질환입니다. 홀데인은 왜 자연 선택이 이 변이를 제거하지 않았는지 살펴보았습니다. 헌팅턴병 징후가 나타나는 평균 연령이 35세라는 점을 밝힌 그는 직감적으로 이 병이 생애 말에 자연 선택이 약해지는 것과 연관이 있으리라 생각했습니다. 우리의 선조는 40세까지 거의 살지 못했고, 인간의 진화 역사상 헌팅턴병을 일으키는 변이를 제거해도 유리한 점이 없었던 것이지요.

10여 년 후 노벨 생리학·의학상 수상자인 피터 메더워Peter Medawar는 「풀리지 않은 생물학적 문제An unsolved problem of biology」라는 제목의 논문에서 이 가설을 일반화했습니다. 이 글에서 그는 인간의 게놈이 일생에 거쳐 헌팅턴병을 유발하는 변이를 포함해 각종 불리한 변이를 축적하고 이 변이는 자연 선택으로 걸러지지 않는다고 주장했습니다. 달리 말하자면 자연 선택 필터는 개체의 나이에 따라 다르고, 나이가 어릴수록 생존과 재생산에 최적화되었고 나이가 들면 최적화 기능을 누릴 수 없습니다.

이 시나리오는 훌륭한 출발점입니다만, 약간 손볼 필요가 있습니다.

미국 생물학자 조지 C. 윌리엄스George C. Williams는 직관에 크게 반하는 가설을 제안했습니다. 그는 생애 초기에 긍정적인 영향을 주는 유전자가 생애 말기에는 부정적인 영향을 줄 수 있고, 그 과정 전반에서 자연 선택의 영향을 받았을 수 있다고 주장했습니다. 달리 말하자면 개체가 재생산하는 데 도움을 주던 유전자가 진화 과정에서 재생산이 끝난 유기체를 죽이도록 선택될 수도 있습니다. 하나의 유전자가 두 가지 상이한 영향을 줄 때 '다면 발현'이라고 하고, 앞선 경우처럼 두 번째 영향이 유해할 때 '길항적 다면 발현'이라고 합니다. 예를 들어 헌팅턴병을 세밀하게 연구한 결과, 이 병이 높은 출산율 및 항암성과 연관이 있다는 점을 밝혀냈습니다.

이제 메더워(변이의 축적)와 윌리엄스(길항적 다면 발현)의 가설은 서로 배척하지 않고, 아마도 둘 다 노화에 책임이 있다고 여겨집니다. 간단하게 말하자면, 노화는 자연 선택이 생애 말기에 더는 자기 일을 제대로 하지 못해서, 우리에게 반드시 좋기만 한 것은 아니며 마침내 죽음으로 몰아가는 수많은 유전자에 자리를 내주기 때문임이 분명합니다.

이제 질문을 고쳐야 합니다. "나이가 들면서 필터가 느슨해지는 이유는 무엇일까요?"

유기체를 유전자가 가득한 가방이라고 상상해봅시다. 어떤 유전자는 생애 초기에 발현되고, 다른 유전자는 생애 말기에 발현되며, 또 다른 유전자는 그 두 시점에 상이한 영향을 주며 발현되겠지요(이것이 다면 발현입니다).

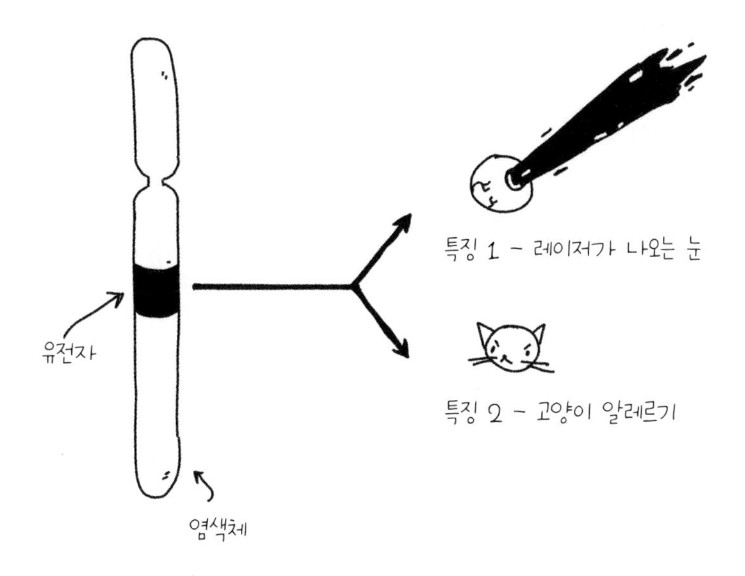


만약 유기체가 재생산을 하기 전에 죽는다면 이 가방은 터져서 속이 비워지겠지요. 죽음을 일으킨 유전자는 사라지고 끝입니다. 자연 선택은 유전자를 거릅니다. 하지만 어떤 유전자가 생애 말에 유기체의 죽음을 야기하는데 이미 가방이 어떤 방식으로든 재생산을 했다면 너무 늦은 겁니다. 유기체가 이미 자기 유전자를 자식에게 전달했고 자연 선택은 이제 작용할 수 없으니까요. 생애 말에 죽음을 야기하는 유전자는 부모의 운명과는 무관하게 자식에게 유전되었습니다. 그래서 자연 선택이 재생산 이후에 유기체에 유해한 유전자를 없앨 수 없는 겁니다. 사랑을 하고 아이를 낳으면 우리는 노화되기 시작합니다! 생식(生殖)과 죽음, 에로스와 타나토스는 동전의 양면입니다.

## 사고를 피할 수 없어서 늙습니다

여기서 다른 궁금증이 생겨납니다. 생식 연령을 무한히 뒤로 미루거나 끊임없이 번식하는 유기체는 왜 없을까요?

우리는 뛰어난 진화생물학자 윌리엄 도널드 해밀턴William Donald Hamilton 덕분에 이 질문에 대한 답을 이제 알고 있습니다. 1960년대 해밀턴은 홀데인의 직감을 수학적으로 증명했습니다. 사고가 나거나 포식자에게 먹히거나 경쟁에 져서 죽을 확률, 즉 외인성 사망률에 의해 노화가 빨라지거나 느려진다는 점을 입증한 것입니다.

쉽게 설명드리지요. 유기체가 포식자의 먹잇감이 되거나 먹거리를 구하지 못해 죽을 위험이 매해 50%라고 가정해봅시다. 확률에 따르면 이 유기체가 20세까지 살 수 있는 확률이 100만분의 1입니다. 이런 상황에서는 가급적 빨리 번식을 하는 것이 무척 유리하다는 점을 금방 알 수 있습니다. 어떤 개체가 20세가 되어서야 생식을 하겠다고 꾀를 부린다면 그 개체의 유전자는 제대로 보존되지 않을 수 있습니다. 따라서 이 종족 중에 20세까지 생식을 하는 유기체가 없다면 후손을 남기지 못하고 모두 사라질지도 모릅니다. 그러니 외인성 사망률이 높은 유기체는 재생산을 하고 싶다면 포

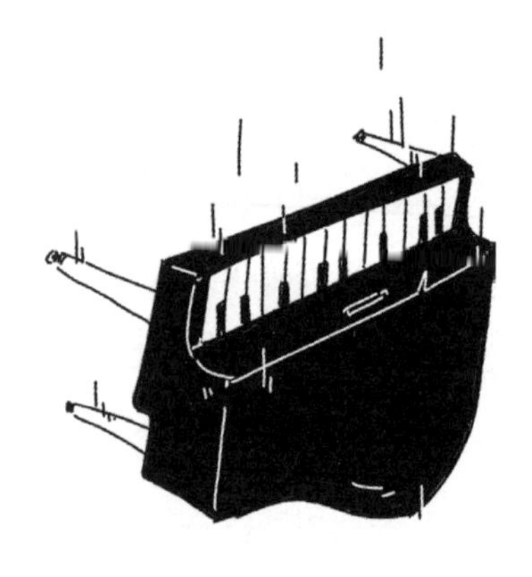

식자에게 먹히기 전에 '서둘러야 한다'는 점을 알 수 있습니다.

지구상 모든 유기체는 사고나 포식자, 욕조에 빠진 헤어드라이어 등으로 죽을 수 있습니다. 이 문제를 해결해야 합니다. 지구는 시간을 보내기 꽤 위험한 곳인데 잠재적으로 유해한 일들이 쉴 새 없이 발생하기 때문입니다. 날씨, 다른 유기체, 지진, 먹거리 부족 등으로 쉽게 목숨을 잃을 수 있습니다. 다시 말해 어떤 생명체도 늙지 않는다고 절대적인 이득을 볼 수 없습니다. 예를 들어 어떤 인간이 늙지 않아 노화로 인해 사망하지 않는다고 하더라도 통계적으로 매년 사고로 인한 사망률은 5%입니다. 200년이면 이 확률은 100%가 되지요. 불멸이 유리할 게 없다는 말입니다.

그 와중에 아주 오래 살아남는 유기체도 생겼습니다. 대양백합조개 *Arctica islandica*는 500년 이상 사는 연체동물문 이매패강 조개입니다. 연구자들은 이 기록을 세운 표본이 중국 명 왕조에 태어났다는 이유로 '밍'

이라는 이름을 붙였습니다. 이 조개는 잡히는 바람에 죽었는데, 그렇지 않았다면 더 오래 살 수 있었을지 모른다고 생각하면 아쉽습니다.

그린란드상어*Somniosus microcephalus*는 5미터가 넘는 아름다운 생물로 최대 300년에서 500년까지 삽니다. 바닷가재, 대서양붉은볼락, 일부 성게처럼 독보적으로 수명이 긴 해양 생물도 있습니다. 더 놀랍게도 해파리의 사촌으로 민물에 사는 작은 유기체 히드라는 거의 불멸의 존재입니다. 히드라는 노화를 겪지 않고 히드라의 줄기세포는 무한대의 재생 능력이 있습니다. 작은보호탑해파리*Turritopsis dohrnii*와 같은 해파리는 절대로 늙지 않는 능력으로 유명해졌습니다. 이런 특수한 사례는 생물학자들에게 도전 과제가 됩니다. 이 사례를 어떻게 노화의 일반적인 이론으로 포괄할 수 있을까요?

해밀턴 모델 덕분에 모든 경우의 수에서 심해와 같은 매우 정적인 환경에 있는 생물체는 왜 수명이 꽤 길고 노화가 두드러지지 않는지 알게 되었습니다. 그런 곳에서는 사고가 날 위험이 눈에 띄게 낮기 때문입니다. 예를 들어 심해에서 극한의 기후 변화가 일어날 확률은 말 그대로 0(영)에 가깝습니다. 그곳의 기온은 변화가 거의 없고 먹거리 공급도 안정적입니다. 꿈의 낙원이든지 지루한 지옥이든지 그렇겠죠.

## 죽기 위해 선택되다

외인성 사망률 때문에 자연 선택은 개체가 최대한 빠르게 생식하도록 유도했습니다. 생식이 끝난 유기체는 이후(생애 말)에 어떤 유전자가 발현하든 자연 선택의 영향을 받지 않는데, 이미 후손에게 원래 유전자가 전달되었기 때문입니다. 이 모든 과정의 결과로 생식 후에는 신체가 회복할 수 없이 쇠퇴하고 죽음으로 가는 노화가 일어납니다.

정리하자면 해밀턴의 진화 논리는 노화가 불가피한 손실이 축적되어서가 아니라 생애 말에 선택압[1]이 약해지면서 유기체에 해로운 유전자가 발현되게 방치한 결과라는 점을 밝혔습니다.

해밀턴이 개발한 수학적 틀을 통해 마이클 로즈Michael Rose와 브라이언 찰스워스Brian Charlesworth는 노화에 관한 진화 이론의 첫 번째 실험을 진행할 수 있었습니다. 1980년 그들은 가급적 늦게 생식을 한 개체를 선별해 실험을 했습니다. 그리고 놀라운 발견을 했습니다! 세대가 지날수록 해당 개체 무리의 평균 수명은 25% 증가했습니다. 증명이 완료

1 [역자 주] 선택압(選擇壓): 개체군에 작용하여 경합에 유리한 형질을 갖는 개체군의 선택적 증식을 재촉하는 생물적·화학적·물리적 요인.

된 것이지요. 이 실험 결과로 노화에 관한 진화 이론이 완성되었습니다.

인간에게서 암 발병률이 증가하는 상황에서 이런 결론에 도달하다니 흥미롭습니다. 현재 신생아 4명 중 1명은 나이가 들면서 암에 걸릴 것이라고 예상합니다. 암 발생이 높아진 이유는 일상 속에서 화학 제품, 담배 등 암 유발 물질이 예전보다 훨씬 늘어나서이기도 합니다. 그렇지만 이것이 암 발병의 정점이 40~50대라는 점은 설명하지 못합니다.

노화의 진화에 관한 연구로 좀 더 확실해졌습니다. 현대 의학이 인간의 평균 수명을 인위적으로 늘리기 전까지 우리 조상은 40대까지 살았다는 점이지요. 약 100여 년 전부터 현대 의학 덕분에 인간은 약 80세까지 살게 되었고, 그로 인해 40세 이전에는 발현되지 않던 유전자가 발현될 시간과 장소가 마련된 것이지요. 그런데 이 유전자들은 자연 선택의 영향을 받은 적이 없고, 일부 유전자는 암과 같은 질병을 유발하는 해로운 대립 형질을 가지고 있습니다. 그러니까 평균 수명이 길어질수록 자연 선택의 영향을 받지 않은 유전자가 발현될 시간이 늘어납니다. 다시 말하자면 오래 살수록 장애물도 커집니다.

## 죽음이냐 무료함이냐 선택해야

오늘날 주류인 철학적·기술적 흐름의 목표는 평균 수명을 늘리고 생물학적 불멸에 도달하려는, 적어도 가까워지는 것입니다. '노화방지전략연구재단(Strategies for Engineered Negligible Senescence Research Foundation)'은 '죽음을 없애'려는 수많은 기관 중 하나에 불과합니다. 이 재단은 온라인 결제 시스템 페이팔의 창업자인 피터 틸Peter Thiel과 같은 실리콘

밸리의 유력 기업가들로부터 지원을 받습니다. 마찬가지로 구글의 지원을 받는 캘리코 기업은 노화 및 관련 질병을 무너뜨리는 게 목표입니다.

어떤 시도라도 효과가 있을 것 같아 보입니다. 음식 소비를 과감하게 줄여야 한다는 사람도 있고(이 방법은 실험실에서 쥐에게 실험한 결과 수명을 늘리는 데 효과가 있었습니다), 노화 기제의 책임이 있는 유전자를 연구하는 사람도 있습니다. 생명공학 기업의 CEO인 엘리자베트 패리시 Elizabeth Parrish는 젊어지려고 직접 유전자 치료의 실험 대상으로 나서기도 했습니다.

그러나 이런 노력은 노화의 근본적인 원인보다 노화에 가까운 기제를 건드리고 있습니다. 노화는 진화적 논리의 직접적 산물이고 불멸인 개체가 몇 년 안에 사고로 죽는다면 다른 개체보다 생물학적으로 성공을 거둔 것도 아닙니다. 불멸을 향한 경쟁은 그저 환상에 불과합니다.

자연 선택의 법칙은 타협적 상황을 만들어낸 것으로 보입니다. 아주 아주 아주 오래 살아도 좋지만 그러려면 안정적이고 통제된 환경에서 살아야 한다는 것이죠. 일정 부분 예측이 불가능하고 혼돈스러운 상황에서 사는 게 우리 눈에는 아마 더 재미있어 보이고, 그러려면 그만한 대가를 치러야 하는 겁니다. 바로 영원하지 않은 삶이지요.

# 4장

# 수컷과 암컷, 그 밖의 분류 2,000개

◆

생물권에 함께 사는 다른 종에 관심을 가지면 무한히 등장하는 성별의 종류에 놀라지 않을 수 없습니다. 그런데 왜 인간은 성별이 둘뿐일까요?

잠시 상상해봅시다. 당신은 지금 버섯입니다. 진균류지요. 당신은 매일 균사를 뻗어 죽은 유기물에 심습니다. 균사는 당신의 몸을 구성하는 유백색의 가느다란 실입니다. 오늘은 나무줄기가 땅으로 쓰러졌습니다. 내일은 뭐가 될지 누가 알겠어요? 당신은 매일 부패물을 생산하고 나무의 목질소를 분해하고 생명력이 왕성합니다. 그리고 조건이 맞으면, 습도가 적당하고 양분이 충분하면 자실체가 모습을 드러냅니다. 당신은 수줍음이라곤 찾아볼 수 없이 갓을 세워 갓 아래의 섬세한 주름살을 펼칩니다. 생식기를 한껏 부풀려 세운 것입니다. 자, 이제 됐습니다. 당신은 포자를 같은 종의 20,000개 성별에 던져 보낼 준비가 끝났습니다.[1]

맞아요, 완벽합니다. 20,000개요. 아니, 좀 더 정확하게 말하자면 23,328개의 다른 성별이 있습니다.

당신은 치마버섯*Schizophyllum commune*이고, 학명에서 알 수 있듯이 꽤 흔한 버섯이지만, 성별이 '꼭' 암수만 있지 않다는 게 특이점입니다. 이 세상에서 그리 드문 일도 아닙니다. 동물과 식물이라는 구분에서 벗어나면 성별이 두 가지 이상인 종이 정말로 많습니다. 떼를 지어 사는 아메바 종

---

1 버섯이 포자를 보내는 방법에 관해서만 책 한 권을 쓸 수 있습니다. 필로볼루스 크리스탈리누스(*Pilobolus crystallinus*)는 포자로 가득한 기관을 마치 포환처럼 쏴서 내보냅니다. 몇 밀리미터 만에 가속도가 70킬로미터/시간, 즉 20,000g(g는 '중력 상수 gravity'의 약자)에 도달합니다. 이는 아마 생물체 중 가장 빠른 가속도일 겁니다. 다른 진균류는 포자를 최대한 멀리 퍼뜨리려고 자체적으로 바람을 일으키기도 합니다. 이 진균류는 물을 분비하는데 이 물은 곧 증발합니다. 물이 증발하면서 주위 공기의 에너지를 흡수하므로 주위 공기는 차가워지고 밀도가 높아집니다. 반면 수증기는 밀도가 낮아져 위로 올라갑니다. 이 두 개의 힘이 소용돌이를 일으켜 포자를 원래 위치로부터 10센티미터까지 이동시킵니다.

인 딕티오스텔리움 디스코이데움*Dictyostelium discoideum*은 성별이 3개입니다. 군생하는 고깔쥐눈물버섯*Coprinellus disseminatus*은 성별이 143개입니다. 담자균류의 경우에는 수천 개나 되는 경우도 드물지 않습니다. 치마버섯처럼요. 이런 종을 인간 중심으로 구축된 생물학적 관점으로 이해하려면 지적인 곡예가 필요할 겁니다. 자, 몸을 좀 풀고 시작해봅시다.

## 성교, 생식 세포 간의 문제

좋습니다. 이제 '섹스(성교)'라는 단어부터 짚고 갑시다. 요즘에는 이 단어를 둘러싼 논란이 생물학의 범주를 넘어서서 이뤄지고 있으니 정확한 정의를 내리는 것이 무엇보다 중요합니다. 여러 뜻을 가진 이 단어는 우선 성인 두 명이 합의를 거친 후 행하는 친밀한 행위, 두 개체의 정체성을 맞붙이는 유전적 과정을 말하지만, 생식 기관으로 특징지어지기도 하고 옷을 입은 영장류 사이에서는 때때로 사회적 젠더와 혼용되기도 합니다. 이 단어는 유전적 특징, 신체, 행동, 사회적 역할을 익살스럽게 말할 때 쓰이기도 합니다.

통계학적으로 대부분은 연관성이 있지만, 반드시 그런 것도 아닙니다. 예를 들어 대부분의 남성처럼 염색체가 XY가 아니고[2] 여성으로 분류되는 정자를 생산할 수 있습니다. 게다가 성 정체성을 담당하는 유전적 요인은 생물 종에 따라 달라집니다. 포유류에서 남성은 XY, 여성은 XX이

2 XXXY증후군이나 클라인펠터 증후군처럼 남성의 성염색체에 이상을 일으키는 경우가 많습니다.

지만, 조류의 경우에 남성이 동일한 염색체 두 개로 ZZ이고 여성이 ZW입니다. 그리고 생애 주기 중에 성별이 변하는 개체도 드물지 않고, 하나의 신체에 생식 기관 두 종을 동시에 갖고 있기도 합니다.

그렇기 때문에 진화생물학자들의 관점에서[3] 성별은 염색체, 유방, 질, 음경, 테스토스테론 수치, 그 사람의 성적 정체성 등이 아니라 생식 세포의 크기가 관건입니다. '생식 세포'란 성교 시 개별 당사자가 배아를 만들기 위해 수정하려고 내놓는 세포를 말합니다. 생물학자들에게 남성은 관례적으로 정자라고 불리는 작은 생식 세포를 생산하는 개체이고 여성은 관례적으로 난자라고 불리는 큰 생식 세포를 생산하는 개체입니다. 그게 다입니다. 그 나머지 것들, 그러니까 상이한 성염색체, 생식 기관, 체모, 신체의 서로 다른 부분에 자리 잡은 지방 세포 등은 생식 세포의 크기

3 그들은 언제나 옳습니다, 아무렴요.

차이로 생긴 결과일 뿐입니다. 여기서는 수많은 영향은 접어두고[4] 하나의 물음에 집중해보겠습니다. 도대체 왜 정자는 난자보다 크기가 작을까요?

## 20,000개의 잠재적 배우자

진균류로 다시 돌아가봅시다.

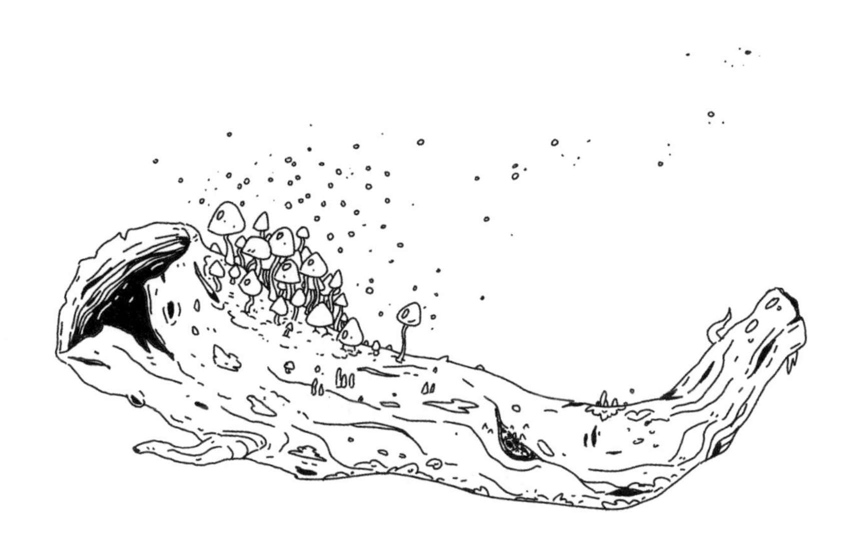

치마버섯을 보면 엄밀히 말해 남성이나 여성을 구분할 수 없습니다. 모든 성별이 같은 크기의 생식 세포를 생산하거든요. 작은 수영왕(정자)이나 크고 비옥한 텃밭(난자)이 없을 때 이 종은 동형 배우자[5] 생식을 한다고 합니다. '성별'이라는 단어는 인간처럼 역할이 구분되어 있을 때에 한

4 게다가 생식 세포의 크기 차이로 인한 영향을 뒤에서 다루고 있습니다. 이 정도면 편집증이 아닌가 의심스러워지네요.

해 사용하고, 버섯 같은 경우에는 '교배형'이라고 합니다. 교배형 사이의 친화성은 염색체의 두 자리, 좌위[6] MAT-A와 MAT-B에 있는 유전자에 따라 결정됩니다. 만약 어떤 버섯의 첫 번째 좌위에 유전 물질 A3가, 두 번째 좌위에 유전 물질 B5가 있다면 이 버섯의 교배형은 A3B5라고 해봅시다. 따라서 교배형의 숫자는 각 좌위에 올 수 있는 대립 유전자의 개수에 따라 달라집니다. 치마버섯은 첫 번째 좌위에 올 수 있는 대립 유전자[7]가 288개, 두 번째 좌위에 올 수 있는 대립 유전자가 81개로 총 23,328개의 조성이 가능하고 따라서 교배형은 23,328개가 나옵니다.[8]

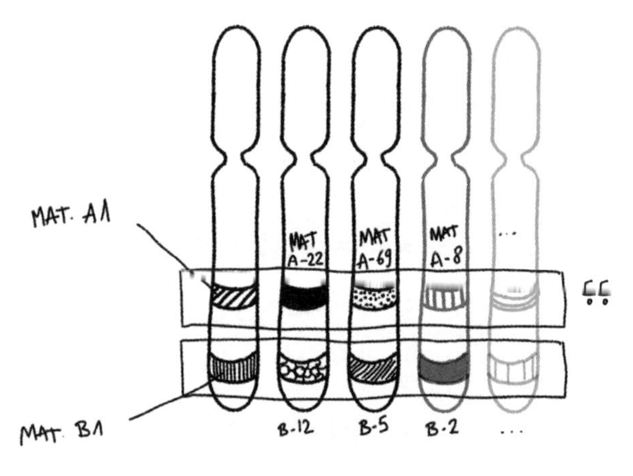


• 동일한 염색체의 여러 가지 버전

5 [역자 주] 동형(同型) 배우자: 유성 생식에서, 모양과 크기가 비슷하여 암수를 구별하기 힘든 배우자.

6 좌위는 염색체의 특정한 위치를 말합니다.

7 [역자 주] 대립 유전자: 대립형질을 지배하는 한 쌍의 유전자. 염색체 위의 같은 유전자좌에 위치한다.

8 288 × 81 = 23,328.

이 교배형들은 해부학적으로 동일합니다. 그렇다면 이렇게 어마어마한 양의 교배형이 어떤 이점이 있는지 아시나요? 물론 단순하게 배우자를 찾을 확률을 높일 수 있습니다! 규칙은 이렇습니다. 생식을 하려면 배우자가 좌우에 동일한 유전자를 가지고 있지 않아야 합니다. 앞서 본 교배형 A3B5는 A2B4와 생식을 할 수 있지만, 다른 A3B5와는 안 됩니다.

인간도 별반 다르지는 않아서 약 50%의 인구가 다른 이들과 성공적으로 생식을 할 수 있습니다. 다시 말하자면 우리가 우연히 생식 세포를 어디론가 내보낸다면[9] 그 세포를 받은 사람 중 절반은 그것으로 딱히 유용한 일[10]을 할 수 없다는 말입니다. 반면 치마버섯은 잠재적 배우자가 22,960개[11], 전체의 98.4%나 있어요! 좋은 소식이지요. 배출된 생식 세포는 교배 친화성이 있는 누군가를 찾을 확률이 높고, 이는 유성 생식으로만 번식을 하는 치마버섯에게 이로운 일입니다.

교배형이 많으면 교배 친화성이 높은 배우자를 만날 가능성이 높아 장점으로 보입니다. 교배형이 딱 두 개인 종을 가정해봅시다. 한 개체가 자기를 세 번째 교배형으로 만드는 변이를 품고 태어났다면 크게 유리하겠지요. 자기 종 전체와 아이를 만들 수 있으니까요. 또 후손을 더 많이 만들 수 있으니 이 세 번째 교배종에 해당하는 유전자를 널리 퍼뜨릴 것이라고 추측할 수 있습니다. 달리 말하자면 진화 중에 새로운 교배종이 선

---

**9** 제발 그러지 마세요. 그것을 받을 사람 중에는 아이들도 있으니까요.

**10** 먹는 것도 하나의 선택지가 되겠지요. 에이, 우리가 잠자리라면 말이에요. 생식 기관에 관한 14장을 읽어보세요.

**11** $(288-1) \times (81-1) = 22,960$.

택될 수도 있습니다. 그렇다면 왜 동물과 식물 상당수는 단 두 개의 성별만 갖고 있을까요?

## 성별 표본

첫 번째로 다세포화와 생식 세포의 크기 차이, 즉 이형 배우자 접합 사이에 연관성이 있습니다. 다세포화의 출현[12]을 이해하려고 녹조식물 클라미도모나스목*Chlamydomonadales*을 집중 연구하다가 이 사실을 발견했습니다. 단세포 녹조류인 클라미도모나스 레인하르드티이*Chlamydomonas reinhardtii*는 동형 배우자 접합을 하는 반면 세포 수만 개가 집락을 형성하는 볼복스*Volvox*는 이형 배우자 접합을 한다는 점입니다.

어떤 버섯은 교배형이 수천 개인 반면 다른 버섯은 수십 개나 그 미만에 불과한지 밝히려고 2018년 출간된 연구서에서 이 문제를 다른 관점에서 접근했습니다. 연구자들은 흔히 버섯들이 그렇듯 유성 생식은 물론 무성 생식을 하는 가상의 개체군에 변이를 발생시켜 새로운 교배형이 등장하면 어떻게 되는지 확인하는 수학적 모델을 고안했습니다. 주어진 종이 주로 무성 생식을 할 때 해당 종의 교배형 숫자가 감소한다는 결과가 나왔습니다.

교배형이 많은 종이 종종 자기 복제를 하는 경향이 있다고 가정해봅시다. 순전히 우연하게[13], 이 종의 어떤 교배형을 가진 개체가 더는 생식

12 6장에서 다시 이야기하겠습니다.

13 전문적으로 '유전적 부동(遺傳的浮動)'이라고 합니다. 인간의 초인적 능력을 다룬 11장

할 수 있는 기회를 갖지 못해서, 그러니까 이 교배형이 선택되지 않아서 사라질 수 있습니다. 이 모델링은 실제 데이터로 확인되었습니다. 2,000세대에 한 번씩 생식하는 버섯은(많은 효모균이 그렇습니다) 교배형이 두 개밖에 없습니다. 반대로 치마버섯과 그 교배형 23,328개는 유성 생식으로만 번식을 합니다.

## 성(性)과 파이

물론 이 설명으로 왜 우리 인간이 교배종이 두 개뿐인지 이해할 수는 없습니다. 우리 조상이 아주아주 오래전에 무성 생식으로 번식을 했을지도 모르지만 우리에게 더는 그런 선택지가 없습니다. 그러니 다른 설명이 필요합니다. 그리고 전통적인 시나리오는 파이 제작 이론입니다.

설명드리지요. 당신이 제한된 양의 재료만 가지고 있다고 해봅시다. 이 재료로 꽤 큰 파이 하나를 만들거나 작은 파이 여러 개를 만들 수 있겠지요. 생식 세포를 만들 때에도 원료 배분을 하면서 이렇게 합의할 수 있습니다. 우리 선조도 동일한 크기의 생식 세포를 갖고 있었지만 선택압의 영향으로 생식 세포의 크기가 점진적으로 바뀌었습니다. 자연 선택이 운 좋게도 다른 것보다 크기가 작은 생식 세포를 가진 개체에게 유리하게 작용한 것입니다. 이 작은 꾀돌이는 개별 생식 세포에 자원을 적게 투자하면서 더 많은 생식 세포를 만들 수 있었습니다. 따라서 더 많은 아이를 낳고 또 이 작은 크기의 생식 세포를 가진 유전자를 널리 퍼뜨리게

---

에서 다시 이야기하겠습니다.

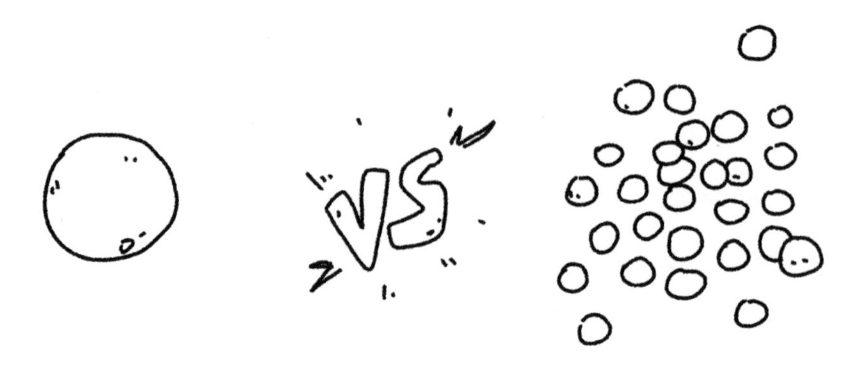


된 것이지요. 그리고 어떻게 되었을지 짐작이 되시지요. 간단히 말하자면 생식 세포의 크기를 줄이는 어떤 변이가 선택되었을 것입니다. 이제 어떻게 정자가 만들어졌는지 쉽게 이해하시리라 생각합니다.

최소한의 자원밖에 공급하지 못하는 이 '기생자' 개체는 품질이 낮아 실제 세상에서 살아남기에 부족한 후손만을 생산하게 된다는 점을 제외하면 말입니다. 다른 개체에게는 생식 세포를 크게 만들어서, 그러니까 큰 파이를 만들어 공급해 자손의 생존률을 높이는 것이 한층 유리했습니다. 간단히 말해 양보다 질에 집중하는 것이지요.

상이한 두 전략이 어떻게 균형을 찾았고 암수가 탄생하게 되었는지 알아보았습니다. 음, 하나의 이론으로서 말입니다. 물론 이 시나리오가 제일 설득력이 있지만 이를 입증하는 고생물학적 흔적은 하나도 없다[14]는 점을 잊으시면 안 됩니다.

이 모델의 장점은 왜 성별이 서너 개가 아니라 두 개밖에 안 되는지 꽤 그럴듯하게 설명한다는 점입니다. 어중간한 크기의 생식 세포는 정자의 엄청난 양과 난자가 제공하는 풍부한 자원에 맞서기에 확실히 불리했습

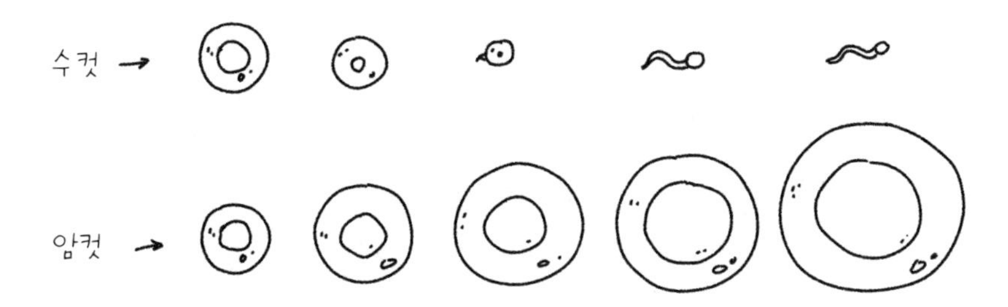


니다. 그러니까 생식 세포라면 우물쭈물해서는 안 되고 갈 때까지 가야 한다는 말입니다.

## 정자들의 배틀 로열[15]

그렇지만 놀라운 형태를 생산한 방탕한 진화는 여기서 멈추지 않았습니다. "자원이 제한적일 때 경쟁은 더욱 치열하다"라는 원칙은 지정학과 금융계는 물론 정자에게도 적용됩니다. 양분으로 가득하고 생산하는 데 비용이 드는 대형 생식 세포(난자)는 한 번 사정될 때마다 우글우글한 소형 생식 세포(정자)에 비해 수가 적어서 정자가 난자에 도달하려면 치열한 경쟁을 거쳐야 합니다.

이 단순한 사실 때문에 상당 종의 진화 과정에서 암수의 해부학적 차

14 안타깝게도 정자와 난자는 화석이 되기 어렵거든요.

15 [역자 주] 배틀 로열(battle royal) : 여러 명의 경쟁자가 동시에 경기장에 올라가 마지막 한 사람이 승리할 때까지 싸우는 시합 형식.

이가 생겼고 그 차이는 (워낙) 긴 목록이라 여기에서 나열하지 않겠습니다. 공작의 꼬리, 사슴의 뿔, 파충류의 색깔 등 수컷의 경쟁이 외부 형태까지 영향을 준 사례도 많습니다. 그러나 정자 자체도 경쟁상 제약에 맞춰 많이 변했습니다. 그리고 경쟁은 하나의 동일한 개체의 세포끼리만 일어나는 것도 아닙니다. 여러 수컷의 정자가 섞일 수도 있습니다.[16] 그래서 진화는 이 무시무시한 배틀 로열에서 이기기 위한 다양한 방책을 만들어냈습니다.

## 경쟁자를 익사시키다

크게 두 가지 흐름이 나타났습니다. 수컷 사이의 정자 경쟁이 치열해질수록 이 수컷의 고환은 커졌습니다. 난자를 차지하기 위한 하나의 방법은 경쟁자의 정자를 자신의 것에 희석시키는 것입니다. 로또에 당첨되기 위해 티켓 대부분을 구입하는 것처럼 말입니다. 그래서 암컷이 대체로 하나의 수컷과 아이를 낳는 고릴라의 경우 수컷의 고환이 작았고[17] 난잡하게 교미하는 침팬지의 경우 고환이 상대적으로 컸습니다. 인간의 경우는, 흠, 그 중간 어디쯤입니다.  이 규칙은 근거가 꽤 탄탄해서 포유류나 어류 등에서 사례를 찾아볼 수 있습니다.

또 다른 방법은 정자의 속도를 높이는 것입니다. 흔한 생쥐*Mus musculus*

---

16 성게처럼 수정이 외부 환경에서 일어나는 종의 경우에는 정상적인 일입니다만…… 체내 수정이 일어나는 종에서도 꽤 자주 볼 수 있습니다.

17 크기로 판단하자는 건 아닙니다.

의 생식 세포는 머리 부분의 작은 고리를 이용해 서로 붙어 있습니다. 협심하는 이 정자 어뢰는 대박을 터뜨리기 위해 전력으로 달려갑니다! 수많은 종(호모사피엔스는 아닙니다)에서 보조 정자가 실제로 난자와 수정하는 정자를 지원합니다. 보조 정자의 기능은 아직 잘 알려지지 않았습니다. 일부 보조 정자에는 세포질 소기관인 리소좀이 포함되어 있는데, 리소좀은 평상시 소화를 담당하는 기관이라 경쟁자 정자를 터뜨려버릴 수 있습니다! 마지막으로 인간의 정자보다 1,000배나 큰, 5센티미터 이상의 초거대 정자를 가진 초파리*Drosophila bifurca*를 언급하지 않고 넘어갈 수는 없겠네요. 이 거대한 정자는 암컷의 저장 기관을 가득 채워서 암컷이 다시 교미를 할 수 없게 하여 정자의 주인이 로또 당첨자가 되도록 해줍니다.

### 세 번째 형태와 만나다

사실 정자에게 적용되는 진화론이 흥미로운 이유는 일단 균형을 찾더라도(여기서는 생식 세포의 크기와 교배형의 숫자) 진화를 멈추지 않는다는 것을 보여주기 때문입니다. 확실하게 해두기 위해 정말 굉장한 걸로 마무리하겠습니다. 바로 제3의 성이 있는 종입니다.

캘리포니아 모노호에 살고 있는 벌레 아우아네마종*Auanema sp.*은 정자나 난자를 생산합니다. 물론 우리가 앞에서 내린 정의를 기준으로 하면 이 종은 수컷과 암컷만 있어야겠지만, 세 번째 형태를 찾았습니다. 수컷 형태와 암컷 형태가 있고 두 가지 생식 세포를 모두 생산할 수 있는 자웅 동체 형태가 있는 것입니다. 해초 플레오도리나 스타리이*Pleodorina*

잘생긴 정자를 모아놓은 작은 갤러리

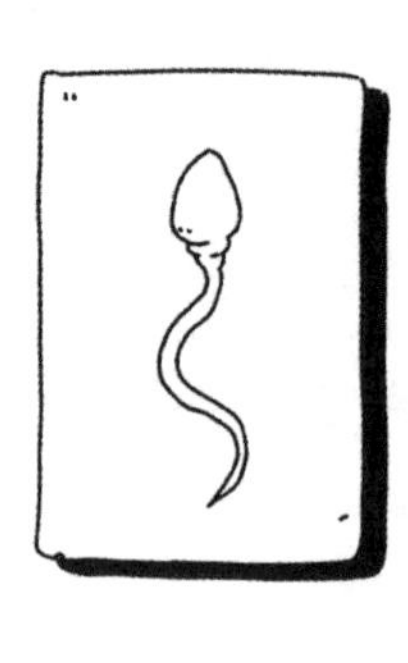

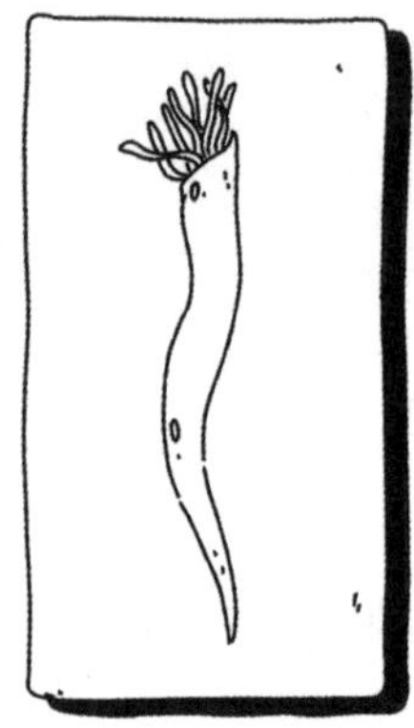

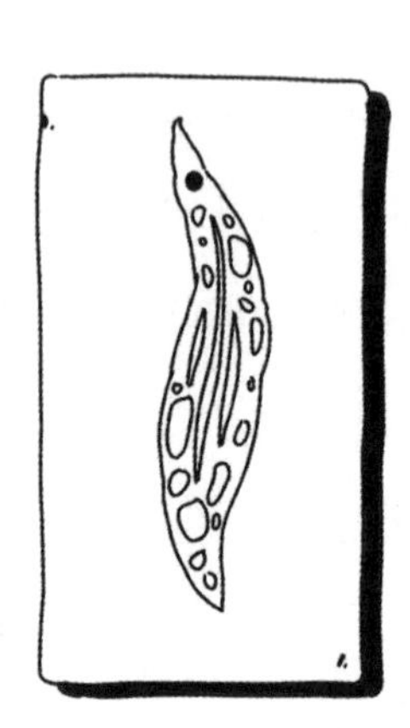

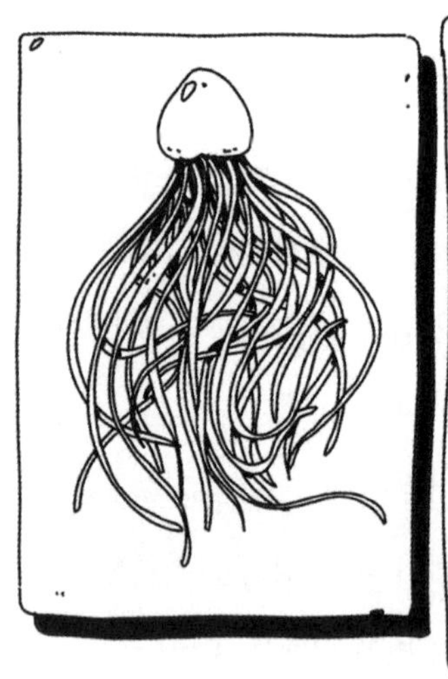

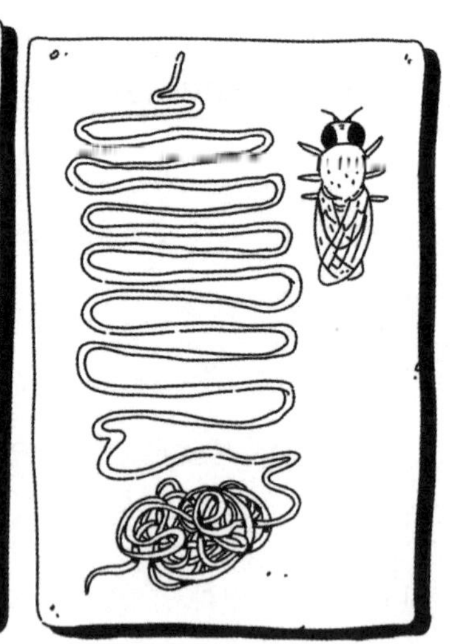

*starrii*와 여왕개미가 수컷 두 종과 교미를 해 군집을 이루는 수확개미 *Pogonomyrmex*도 마찬가지입니다. 수확개미 집단은 부모가 셋인 셈이지요!

일반적으로 자웅 동체는 피낭동물(척추동물의 먼 친척으로 상상하기 힘든 형태입니다), 복족류, 지렁이처럼 '물렁물렁한' 무척추동물[18]에서 흔히 볼 수 있습니다. 자웅 동체는 놀라운 적응력을 불러일으키기도 합니다. 납작벌레인 페르시아양탄자편충*Pseudobiceros bedfordi*은 교미 시 두 마리가 맞붙는데, 먼저 수정을 당한 쪽이 집니다. 진 벌레는 아이를 키울 영양분을 제공하면서 생식의 대가를 치러야 합니다.

산호초에 사는 어류 중에는 수많은 종이 자웅 이숙[19](순차적 자웅 동체)입니다. 말미잘에 사는 흰동가리*Amphiprioninae*는 암수 커플이 생식을 조절합니다. 암컷이 죽으면 수컷이 성을 전환해 암컷을 대신하지요. 이렇듯 유기체가 잠정적인(커플이 될 가능성이 있는) 배우자가 둘 뿐인 체계의 굴레를 에둘러 가는 방법은 수없이 많습니다.

다시 말하자면 진화는 생물학자들의 단순한 일반화를 무너뜨리는 것이 가장 즐거운 취미 생활인 모양입니다!

18 딱히 '물렁물렁한 무척추동물'이라는 분류가 있는 것은 아닙니다. 무척추동물에서 자웅 동체가 흔하고 또 그런 동물이 대부분 물렁물렁해서 붙인 이름입니다.

19 [역자 주] 자웅 이숙(雌雄異熟): 자웅 동체(암수한몸)의 생물에서, 암수의 생식 세포가 성숙 시기에 차이가 있는 일.

# 5장

# 완벽한 모순덩어리인 성

◆

생식의 수단인 성행위는 여러 면에서 복제보다 덜 효과적입니다. 그런데 왜 많은 종이 이 방법을 선택할까요? 그리고 바나나와는 무슨 관련이 있을까요?

누구나 바나나를 좋아합니다. 이 과일은 말 그대로 완벽합니다. 이미 포장이 되어 있고 달콤하지만 지나치게 달지도 않으며 칼륨 함량이 높습니다. 영양가도 많고 흘리지 않고 간편하게 먹을 수 있습니다. 게다가 재미있게 생겼습니다.[1] 바나나는 꽤 놀라운 기관이라서 신의 섭리를 주장하는 영리한 몇몇 이들은 생물권이 창의적인 신적 존재의 창조물이라는 가설을 뒷받침하는 근거로 바나나를 들기도 합니다.[2] 물론 꽤 분명한 의도가 있긴 했습니다. 바로 인위 선택[3]이지요. 약 7,000년 전 파푸아뉴기니에서 바나나를 재배하기 시작했을 때부터요. 단두종[4]이 늑대의 후손인 것처럼 야생 바나나는 우리가 먹는 캐번디시 품종의 선조입니다. 그러나 맛있는 바나나는 사라질 운명이었습니다. 이유는 놀랍기도 하지만 "우리가 왜 성행위를 하는가"[5]라는 좀 더 광범위한 불가사의를 이해

---

1 바나나를 권총처럼 [illegible] 카우보이 놀이를 하잖아요. 혹시 다른 생각을 하셨나요?

2 뉴질랜드 TV 전도사 레이 컴퍼트(Ray Comfort)는 자신이 진행하는 전도 프로그램 《참스승의 길The Way of the Master》에서 바나나에 대한 애정을 드러내며 이 과일은 무신론자들에게 골칫거리임을 보여주려고 했습니다. 그는 바나나의 수많은 장점(자연 속에서 잘 보이는 노란색, 손에 쥐기에 딱 좋은 완벽한 형태, 벗기기 쉽고 미끄러지지 않는 표면)을 나열하며 오직 뛰어난 기술자인 신만이 이런 먹거리를 만들어낼 수 있다고 결론 내렸습니다. 안타깝게도 레이 컴퍼트는 야생 바나나 중에는 녹색이나 보라색 등 다양한 색깔이 있고 씨가 가득 있다는 점을 몰랐습니다. 그러니까 바나나는 닌텐도 모바일 게임인 마리오 카트 시리즈를 하는 무신론자들을 제외하고는 장애물이 아니었고 레이 컴퍼트는 이 발언으로 인터넷 밈이 되는 영광을 누렸습니다. [역자 주] 마리오 카트 시리즈에서는 바나나를 하나라도 밟으면 순위가 꼴찌가 된다.

3 [역자 주] 인위 선택(人爲選擇): 생물의 품종 개량에서 특수한 형질을 지닌 것만을 가려서 교배하여 그 형질을 일정한 방향으로 변화시키는 일.

4 아시다시피 주둥이가 짧은 견종은 호흡기가 약합니다.

하게 해줍니다.

## 작은 문제가 있는 그로 미셸 품종 바나나

다시 바나나로 돌아가봅시다. 19세기 중반부터 '그로 미셸'이라는 품종이 우수한 품질로 인해 널리 경작되기 시작했습니다. 이 재배 품종은 바나나의 무성 생식 능력을 개발해 만들었습니다. 바나나는 사실 초본 식물[6]이고 땅속의 뿌리줄기를 통해 번식합니다. 그로 미셸 품종은 수천 년에 걸친 선택으로 모든 측면에서 완벽한 개체가 되었습니다. 규격화되고 달콤한 열매가 주기적으로 열리고 껍질이 두꺼워 운송 중에도 손상되지 않습니다.

포디즘[7]과 대량 소비 시대를 앞두고 그로 미셸 바나나가 균질성과 반복성이라는 꿈을 구현한 것입니다. 재배업자는 생산량을 높였고, 유통업자는 저장 및 운송 방법을 최적화해 동일한 바나나가 마트 진열대에 매끈하게 숙성되어 쌓이게 할 수 있었고, 소비자는 내일 먹어도 어제와 다르지 않은 균일한 맛에 안심했습니다.

간단히 말해 모두가 만족스러웠습니다. 진균류*Fusarium oxysporum*가 산

---

5 물론 이런 본질적인 질문을 바나나에 관한 일화와 접목하는 게 외설적인 농담을 에둘러 하려는 것으로 보일 수도 있습니다. 하지만 제 팔로워들은 제가 그런 식의 농담을 하지 않는다는 점을 잘 알고 있습니다. 제 농담은 훨씬 노골적이지요.

6 네, 바나나는 풀의 열매입니다.

7 [역자 주] 포디즘(Fordism): 벨트를 도입한 일관된 작업 방식. 미국의 포드 자동차 회사에서 처음 개발한 대량 생산 시스템이다.

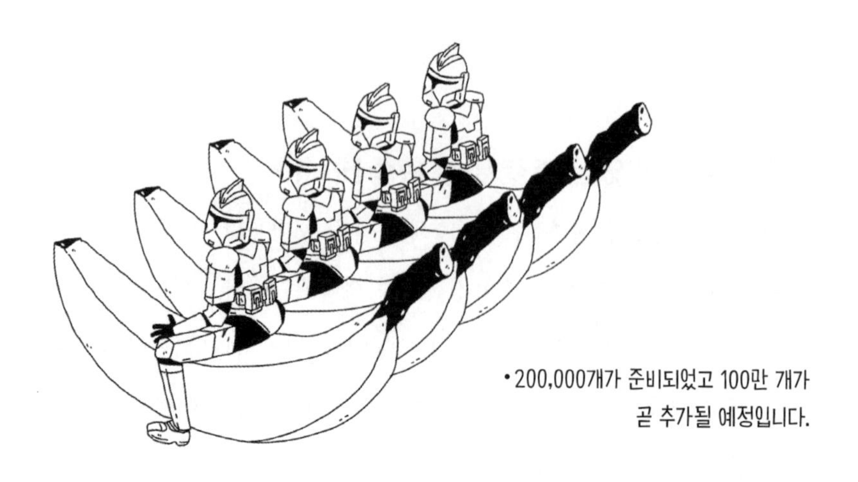

• 200,000개가 준비되었고 100만 개가
곧 추가될 예정입니다.

통을 깨기 전까지 말입니다. 시들음병을 일으키는 진균류가 아시아에서 넘어와 중앙아프리카 여러 나라의 바나나 농장을 대거 덮쳤고 결국 이 병은 '파나마병'이라는 별명까지 얻었습니다. 바나나는 모두 복제 생식되었기에 병원균에도 동일하게 반응해 모두 죽었습니다. 시들음병 진균은 이 품종을 몰살시켜 전 세계적으로 바나나 품귀 현상[8]을 일으켰습니다. 다행히도 대체재가 있었지만요.

## 우리는 복제품을 먹고 있다

1930년 정원사 조지프 팩스턴Joseph Paxton은 데번셔 공작 윌리엄 캐번디시William Cavendish를 위해 바나나를 재배했습니다. 당시에는 손님들에게 이국적인 음식을 접대하는 것이 품위 있는 일이었고 캐번디시 공

8 꽤 유명한 노래 〈맞아요! 바나나가 없어요〉는 이 현상을 참고해 프랭크 실버(Frank Silver)와 어빙 콘(Irving Cohn)이 1923년 작곡했습니다.

작의 바나나는 유독 맛이 좋았습니다. 이 바나나는 빠르게 사모아 제도, 카나리아 제도, 앤틸리스 제도를 비롯한 세계 곳곳으로 수출되었습니다. 병원균 때문에 그로 미셸 품종을 재배할 수 없게 되자 사람들은 파나나 병에 저항력이 있는 캐번디시 품종으로 대체했습니다. 결과는 어떻게 되었을까요? 20세기 중반부터 그로 미셸 품종은 자취를 감추었고 캐번디시 품종이 그 자리를 차지했습니다.

그래서 현재 지구상 모든 슈퍼마켓에는 거의 독점적으로 캐번디시 품종이 판매되고 있습니다. 비열대 지역으로 수출되는 바나나의 99%가 이 품종입니다! 이 바나나는 매년 1,500만 톤 이상 생산됩니다. 당신이 지금 70세 미만으로 열대 지역을 여행한 적이 없다면 평생 이 품종만 먹었을 가능성이 상당히 높습니다.

다시 말하자면 당신이 어린 시절부터 맛본 모든 바나나는 모두 동일한 개체입니다. 왜냐하면 그로 미셸처럼 캐번디시도 복제품이니까요. 복제품의 문제는 삶에서 닥친 위기에 모두 동일하게 반응한다는 점입니다. 예를 들어 진균류와 같은 위기에요. 게다가 캐번디시 품종도 결국 시들음병 균주에 취약한 것으로 밝혀졌고, 오늘날 이 병균은 세계 최고의 과일[9] 국제적 생산량을 위협하고 있습니다. 그리고 이번에는 대체할 만한 품종을 갖고 있지 않아요.

9 솔직히 말하자면 세계 최고의 과일은 마몬치요지요. 리치와 람부탄의 중간쯤 되는 것으로 둥그렇고 과즙이 풍부해 천천히 빨아 먹는 과일입니다. 한 알을 다 먹어도 송이에 50여 알이 남아 있으니 얼마나 행복한지 모르겠습니다.

## 성교의 모순

자, 바나나가 멸종되는 난감한 상황에서 벗어나는 일은 위대한 유전자의 힘을 믿어보기로 하고 우리는 바나나가 성에 관해 알려주는 것에 귀 기울여 봅시다.

진화생물학자의 관점에서 성교는 모순 그 자체이자 풀기 어려운 문제입니다. 무성 생식을 하는 종에서는 복제를 통한 번식이 우세합니다. 하나의 개체가 복제되어 두 개체를 생산합니다. 이들 복제자는 각각 또 복제하고 이런 식으로 이어집니다. 반면 성교는 새로운 하나의 개체를 만들려면 두 개체가 필요하니 확연히 덜 효율적입니다.

한 해에 한 번 재생산하는 어느 개체 종이 복제 능력이 있는 유전자를 가지고 태어난다고 가정해봅시다. 이 개체의 복제자는 제각기 복제할 수 있고 이런 상태는 계속 이어지겠지요. 몇 년 안에 이 개체군은 처음 개체의 집합으로 구성될 것입니다. 이 모델에서 무성성 유전자는 매우 강력하게 선택되어 곧 이 종의 공통된 특성이 될 것입니다. 이 논리대로라면 유성 생식은 있을 이유가 없지만, 실제로는 엄연히 존재합니다.

다세포 유기체 대부분은 유성 생식을 하고 단세포 종 일부도 자기 방식으로 유전자를 섞습니다. 이렇게 널리 퍼진 생식 방법이라면 당연히 이점이 어마어마하겠지요! 도대체 좋은 점이 뭘까요? 늘 그렇듯 수많은 가설이 이 특성을 설명해보려고 제기되었고 이 가설은 대체로 성교란 유전자 지도의 혼합이고 따라서 후손은 다양화된다는 명백한 관찰에서 시작합니다.

가령 성교가 아빠와 엄마의 대립 유전자를 적절히 섞어 각 개체가 가진 최악의 버전을 한 개체로 모으는 것이라면 그 후손은 확실히 자연 선택에 반합니다.[10] 이때 성교는 대규모의 유전적 숙청에 가깝습니다. 한편 암수의 게놈 재조합은 DNA를 재편하는 어마어마하고 무지막지한 변이를 피하기에 충분할 것입니다. 그러나 가설을 늘어놓으면 수십 쪽에 달할 테니 붉은 여왕 가설로 바나나의 수수께끼를 풀어보겠습니다.

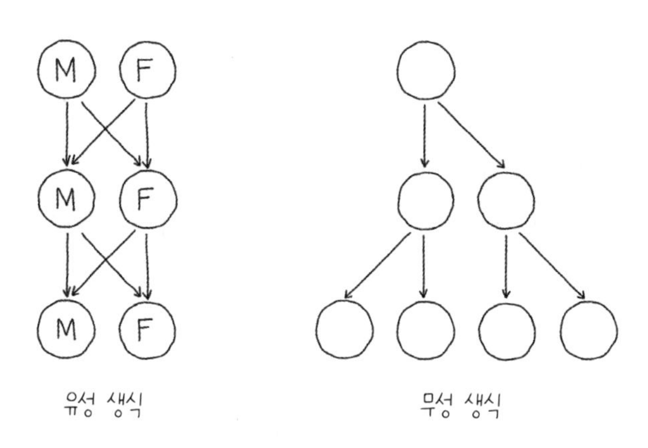


## 이상한 나라로 미끌어져 들어가다

「이상한 나라의 앨리스」의 후속작 「거울 나라의 앨리스」에서 루이스 캐럴Lewis Carroll은 앨리스와 달리기 경주를 하는 붉은 여왕이라는 인물을 등장시킵니다. 앨리스가 "방금 우리가 그랬듯이 아주 빨리 오래 달린다면 다른 곳에 도착할 거예요"라고 말하자 붉은 여왕은 이렇게 대답합니다. "얘야, 여기서 우리는 같은 곳에 있기 위해 할 수 있는 한 아주 빨

10 최선의 경우 생식률이 낮을 것이고 최악의 경우 죽을 것입니다.

리 달려야 한단다. 다른 곳으로 가고 싶다면 두 배는 더 빨리 뛰어야 하지." 이는 생물권의 다양한 유기체, 특히 기생자와 숙주 사이에서 위세를 떨치는 군비 경쟁을 퍽 잘 반영한 비유입니다.

저는 사고 실험[11]을 즐깁니다. 이해하기 쉬워지거든요. 바나나나무 하나와 진균류 하나가 있다고 해보지요. 바나나나무에 저항(가)와 저항(나), 두 종의 유전자가 있고, 진균류는 기생(가)와 기생(나)가 있습니다. 진균류 기생(가)는 바나나나무 저항(가)만, 기생(나)는 저항(나)만 감염시킬 수 있습니다. 바나나나무는 자기 복제라는 평탄한 삶을 이어가고 세대를 거치면서 둘 중 하나의 선택지만 남겠지요.

반면 진균류는 유성 생식을 해서 대립 유전자가 저마다 달라집니다. 성교는 세대마다 유전자 지도를 재조합하고 진균류에서 이 지도는 다소 빠르게 유전됩니다. 그러니까 진균류가 바나나나무의 방어벽을 뛰어넘는 우수한 대립 유전자 조합을 찾아 맛있는 식사를 할 시점이 필연적으로 오게 된다는 말입니다.

자연에서는 저항력(바나나나무의 면역 체계) 및 숙주 감염력과 관련된 유전자가 엄청나게 많지만, 통칙은 동일합니다. 무성 생식으로 복제를 하면 개체는 집단의 순도 측면에서는 꽤 효과적일지 몰라도 방어벽을 피해 진화하는 거대한 위험에는 무방비 상태입니다. 요컨대 주위 모든 것이 움

---

11 [역자 주] 사고 실험(思考實驗): 실행 가능성이나 입증 가능성에 구애되지 아니하고 사고상으로만 성립되는 실험. 하나의 이론 체계 안에서의 연역 추리의 보조 수단으로 쓴다.

직이는 나라에서 한 장소에만 머물러 있는 것이지요.

이 이론은 실험으로도 여러 번 입증되었습니다. 그중 기생 박테리아에 맞서는 예쁜꼬마선충*Caenorhabditis elegans* 두 종의 실험도 있습니다. 한 종은 성교를 할 수 있었고 다른 종은 복제를 통한 동계 교배로만 재생산되었습니다. 70세대가 지나자 성교를 할 수 없었던 종은 박테리아로 인해 멸종하고 다른 종만 무사히 살아남았습니다.

## 삶에는 예외가 있습니다

그러나 만약 이 규칙이 성교의 기원을 제대로 설명해주는 것 같더라도 예외를 잊어서는 안 됩니다. 예외가 있거든요! 유성 생식을 완전히 포기했는데도 뚜렷이 관찰할 수 있는 결과가 없는 종이 여럿 있고 이들은 진화생물학자에게 큰 논란거리입니다. 이런 종으로 티메나*Timena*속의 벌레와 은기문아목*Oribatidae*에 속하는 응애, 패충류군인 다르비눌리다이*Darwinulidae*[12]과를 들 수 있습니다. 수백만 년 전부터 이들 종은 유전자 재조합을 포기하고 순수하고 단순한 복제를 선택한 것으로 보입니다. 하지만 가장 널리 연구되고 있는 유기체의 이름은 더 발음하기 어렵습니다.

그 유기체는 바로 질형목*Bdelloidea*입니다(저는 주의를 드렸습니다. 다음

---

12 정확하게 짚고 가자면 얼마 전에 이 종의 수컷을 발견했습니다. 우리는 약 3억 년 전부터 이 종이 암컷으로만 구성되었다고, 그러니 당연히 무성 생식을 했을 거라고 생각했었지요. 그러나 우리는 수컷 세 마리를 발견했습니다. 백 년 동안 찾아 헤매다가요.

쪽의 그림을 참고하세요). 질형목은 생명계에서 유일한 생명 체계를 갖고 있습니다. 날씬한 꽃병 모양의 이 미생물은 한쪽에는 다리, 반대쪽에는 회전식 솔로 먹이를 흡입하는 입이 있습니다. 특히 이 종은 수컷이 없습니다. 하나도요. 어디에도 없어요. 아무튼 지금까지는 아무도 찾지 못했습니다.

그러니 암컷[13]이 홀로 단성 생식을 해 재생산합니다. 수정되지 않은 난자가 배아가 되고 성체가 됩니다. 질형목은 적어도 2,000만 년 전부터 성교를 하지 않은 것 같은데 그래도 암컷만으로 구성된 이 생명체 450종 이상이 등장하는 데는 아무런 문제가 없었습니다.

그렇다면 질형목은 어떻게 기생자를 피할까요? 그건 음…… 어렴풋이 짐작은 가지만 아직 모호합니다. 우선 질형목은 병원균이 공격해오면 스스로 몸을 건조해 휴면에 들어갑니다. 그리고 기생자가 덜 공격적인 지역으로 바람을 타고 날아가는 겁니다. 정리하자면 자발적으로 동결 건조해 사출 좌석[14]을 이용하는 것입니다. 질형목이 다른 종, 해조나 박테리아 등의 유전자를 수집할 수 있다는 점은 알려졌습니다. '수평적' 유전자 전이[15]는 게놈을 다양하게 하고 기생자에게 대처하는 생명력을 다지게 해줍니다. 게다가 다른 개체와 재결합을 한 흔적, 꼭 유성 생식이라고

---

13 그러니까 종의 개체 100%가 암컷입니다.

14 [역자 주] 사출 좌석(射出座席) : 전투기나 고속 항공기에서 사고가 났을 때 승무원을 비행기 밖으로 비상 탈출 시키기 위한 사출 장치가 달린 좌석.

15 [역자 주] 수평적 유전자 전이 : 유전자가 부모에게서 자식에게로 수직적으로전달되는 것(수직적 유전자 전이)이 아니라, 유전자가 다른 종에게 전달되는 것.

말하기는 어렵지만 유전자의 교환이라는 점에서 성교를 한 흔적이 있는 질형목종도 발견했습니다.

"왜 암컷과 수컷은 성교를 하는가?"라는 근본적인 질문이 지나치게 외설적이지도, 완벽히 수긍이 가지도 않다는 점은 생각할 때마다 놀랍습니다. 생물계의 복잡성은 포괄적인 통칙으로 꼭 포착할 수 없습니다! 어쨌든 우리는 이런 모순에 대한 답을 일부 알고 있습니다. 유성 생식은 세대마다 자손과 부모가 조금씩 다르기 때문에 질병을 피할 수 있습니다. 기생자를 정신없게 만들려면 어떻게 해야 할지 아시겠지요? 바나나나무를 교훈 삼아 섹스를 많이 하세요.

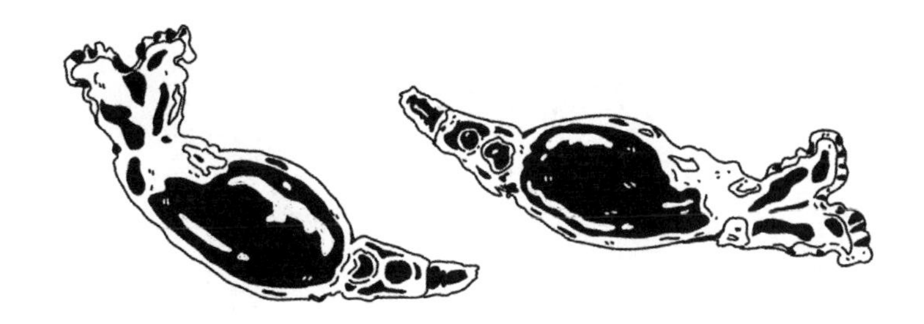

## 6장

# 왜 우리 몸은 하나의 세포가 아니라 여러 개의 세포로 되어 있을까요?

◆

수십억 년 전에 모든 생명체는 단세포였습니다. 캄브리아기를 지나며 세포들은 서로 협력하기 시작했고 새로운 형태의 생명체가 등장했습니다. 그런데 이 과정은 불가피한 과정이었을까요?

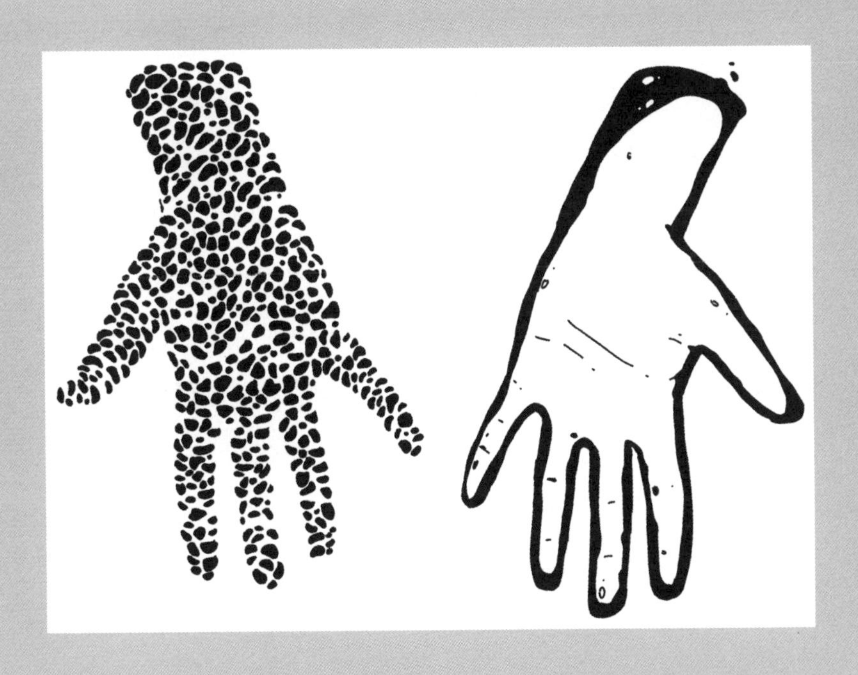

(아득한 옛날)

(그리 깊지 않은 따스한 바다에서)

(한 주머니에서 분자 하나가 배출되었습니다)

(주머니는 호르몬을 분비하며 미친 듯이 팔딱거렸습니다)

(울컬울컥)

(화학적 메시지에 이끌린 다른 주머니가 그 주머니를 향해 다가가려고 애씁니다)

(꿀렁꿀렁)

(주머니의 축축한 막이 닿아 팔딱이다가 서로 붙습니다)

(그러다가 처음으로 큰 주머니가 되었습니다)

(다른 큰 주머니가 계속 나타났습니다)

20억 년도 넘는 시간 전에 지구에서 있었던 일입니다. 초대륙 컬럼비아가 형성되는 중이었습니다. 하나뿐인 망망대해에 떠 있는 큰 땅덩어리였습니다. 지구의 자전 속도가 지금보다 빨라서 하루는 조금 짧은 20시간이었습니다. 생명체는 약 20억 년 전쯤부터 존재했고 대단히 생산적이었습니다. 남세균이 충분히 공급한 산소는 대기에 축적되었습니다. 시간이 흘렀습니다. 축적된 산소는 당대 유기체 대부분에게 해로웠고 산소 농도가 높아지자 유기체 대부분이 사라지는 (1차) 대멸종이 발생했습니다. 수많은 단세포 생물이 생명을 이어갈 수 없었고 이름을 알 수 없는 사체가 유일한 바다의 침전물 속에 쌓였습니다.

시간이 흘렀습니다. 배출된 산소는 대기 중 메탄을 메탄보다 온실 효과가 1/30 수준인 이산화탄소와 물로 산화시켰습니다. 지구는 급속히 온도가 낮아졌고 전례 없는 빙하기인 원생대 휴로니안 빙하기가 시작되었습니다. 우주에서 봤을 때 지구는 수백만 년 동안 눈덩이 같았을 겁니다.

시간이 흘렀습니다. 지름이 15킬로미터인 소행성이 훗날 남아프리카를 형성하게 될 바위에 부딪쳐 충돌구[1]를 만들었습니다. 충돌구의 크기는 아주 먼 훗날 공룡을 멸종시킨 소행성의 흔적보다 두 배 이상 컸습니다. 빙하기는 끝났지만, 산소 농도는 변하지 않았습니다. 시간이 흘렀습니다. 지구의 모든 바다에서 세포가 팔딱이고 신진대사를 하고 단세포 생물은 각개 전투를 벌였습니다. 그러던 어느 날 세포들이 조직적으로 모여 협력을 했습니다.

수십억 년 동안 단세포 생물이 평온하게 보글보글하며 살았고 그들은 원초적인 행성의 유일한 정복자였습니다. 빙하기와 소행성 충돌이 이어지고 반복됐지만, 생물체는 단세포로 구성된 원시적인 상태의 개체로 남아 있었습니다. 그러다가 수십억 년간의 잉태 끝에 지금과 같은 생물 다양성이 마침내 꽃을 피웠습니다. 오랫동안 생명의 역사를 이렇게 생각했습니다.

약 5억 4,000만 년 전 캄브리아기에 있었던 생명 대폭발은 종종 동물학의 빅뱅으로 여겨집니다. 이 독특한 창조 시점에 대부분의 동물 문(門)이 등장했기 때문입니다. 폭발에 빗댄 것도 그다지 과장이 아닙니다. 지층에서 이 시점 전후로 화석의 해부학적 다양성이 눈에 띄게 다르거든요.

---

1 브레드포트 충돌구로 지름이 300킬로미터입니다. 지구상의 생명체 중 3/4, 특히 익룡 외의 공룡을 멸종시킨 소행성 충돌의 증거인 칙술루브 충돌구의 지름은 '겨우' 170킬로미터입니다.

요컨대 이 폭발이 있기 전에 동물은 주로 단세포 유기체나 단순 집락[2]의 형태였습니다. 대폭발이 있고 난 후, 동물들은 서로 독특하게 다른 다양한 형태를 띠기 시작했습니다. 바다 생물인 오파비니아*Opabinia*와 마렐라*Marrella*, 경이로운 할루키게니아*Hallucigenia*처럼 특이한 유기체에게는 어떤 의미를 부여해야 하는지에 관해 오래 논의되었습니다! 이 동물들의 생애에 관해 별로 아는 것이 없기에 현존하는 동물과 연관 지으려는 노력은 이미 그 자체로 큰 도전입니다. 하지만 생물체의 역사에 갑자기 등장한 이들은 현재 동물계의 근간이 되는 특징을 갖추고 있었습니다.

좌우 대칭[3], 삼배엽성[4], 체강[5]은 당시 등장한 진화적 혁신이었고, 이는 우리와 같은 현대 동물 대다수에게는 표준이 되었습니다. 다세포 유기체는 더는 작고 형태가 일정하지 않은 방울이 아닙니다. 앞뒤가 다르고 부속체가 있고 대칭을 이루는 복잡하고 전문화된 구조입니다.

## 인생은 아름답지만, 오래되기도 했습니다

그러나 5억 년 전에 일어난 캄브리아기 대폭발이 고생물학자 눈에는 여전히 '생물학적 인식 체계의 변화'의 순간으로 기능하긴 하지만, 최근

2 그래도 이런 집락은 스트로마톨라이트 암석과 같은 수수께끼를 품고 있기도 합니다.

3 좌우 대칭 때문에 우리의 콧구멍과 눈이 두 개씩이고 좌우가 거울에 비춘 것처럼 생겼습니다.

4 삼배엽성은 우리가 배아일 때의 구조입니다. 생애 초기에는 세포층이 세 개이고 발생 과정에서 각각 다른 기관이 됩니다.

5 체강(體腔)은 말 그대로 신체 내부의 빈 공간입니다. 이곳에 장과 같은 기관이 있습니다.

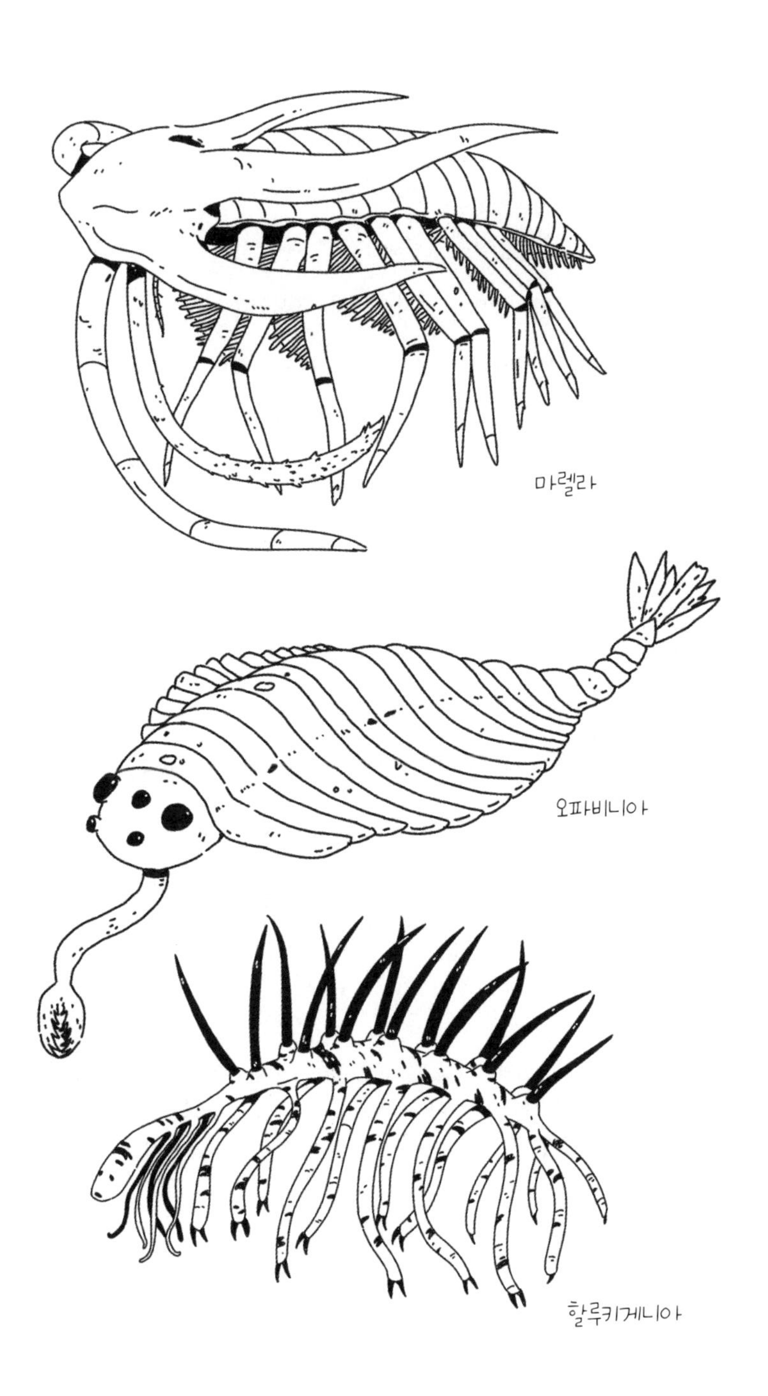
마렐라
오파비니아
할루키게니아

발견된 사실을 통해 '단순'한 단세포 생물이 '복잡'한 다세포 생물로 변화했다는 관점에 미묘한 변화가 생겼습니다. 가령 캄브리아기 대폭발이 일어나기 1억 년도 전에 중국 웡안의 생태계에서 아크리타르크[6]의 미화석[7]을 발견했습니다. 당연하게도 이것은 유기적인 구성물이었지만, 더욱 정확하게 규명하기는 어려웠지요. 이 구성물들은 떠다니다가 디킨소니아*Dickinsonia*(족히 1미터는 되는 홈이 있는 원반형 동물종)와 카르니아*Charnia*(잎맥이 있는 잎 형태의 동물) 등 이미 다세포인 다른 동물과 함께 재생산을 했습니다.

물론 단세포에서 다세포로의 전환은 하루아침에 이루어지지 않았습니다. 그렇지만 생물 구조의 복잡화는 에디아카라기와 캄브리아기에 걸쳐 약 1억 년의 시간 동안 이뤄졌기에[8] 그보다 앞선 단세포 생물의 수십억 년의 생존 기간보다는 상당히 짧은 편입니다.

그러니까 생명의 역사에서 널리 인정받는 가설은 이렇습니다. 약 39억 년 전 최초 생명의 흔적이 발견된 이래로 생물은 단세포였다가 시간이 지나고 보글보글거리다가 짜잔, 캄브리아기의 생물학적 대폭발의 시점에 아주 늦게 다세포가 된 것이지요.

---

6 웡안(Weng'an)의 아크리타르크(acritarch, 생물학적 분류가 불가능한 단세포 생물의 하나)'라니……. 이렇게 까마득한 과거를 떠올리다 보면, 크툴루도 5억 년 전쯤에 살았을 것 같습니다. [역자 주] 크툴루: 미국의 소설가 하워드 필립스 러브크래프트가 창조한 우주 신화의 인물.

7 [역자 주] 미화석(微化石): 현미경으로 관찰·연구되는 아주 작은 화석.

8 일반적으로 에디아카라 생물군의 초기 거대 화석은 약 6억 년 전의 것이고, 캄브리아기 대폭발은 5억 2,000만 년 전에 마무리되었다고 봅니다.

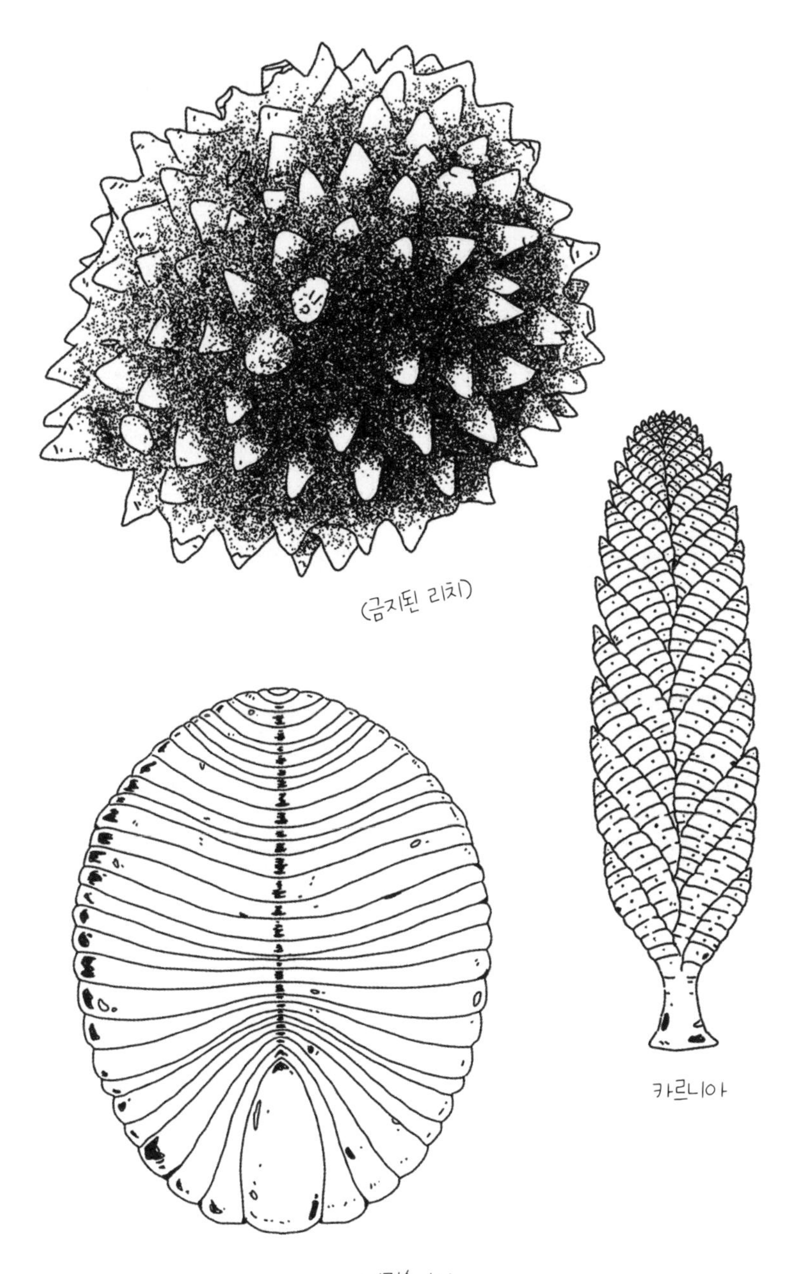
(금지된 리치)
카르니아
디킨소니아

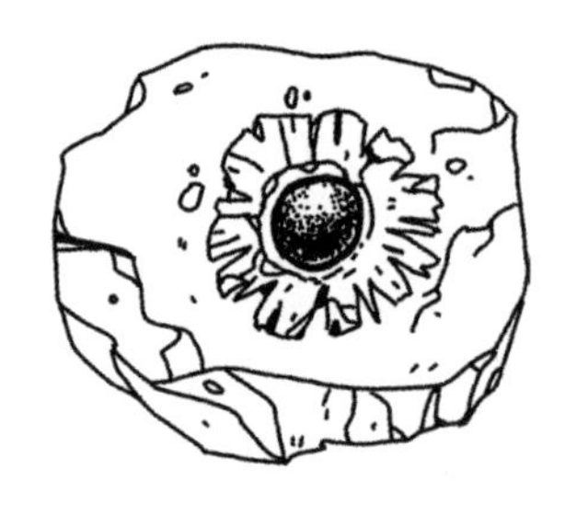

그렇지만 2010년 초, 가봉의 오트오고웨주의 주도 프랑스빌 근처에서 있었던 놀라운 발견을 다룬 기사가 연이어 보도되었습니다. 약 15센티미터에 달하는 화석이 원반형의 특이한 구조를 하고 있었는데, 중앙은 돔 모양으로 부풀었고 주변부는 방사형 홈으로 이뤄져 있었습니다. 연구자들은 초기 다세포 생물의 형태가 이렇지 않을까 추정했습니다.

고생물학자들은 화석이 발견된 바위의 연대를 측정하다가 생명의 역사에 관한 기존 학설이 뒤집힐 수 있다는 사실을 발견했습니다. 이 수수께끼의 유기체는 사실상 20억 년 전, 그러니까 캄브리아기 대폭발이 있기 15억 년 전에 살았거든요!

그러니까 생명의 역사를 새로 써야 합니다. 따뜻하고 깊지 않은 바다에서, 어쩌면 강에 있는 삼각주에서, 선구적인 실험이 일어났습니다. 다세포 생물이 되려는 첫 번째 시도는 맨눈으로도 관찰할 수 있었습니다. 그러나 일시적인 실험이었고, 그 흔적은 퇴적물에 덮여 금방 사라졌습니다. 이 시도는 성과가 없었고 훗날 가봉이 되는 지역의 화석에 자신의 유산을 남긴 걸까요? 아니면 추후 에디아카라기의 생태계에 출현하는 생물 형태의 아주 먼 조상인 걸까요? 아무도 확신할 수 없습니다. 게다가 다른 오래된 침전물 속에서 또 다른 고대 유기체의 흔적이 발견되어 논의되고 있습니다. 미국 미시간주 토양에서 발견된 나선형의 섬유질 화석 그리파니아 스피랄리스*Grypania spiralis*는 매우 원시적인 진핵생물[9]로 보이는데, 섬세한 나선형이 23억 년 전에 형성되었기 때문이지요.

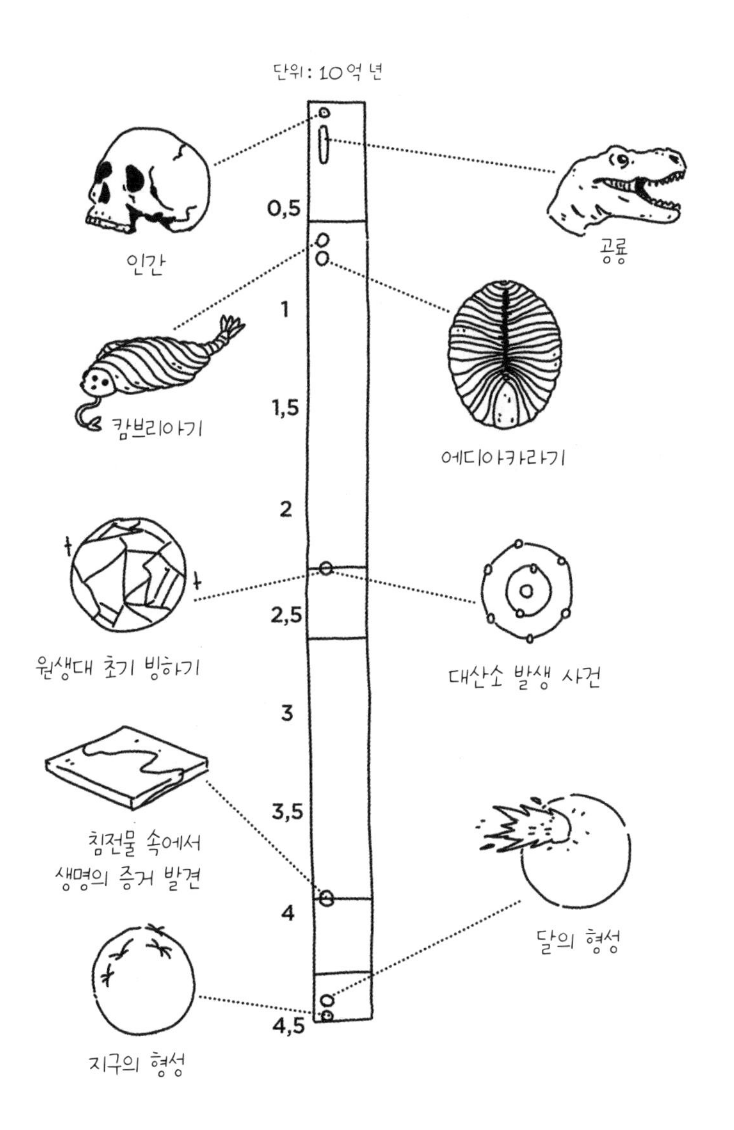
단위: 10억 년
0,5
1
1,5
2
2,5
3
3,5
4
4,5
인간
공룡
캄브리아기
에디아카라기
원생대 초기 빙하기
대산소 발생 사건
침전물 속에서
생명의 증거 발견
달의 형성
지구의 형성

## 수많은 다세포성

이런 전문적인 문제는 고생물학자들에게 맡겨두고 여기서는 일반적인 메커니즘을 이해해보려고 합니다. 프랑스빌의 생태계에서 발견된 생물과 캄브리아기 유기체는 어떻게 등장했을까요? 복잡한 다세포의 등장은 돌이킬 수 없는 사건이었을까요? 그리고 왜 우리는 다세포 유기체일까요?

인간의 평균 세포 수는 수십조 개[10]고 자연스럽게 왜 같은 부피의 단일 세포는 적합하지 않은지 궁금해집니다. 어쨌든 종 수 측면에서나 생물량 측면에서 생물권은 박테리아와 다른 진핵생물 등 주로 단세포 유기체로 구성되어 있습니다. 그러니 단세포 유기체는 자기 존재 가치를 입증한 형태입니다. 그렇다면 다른 수많은 세포와 협업하도록 유인해 생명체를 복잡하게 만든 이유는 무엇일까요?

이 주제는 수십 년 전부터 많은 연구자의 호기심을 자극했습니다. 아직 많은 부분이 수수께끼로 남아 있다는 점을 짚고 가야겠습니다. 지금은 다세포화는 진화의 과정 중에 빈번히 발생했기 때문에 그리 놀랍지 않은 일이라는 합의에 도달했습니다. 물론 실제로 다세포화는 믿기 어려울 정도로 가능성이 희박한 변화라는 점도 변함이 없습니다.

왜 그런지 하나씩 살펴보지요. 현재 알려진 바로는 진핵세포 유기체의 진화 과정에서 다세포화가 독립적으로 20회가 넘게 일어났습니다. 예를

9 진핵생물은 세포에 핵이 있는 모든 유기체를 말합니다. 당신의 부모님도, 창문 밖의 비둘기도, 책상 위 화분의 식물도, 욕조 틈새의 진균류도 진핵생물입니다. 반대말은 박테리아와 아르카이온처럼 핵이 없는 원핵생물입니다.

10 학자들은 우리 신체에 세포가 정확히 $3.72 \times 10^{13}$개 있다고 밝혔습니다.

들어 사회적 성격의 아메바인 딕티오스텔리움 디스코이데움*Dictyostelium discoideum*이나 동물의 선조는 세포끼리 결합할 수 있는 단백질을 만들었습니다. 동물의 α카테닌과 β카테닌은 아메바에서 유사한 것을 발견했고 두 계통은 수렴을 통해 더불어 살기에 필요한 생물학적 혁신을 일궈냈습니다. 수렴 진화[11]는 홍조류*Rhodophyta*에서도 수차례 나타났고 여러 계통이 독립적으로 단세포에서 다세포로 바뀌었습니다.

연구자들은 유기체 집단의 유사성을 연구해 이렇게 놀라운 결과에 도달했습니다. 도식화하자면, 두 집단이 동일한 특성을 보일 때 두 가지 가설이 가능합니다. 공통 조상에게서 이 특성을 물려받았거나, 공통 조상에게는 없던 특성을 알아서 개발했거나입니다. 점차 유사성이 감소하는 사촌 집단에서 특성의 분포를 분석함으로써 공통 조상이 지닌 특성을 추론할 수 있었고, 그에 따라 어떤 가설이 맞는지는 증명할 수 있었습니다.

이 방법으로 생물학자들은 이전에 혼자 살던 세포가 집단생활을 하는 일이 흔하다는 점을 증명했고, 이 사실은 박테리아의 다세포화 과정에 수많은 과도적 형태가 존재한다는 점으로 한층 뒷받침되었습니다.

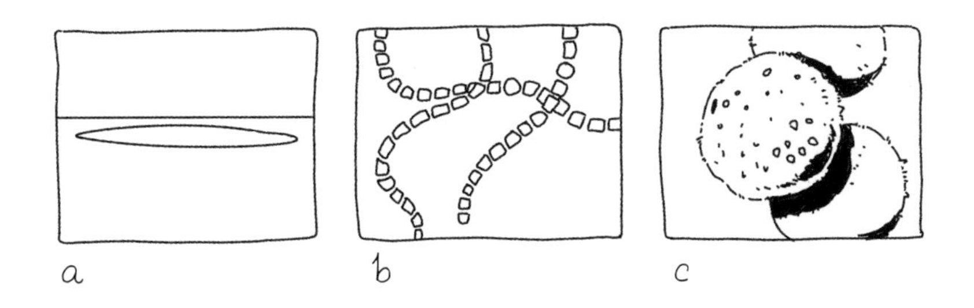


11 [역자 주] 수렴 진화(收斂進化): 공통 조상이 없는 비등한 속성을 띠는 종이 비슷한 환경 조건에서 유사한 구조를 가지고 생존을 유지하는 독립적 진화.

## 박테리아 사회

미세 유기체는 카펫, 생물막, 실뭉치, 구형 등 다양한 형태로 집락을 만듭니다. 이런 구조 덕분에 박테리아 세포는 많은 장점을 누립니다. 모체 내에 물이나 영양분을 보관하고, 독극물과 항생 물질로부터 자신을 방어하고, 원거리에서도 자원을 빠르게 교환할 수 있습니다. 이 조직은 극도로 효율적이면서(소독제에 저항하는 생물막의 능력은 문젯거리가 되기도 합니다) 믿기 어려울 만큼 오래되었습니다. 복잡한 다세포 진핵생물의 초기 형태가 약 20억 년 전 가봉 침전물 속에서 발견되었고 약 5억 년 전 다양성의 대폭발이 일어났다면, 가장 오래된 박테리아 집락의 흔적은 35억 년 전으로 거슬러 올라갑니다.

원핵생물의 세포는 이미 오래전에 사라졌지만 그들의 신진대사 결과물은 무척 특별하고 얇은 침전층의 형태로 남아 있습니다. 죽은 박테리아나 이들이 분비하는 점액은 아득한 시간 동안 쌓여서 스트로마톨라이트라는 독특한 지질학적 구조를 만들었습니다. 이 구조는 호주나 남아프리카 등 지구상 여러 지역에서 발견되고 어떤 집락은 지금까지도 활동 중입니다!

## 아메바와 함께 사라지다

그렇지만 박테리아는 수십억 년 동안 집락의 형태로 함께 살아갈 수 있었지만, 캄브리아기 동물군의 사례처럼 복잡한 다세포 유기체를 절대로 만들어낼 수 없었습니다. 일시적인 세포 집락에서 책상 위 화분의 식물처럼 복잡한 다세포 유기체로 가는 길에는 여러 단계가 있습니다.

이러한 전이의 핵심 작용 원리를 이해하려고 연구자들은 주위 상황에 따라 혼자인 삶과 공동체의 삶을 왔다 갔다 하는 유기체에 관심을 가졌습니다. 대표적인 유기체가 앞서 말했던 사회적 성격의 아메바인 딕티오스텔리움 디스코이데움입니다. 이 종은 먹이가 부족할 때 본능적으로 집단을 형성합니다. 공통된 혈연이 없는 개별 개체가 모여서 작은 무더기를 만들지요. 이 무더기는 손가락 정도 크기의 기어다닐 수 있는 형태가 될 때까지 쪼그라듭니다. 이 미끌거리는 괄태충은 다른 '괄태충들'과 합쳐져 먹이를 먹고 살아갑니다. 괄태충은 일정한 형태가 될 때까지 합치기를 멈추지 않습니다. 예를 들어 양단이 부푼 몇 밀리미터의 곧추선 줄

기 모양으로 변합니다. 종에 따라서 꽤 다양한 형태로 변화한 후에 줄기의 세포는 자기를 희생시켜 양단의 세포를 포자로 만들고 이 포자는 바람이나 동물에 의해 전파됩니다.[12]

이 포자는 다시 단세포 개체를 만들고 이 개체는 조건이 맞으면 다른 동족을 찾게 됩니다. 이 종 덕분에 연구자들은 결집 현상의 '역학적' 측면, 세포가 붙는 데 관여하는 유전자, 세포를 총괄하고 '괄태충'을 움직이게 하려고 무더기 내부에서 확산되는 화학적 신호 등을 다수 밝힐 수 있었습니다. 그러나 이 정보는 다세포성이 어떻게 이뤄졌는지를 설명하는 데 그칩니다. 진짜 궁금증은 풀리지 않았습니다. 왜 하나의 세포가 아닌 여러 세포로 사는 걸까요?

## 생명의 거대한 게임

생물학자들은 이 질문에 대한 답을 얻으려고 실험을 했습니다. 2019년 출간된 연구서에서 그들은 단세포 녹조류 클라미도모나스 레인하르드티이를 포식성 짚신벌레에 노출시키고 장시간에 걸쳐 이들 세포의 운명을 세심하게 추적했습니다. 750세대가 지나 놀라운 일이 일어났습니다. 다세포 형태가 등장해 무더기에 속한 세포들을 포식자로부터 더 잘 보호하게 된 것입니다. 다른 연구에서 보면 이렇게 형성된 집락은 실험에서 포식자를 제거한 후에도 남아 있었습니다. 여럿이서 살면서 덩치를 키워 잡아먹히지 않을 수 있었던 것이지요.

12 이렇게 자신을 희생하다니 세계 최고의 아메바라고 불러야겠네요.

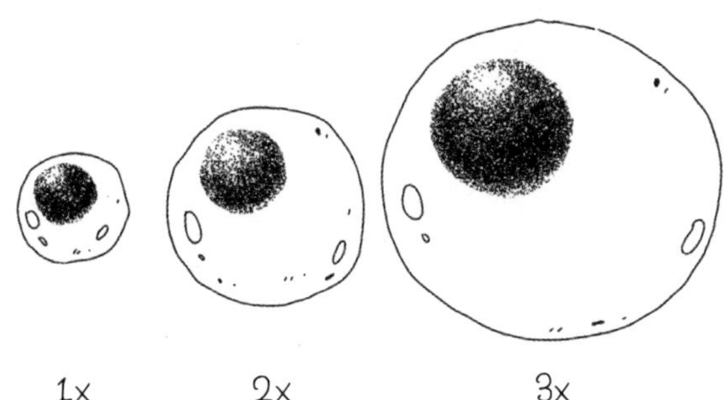


그런데 하나의 세포가 커져서 덩치를 키우고 혼자 있으면 어떨까요? 그것은 기하학적 차원에서 생각보다 간단하게 답할 수 있습니다. 구형의 부피는 반지름의 세제곱 함수로, 표면적은 반지름의 제곱 함수로 표시됩니다. 따라서 세포가 커지면 부피는 세제곱으로 커지지만, 교류가 일어나는 표면인 막은 제곱으로 커집니다. 결과적으로 구형 세포가 커지다가 반지름이 어느 수준에 달하면 막의 표면적이 세포의 필요를 충족할 만큼 먹이를 흡수할 수 없게 됩니다.

이 간단한 기하학적 논리로 인해 생물계에서는 맨눈으로 관찰할 수 있는 세포가 드물고[13] 대다수는 보통 몇십 마이크로미터 안팎입니다. 쉽게

---

**13** 크기가 수 센티미터나 되는 단세포 해조류 발로니아 벤트리코사(*Valonia ventricosa*)가 예외로 유명합니다. 작은 녹색 공 모양의 세포는 내부 조직이 꽤 구조적으로, 여러 '주머니'가 '다리'로 연결되었습니다. 요컨대 약간 꼼수가 있는 거죠. 60센티미터에 달하는 콜레르파 탁시폴리아(*Caulerpa taxifolia*) 등 다른 조류도 있습니다. 조류는 생물학자들이 일반화하는 것을 퍽 싫어하는 모양입니다.

말해 커지려면 부푸는 것보다 수를 늘리는 편이 낫습니다. 그러므로 우리의 먼 선조가 크기를 키우면서 다세포성의 등장에 크게 기여한 것은 맞지만 이게 유일한 이유는 아닙니다.

세포의 전문화가 가능해지면서 여러 가지 일을 동시에 진행할 수 있게 되었습니다. 남세균 집락에는 집락 내 다른 동료를 위해 대기 중 질소를 고정하는 데 특화된 이형 세포가 있습니다. 이형 세포의 세포질은 질소 고정 효소로 가득 채워져 있고 상대적으로 방수성이 높은 세포벽이 혐기성 환경에서 세포 내부를 보호해 효소가 제대로 활동할 수 있게 합니다. 이런 분업이 얼마나 효과적이었는지 남세포는 20억 년 전 대기를 산소로 가득 채워 생물 역사상 첫 번째 대멸종을 초래했습니다.

남세포 활동이 일으킨 또 다른 결과는 더욱 놀랍습니다. 여러 연구를 통해 대기 중 산소 농도와 진핵생물의 다양성 사이에 연관성이 있다는 점이 밝혀졌습니다. 달리 말해 남세포, 그러니까 이형 세포가 존재했다는 사실만으로 캄브리아기 대폭발이 일어날 수 있었습니다! 그러니까 수억 년에 걸쳐 다세포 생물은 서로를 도왔습니다.

다세포가 훨씬 장점이 많다는 점에서 다세포화는 수많이 등장했을 것으로 보이고 실제로도 그랬습니다. 놀랍게도 이들 다세포 유기체가 방울이나 생물막보다 복잡한 형태를 띠기까지는 수십 억 년이 걸렸습니다. 생물학자 외르시 서트마리Eörs Szathmáry와 루이스 월퍼트Lewis Wolpert는 한 연구 보고서에서 다음과 같이 깔끔하게 정리했습니다. "다세포화가 어려웠을까? '아니다, 전혀 그렇지 않다'라고 단도직입적으로 답할 수 있다. 진화 과정에서 스무 번이 넘게 등장하기 때문이다. 그렇지만 복잡한

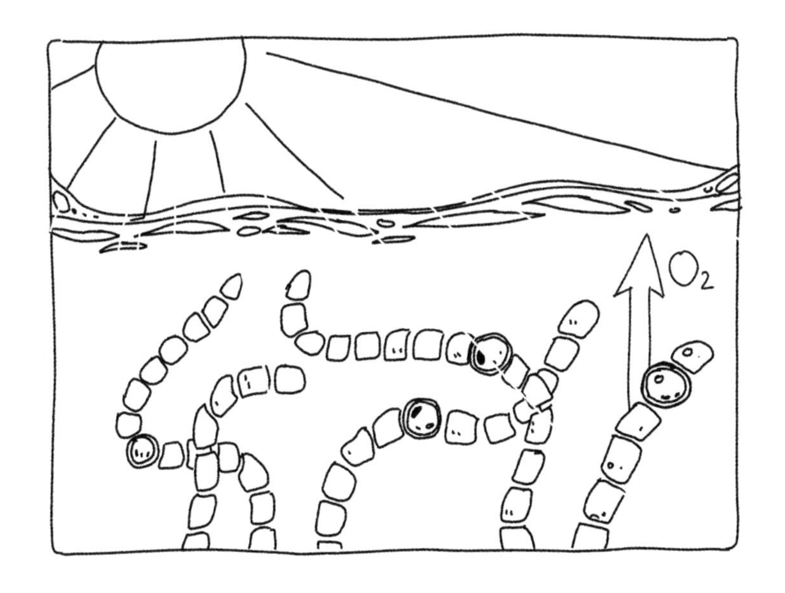


유기체를 생산한 계통은 식물, 동물, 진균류뿐이다. 35억 년에 세 개면 그리 많은 것은 아니다."[14]

홍조류와 갈조류를 셈에 넣으면 숫자를 좀 늘릴 수도 있지만 서트마리와 월퍼트는 단호하게 선을 그었습니다. 그들은 다세포화는 흔하더라도 지구상에서 복잡한 생명 형태는 여전히 믿을 수 없을 만큼 적다고 봅니다.

---

**14** E. Szathmáry, L. Wolpert, ≪ The transition from single cells to multicellularity ≫, in P. Hammerstein (ed.), *Genetic and Cultural Evolution of Cooperation*, MIT Press, Cambrige, 2003, p. 285-304.

박테리아 집락부터 저의 할머니[15]까지 다세포성의 여러 면모는 큰 차이가 있습니다. 그러나 수많은 개체로 구성된 무더기가 어떻게 긴밀하게 기능할 수 있을까요? 세포들은 어떻게 협력할까요? 이 모든 질문을 앞으로 살펴보겠습니다!

15 아닌 게 아니라 여기에 관한 장이 따로 있습니다. 16장을 보세요.

# 7장

# 암, 벌거숭이두더지쥐, 쿠바 미사일

◆

마이크로미터 크기의 세포가 협력해 당신과 같이 거대한 것*을 만들려면 어떻게 할까요?

★ 그리고 물론 놀라운 것이지요.

쇼핑몰 사이트에 접속하거나 이 책에 별점 테러를 하기 위해 마우스를 잡으려고 손가락을 움직일 때 한번 생각해보십시오. 이 동작은 세포 수십억 개, 그러니까 열정적으로 움직이는 근육 세포, 클릭할 때 접촉 신호를 전달하는 메르켈 세포, 제어하는 신경 세포, 그뿐만 아니라 영양 섭취와 보존을 담당하는 모든 세포가 동시에 조직적으로 움직여야 합니다. 다시 말해 모두 각자의 삶을 꾸려갈 수 있는 세포들이 자기보다 큰 존재, 바로 당신을 위해 협력하려고 스스로 번식하지 않기로 '결정'했다는 겁니다. 끝내주네요, 안 그래요? 일반적으로 과학은 이런 유형의 손쉬운 예상에 다소 흥분하긴 하지만[1] 그래도 흥미로운 문제가 하나 남습니다. 이 작은 세상은 어떻게 협력하기 시작했고, 무엇보다 왜 그랬는지 궁금합니다.

세포 간 협력에 관한 이번 여행을 시작하려면 상상력이 좀 필요합니다. 자, 눈을 감고 숨을 크게 들이쉬세요. 자신이 벌거숭이두더지쥐 *Heterocephalus glaber*라고 생각해봅시다.

와우.

끝내주네요.

1 이 의자는 말 그대로 원자로 이뤄져 있습니다. 끝내주네요! 그리고 이 나무는 우리의 아주 먼 친척입니다! 어떤 숫자의 무한한 집합은 다른 숫자의 무한한 집합보다 큽니다! 좋아요, 이거 정말 끝내주네요. G. 칸토어(G. Cantor)는 실수 집합이 자연수 집합보다 크다는 점을 증명했습니다. 둘 다 무한하지만요. 자, 이제 여러분들은 독서를 계속하세요, 저는 아스피린 한 알 챙겨 먹고 돌아오겠습니다.

## 당신이 살고 있는 곳의 살아 있는 설치류를 만나봅시다

우리 기준에는 다소 못생겼지만[2] 벌거숭이두더지쥐는 여러 면에서 생물학적 호기심을 자극합니다. 털이 없는 이 설치류는 동아프리카 땅굴에서 수백 마리가 군집을 이루어 주로 덩이줄기를 먹으며 삽니다. 현지에 적응해 다른 포유류와 구별되는 특징이 몇 가지 있습니다. 우선 체온 조절 기능이 없습니다. 다른 모든 포유류에게는 있는 이 기능이 없어서 온도가 훨씬 안정적인 땅속에 삽니다. 그 대신 벌거숭이두더지쥐는 행동으로 온도를 조절합니다. 날씨가 추워지면 벌거숭이두더지쥐는 서로 뭉쳐 몸을 맞댑니다. 날씨가 엄청 추워지면…… 죽습니다.

지하에서 살아서 놀라운 적응 능력이 하나 더 있습니다. 이산화탄소 비율이 매우 높고 산소 농도가 무척 낮아도 저항력이 있습니다. 실험 결과 벌거숭이두더지쥐는 산소가 없어도 18분 정도 살 수 있고 대기 중 이

당신은 이런 생김새를 별로 좋아하지 않을지 몰라도
효율성을 최대로 살리려면 이렇게 생겨야 해요.

---

2 이 동물은 기본적으로 끝에 큰 이빨이 있는, 갓 면도한 10센티미터 길이의 음경처럼 생겼습니다.

산화탄소 농도가 80%보다 높아도 괜찮습니다. 인간은 이산화탄소가 몇 퍼센트만 되어도 당장 SOS 신호가 오는 데 말입니다! 땅굴의 공기는 순환이 거의 되지 않아 이 설치류는 진화 과정에서 산소를 무척 효과적으로 포집하는 헤모글로빈을 갖게 된 것입니다.

이산화탄소를 흡입하면 조직에 산이 축적되는데 벌거숭이두더지쥐에게는 이것도 문제가 되지 않습니다. 내성이 놀랄 정도로 높기 때문입니다. 이 적응력은 놀라울 정도로 고통을 참아내는 능력과도 관계가 있습니다. 거의 무감각한 것 같거든요. 게다가 암 발병률도 무척 낮습니다. 자연 상태에 사는 이 종에게서 종양이 발견된 적은 한 번도 없습니다. 이런 특성은 단백질 생성과 히알루론산 다량 보유, 산소가 매우 희박한 거주지 등의 측면에서 수많은 적응과 관련이 있습니다.

정리하자면 이 동물의 생리는 독특하고 호기심을 자극하며, 이런 생리 덕분에 이 동물은 30년 넘게 살 수 있으며 가장 장수하는 설치류가 되었습니다.

최근에는 벌거숭이두더지쥐 군집마다 소리[3]를 내기 위한 고유의 언어를 개발했다는 사실을 발견했습니다. 이 방언은 여왕과 연관되어 군집 내 사회적 방식에 따라 전달됩니다. 여왕이 바뀌면 방언도 변합니다! 이 동물은 2013년 《사이언스》지에서 '올해의 척추동물'로 선정되었습니다(나 참, 상이랍시고 아무거나 만들어내네요).

---

3 날카로운 '칩, 칩'을 비롯해 다양한 소리를 냅니다.

## 인간보다 사회적인 동물

그러나 이 동물의 특히 매력적인 부분은 사회적 구조입니다.

진사회성[4]은 고도의 협력이 돋보이는 조직 형태로, 일부 개체만 번식을 하고 다른 개체는 이들의 재생산을 돕습니다. 젊은 층에 많은 정성을 들이면서 세대 간 협업하는 개체군이지요. 여기에는 먹이 찾기나 개체군 보호 등의 일부 업무에 특화된, 생식 능력이 없는 개체도 포함되어 있습니다. 주로 개미, 흰개미, 꿀벌, 말벌 등 사회적 곤충에서 이런 조직을 찾아볼 수 있습니다. 말벌은 특히 광범위하게 연구되었습니다. 그러나 다른 진사회적 유기체도 존재하고 이들은 연구자들의 호기심을 자극합니다. 시날페우스*Synalpheus*속에 속하는 딱총새우는 해면동물의 빈 곳을 점유하고(다음 쪽 참조), 박쥐란*Platycerium bifurcatum*[5]은 습도를 유지하려고 촘촘히 모여 삽니다. 박쥐란은 수많은 개체가 번식하지 않고 물을 모아 보관하는 데 집중합니다.

포유류 중에 진사회적인 종은 벌거숭이두더지쥐가 거의 유일합니다.[6] 이 종은 몇백 마리가 군집을 이루고 여러 역할을 나눠 담당합니다. 번식이 가능한 유일한 암컷인 여왕은 번식력이 있는 수컷 몇 마리와 교미를

---

4 [역자 주] 진사회성(眞社會性): 집단에서 전문적인 역할을 담당하는 일부 개체들이 다른 개체들에 비해 번식을 적게 하는, 높은 수준의 협력과 분업이 이루어지는 성질.

5 원예업에 종사하는 사람들은 박쥐란이 사슴뿔을 닮았다며 '스태그혼'이라고 더 많이 부릅니다. 실내용 식물로 분류됩니다.

6 혹시 인간은 어떤지 궁금해하지도 마세요. 인간은 진사회적인 동물이 아닙니다. 단적으로 집단의 다른 구성원에게 번식을 위임하지 않잖아요!

경비
여왕

하고, 생식 능력이 없는 암컷과 수컷은 여왕을 둘러싸고 군집이 잘 운영되도록 노력합니다. 먹이를 모으고 굴을 파고 뱀 등 포식자로부터 군집을 보호하는 역할을 하지요. 이런 조직은 포유류에서 거의 유일합니다. 벌거숭이두더지쥐 외에 이런 조직을 가지고 있는 것으로 밝혀진 것은 다마랄랜드두더지쥐뿐입니다. 이것 역시 설치류이며 남아프리카의 비슷한 환경에서 삽니다.

## 벌거숭이두더지쥐의 존재를 예측하다

생물학적 호기심 이면에는 진화 이론의 효율성을 보여주는 확실한 증거가 있습니다. 과학적 이론의 유효성은 사실상 무엇보다 결국 검증되는 실험 가능한 예측을 제안하는 능력에 따라 가늠되고, 특이한 벌거숭이두더지쥐 군집은 딱 그 예측에 속합니다. 1974년 생물학자 리처드 알렉산더Richard Alexander는 진사회적일 수 있는 척추동물의 존재 가능성을 적시(摘示)했습니다. 그에 따르면 진사회성은 부모가 자식에게 주는 정성에 크게 근거하는데, 부모 대부분이 자식에게 관심을 기울이는 척추동물 사회에서 충분히 나타날 수 있습니다. 알렉산더는 이 진사회성의 진화 모델을 고안하려고 노력했고, 진사회성은 흰개미 무리에게 그루터기가 그렇듯이 안전한 환경에서 아무런 위험 없이 풍부한 먹거리를 얻을 수 있는 매우 특정한 상황에서 등장하리라 예측했습니다.

척추동물의 경우, 여기에 부합하는 환경은 거의 없습니다. 땅굴이 완벽한 후보지이지요. 땅굴에 사는 동물은 대부분 포유류이고, 또 그중 대부분은 설치류입니다. 풍부한 먹거리원은 큰 덩이줄기와 뿌리이고, 대부분 우기가 두드러진 열대 지방에서 볼 수 있습니다. 벌거숭이두더지쥐와 다마랄랜드두더지쥐가 진사회적 조직이라는 점이 밝혀지기 전에 이뤄진 논리적 추론은 진화 이론에서 가장 주목할 만한 예측이었습니다.

## 진화의 마트료시카

이런 과학적 업적에도 불구하고 완전한 사회, 즉 초개체[7]가 어떻게 출현했느냐 하는 질문은 난제로 남아 있습니다. 이 문제를 풀면 우리가 왜 여러 개의 세포로 이뤄졌는지 알 수 있으리라는 점에서 이 문제를 더 해결하고 싶어 안달이 나는 거지요. 1995년 존 메이너드 스미스John Maynard Smith와 동료 외르시 서트마리는 『진화의 주요 전이The Major Transitions in Evolution』를 출간해 현재의 생명은 인식 체계가 크게, 여러 번 바뀐 결과라고 설명했습니다. 애초에 독립적이었던 유전자는 모여서 염색체를 형성했고, 개별 세포는 모여서 개체를, 개체는 서로 협력해 사회와 군집을 꾸렸습니다. 외부에서 볼 때 벌거숭이두더지쥐 사회(혹은 우리 인간 사회)는 서로 포개진 러시아 인형 마트료시카를 닮았는데, 각 층이 서로 다른 조직 단계를 이루고 있기 때문입니다. 두 연구자는 이런 방식으로 초개체의 존재를 제기하며, 각 단계에서 잠재적으로 이기적인 이해관계를 가진 개체가 왜 집단을 형성해 서로 협력하는지 알아보는 것이 관건

---

7 개미집처럼 동일한 종의 일원만이 모인 개체를 '초개체'라고 하고, 여러 종이 협력하는 경우에는 '전생명체'라고 합니다. 다른 사람들이 영화관에 갈 때 생물학자들은 새로운 개념을 만드나 봅니다. 토요일 저녁에는 각자 하고 싶은 일을 하는 거지요, 뭐.

임을 밝혔습니다.

## 협업의 수학

단세포 유기체에서 이런 조직은 몇 가지 구분되는 메커니즘을 통해 등장합니다. 응집은 가장 직관적인 형태입니다. 앞 장에서 본 아메바처럼 여러 세포가 모여 붙는 것이지요. 이런 유형의 다세포는 세포가 혈족 관계가 아니어도 빠르게 형성된다는 장점이 있습니다. 이런 집단은 집단에 주는 것보다 집단에서 얻는 것이 많은 '사기꾼' 개체의 등장에 특히 예민합니다.

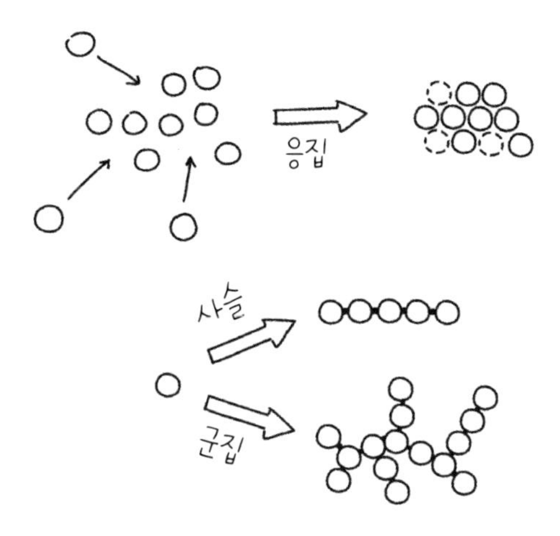


좀 더 느린 다른 방법도 있습니다. 분화를 거쳐 다세포가 되는 것이지요. 원세포가 여러 번 복제를 하고 그렇게 생긴 딸 세포는 엄마 세포에 붙어 있습니다. 첫 번째 방법보다 원세포가 노력을 더 많이 하지만, 이렇게 생긴 복제 세포는 유전자 구성이 동일하고 협력에 대한 동일한 관심을 공유합니다. 유전적 근사성이 협력의 동력이라는 점은 생물학에서 획기적인 착상이었습니다. 자주 그렇듯이 첫 번째 발상은 찰스 다윈[8]에게 신세를 졌지만, 이 문제를 공식적으로 제기해 인정받은 사람은 홀데인입니다. 아시다시피 그는 술집에서 맥주를 마시며 탁자 한구석에 계산식을 끄적이다가 존 메이너드 스미스에게 "나는 형제 두 명이나 사촌 여덟 명을 위해 나를 희생할 수 있다"라고 말한 것으로 유명합니다. 한 개체의 진화적 성공(그 개체가 전달하는 데 성공한 유전자 버전의 개수로 수량화됩니다)은 그가 낳은 아이뿐만 아니라 그의 형제자매나 사촌이 낳은 아이에 의해 좌우된다는 말입니다.

## 불임으로 선택되다

여기서 가정을 하나 해봅시다. 한 사람의 대립 유전자가 그 사람에게 자기는 될 수 있으면 아이를 적게 낳고 형제자매에게 더 많이 낳으라고 독려하는 정신적 메커니즘을 가지게 했습니다. 그의 형제자매도 똑같이 이 대립 유전자를 가지고 있지만(어쨌든 유전자의 절반은 공유하니까요) 여러 이유로 그들에게서는 발현되지 않았습니다. 이 사람의 이타적인 노력 덕분에 형제자매는 더 많은 아이를 낳았고, 이로써 다음 세대에서 대

8 다윈은 진화생물학의 모든 분야에서 아이디어를 내놓은 것 같습니다. 그러면서도 자기 이론을 20년 넘게 가다듬어 1859년 처음으로 『종의 기원』을 발표했지요. 하지만 무엇보다도 그는 1881년까지 책을 출간했습니다. 난초의 수정부터 재배화까지. 지렁이를 다룬 책을 마지막 저서로 발표할 때까지 찰스 다윈은 자기에게 주어진 시간 동안 사고의 지평을 최대한 넓히며 살았습니다.

립 유전자가 출현할 확률은 높아졌습니다. 가족에게 애착이 큰 개체는 포괄 적응도를 높인다고, 그러니까 적응도가 자기 자식뿐만 아니라 근친의 자식까지 포함하게 한다고 할 수 있습니다. 유전자의 관점에서는 형제자매가 두 명의 자식을 더 낳도록 돕는 것은 자기가 자식 하나를 낳는 것과 동일합니다.[9] 매우 모순되어 보였던 이타주의는 친족 관계의 모든 개체에게 확대·적용된 유전적 계산으로 설명이 가능합니다. 이 발상은 몇 년 후 윌리엄 도널드 해밀턴이 수학 공식으로 만들어냅니다. 바로 $rB > C$입니다.

이게 다입니다. 다소 실망하셨나요? 이 식은 타자를 향한 이타적 행동의 재생산 비용(C)이 이타적 행동으로 얻는 재생산 이득(B)과 이 개체의 근연도(relatedness의 r)를 곱한 것보다 작아야 한다는 것을 의미합니다. 조금 전에 설명한 바로 그 이야기이며, '친족 선택'이라고도 합니다.

## 다기능 방정식

이 식이 1960년대 중반 논문에 발표되자마자 전 세계 연구자들은 현장과 실험실 등 다양한 곳에서 이를 테스트했습니다. 해밀턴[10]의 논문

---

**9** 기대치가 그렇다는 말입니다. 확률 계산이라는 점을 잊으시면 안 됩니다. 당신과 형제자매는 평균적으로 절반의 유전자가 같지만, 개체의 기원이 되는 유전자 지도를 만들면서 유전자를 휘저어 섞을 때 조금 덜 포함될 수도 있고 좀 더 포함될 수도 있습니다.

**10** 윌리엄 도널드 해밀턴은 화려하고도 독특한 경력을 가지고 있었습니다. 곤충을 연구해 생물학에서 협업의 개념을 혁신한 후 그는 한 개체가 단지 타자에게 해를 입히려고 에너지(진화적 비용)를 치르는 '해밀턴식' 공격적인 행동, 가령 영아 살해 등을 수

을 인용한 논문 19,000개 중에는 새끼 도롱뇽의 동종 포식 행동의 출현, 사자의 신생자 살해, 빈대의 다른 개체에 의한 알 보호, 새의 구애 과시 행동(레크lek), 특히 곤충과 벌거숭이두더지쥐 등 진사회적 유기체에 관한 연구가 있습니다.

녹조 미생물 볼복스 집락이나 당신의 신체(충분히 예가 될 수 있습니다)를 예로 들어보겠습니다. 이 유기체의 모든 세포는 유전적으로 동일합니다. 그러하기에 이 세포들의 이해관계는 완벽하게 일치하고 r은 1입니다. 따라서 방정식은 B > C입니다. 달리 말하자면, 이타적 행동이 나타나려면 이득이 비용보다 조금만 더 크면 됩니다. 그러니까 세포는 목적을 위해 망설이지 않고 희생합니다.

개미 같은 사회적 곤충은 가족사진만 봐도 충분합니다. 수컷은 수정되지 않은 난자[11]에서 태어나니 하나의 염색체[12]밖에 없습니다. 두 염색체[13]를 가진 여왕개미는 일개미를 낳기 위해 염색체가 하나뿐인 수컷과

---

학적 공식으로 만들었습니다. 그는 또한 가을에 나타나는 다양한 색깔이 나무가 곤충에게 보내는 신호라고 여기고 관심을 보였습니다. 존 메이너드 스미스, 조지 프라이스(George Price)와 더불어 진화생물학의 수학적 형식화에 박차를 가했습니다. 생애 말기에는 HIV(에이즈를 일으키는 바이러스)의 기원에 관한 논란의 여지가 있는 가설을 지지했고, 자신의 성상 파괴적 이론에 대한 근거를 찾으러 콩고에 갔다가 돌아와서 사망했습니다. 뼛속까지 연구자였던 그는 자기 사체가 풍뎅이에 의해 분해되길 바라는 이유를 설명하는 유서를 심의 위원회가 있는 학회지에 발표했습니다. 정말 마지막 순간까지 연구자였네요!

11 이들은 단성 생식으로 태어납니다.

12 전문 용어로 '반수체'라고 합니다.

13 이것은 '이배체'라고 하고요.

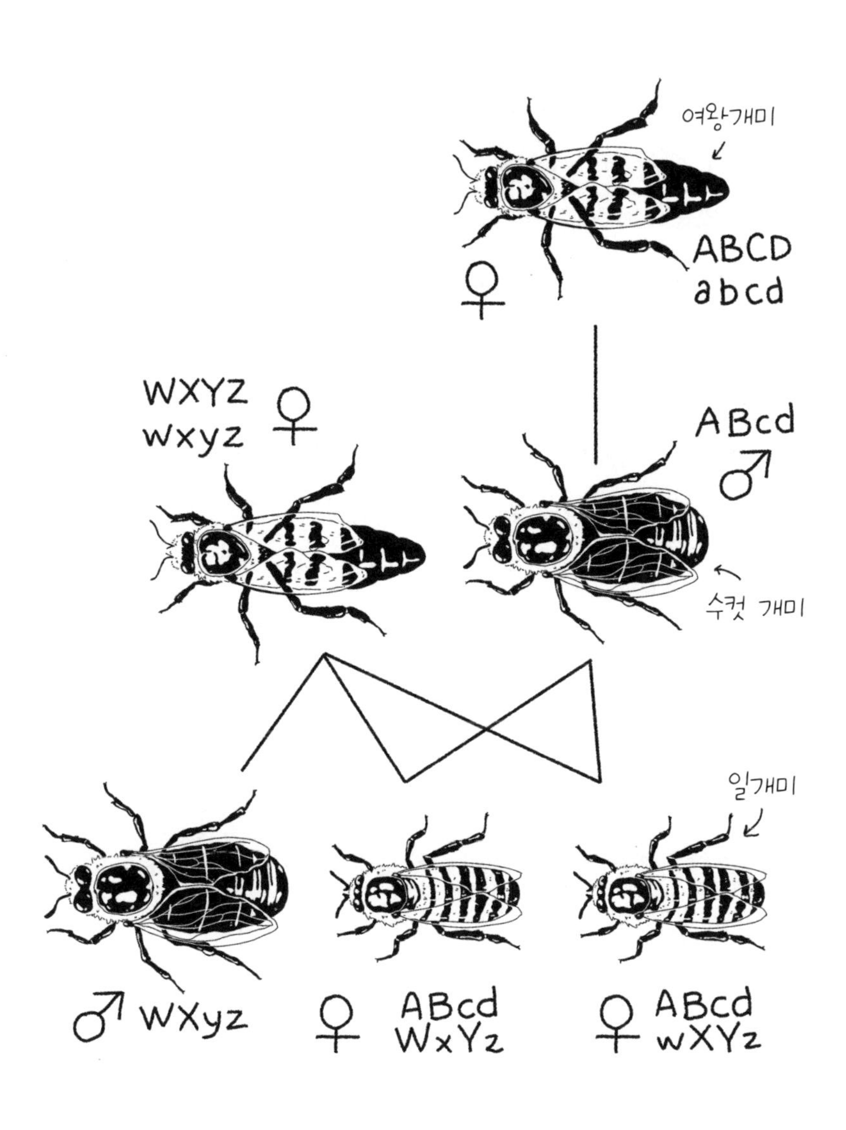


• 사회적 동물의 매우 독특한 성 결정 체계로 인해 두 일개미(오른쪽 아래)는 정확하게 동일한 아빠 유전자와 절반의 엄마 유전자를 공유합니다.

교미를 합니다. 이 교미의 결과로 태어난 일개미는 모두 동일한 부계의 염색체를 가지고 있고(수컷이 줄 수 있는 염색체는 하나뿐이니까요) 이들의 자매는 예를 들어 인간의 두 자매보다 확실히 더 많은 유전자를 공유하고 있습니다.

인간의 형제자매는 평균적으로 유전자 절반을 공유하고 있고(근연도는 0.5), 개미는 이 비율이 0.75로 높아집니다. 따라서 개미는 유전자의 3/4을 공유합니다. 해밀턴 공식에 따르면 이런 상황에서 이타적 행동은 본능적으로 출현하며 반수이배체로 불리는 개미의 독특한 번식 방법이 다른 사회적 곤충에서도 발견되는 것은 아마도 우연이 아니라고 예측됩니다. 여기서 다른 사회적 곤충이란 말벌과 꿀벌, 그리고 총채벌레목(식물의 줄기나 잎에 혹을 만들고 그 안에서 모여 사회를 이루고 사는 작은 벌레) 등을 말합니다.

따라서 절대적인 규칙은 아닐지라도 주어진 유기체 공동체의 근연성과 그들의 협업 능력 사이에 상관관계가 있다고 볼 수 있습니다. 해면에서 사는 딱총새우 시날페우스는 서로 인척 관계이자 형제자매이고, 벌거숭이두더지쥐의 번식은 여왕이 주도하고 여왕은 매우 근친 교배된 집단 전체의 어머니가 됩니다. 생식 기능이 없는 땅굴 속 일꾼들은 모두 유전적으로 매우 가깝습니다.

## 겁쟁이와 미사일

물론 생물학은 단순한 설명에 온 힘으로 저항하는 학문이고, 군집의 구성원들 사이의 근연성은 그들의 단합력을 결정하는 유일한 요인이 아닙니다.[14] 리처드 알렉산더가 벌거숭이두더지쥐에 관해 했던 예측을 기억하시나요? 그는 먹거리가 매우 고르지 않게 분포되어 있는 환경 때문에 유기체가 먹거리 안에 모여 살 때 진사회성이 더 많이 출현한다고 했습니다. 실제로 벌거숭이두더지쥐도 드물고 귀한 먹거리를 보호하는 군집에 속해 있는 편이 유리하고 흩어져서 얻을 수 있는 이득은 별로 없습니다. 다른 먹거리를 찾기 전에 굶어 죽을 위험이 더 크기 때문이지요.

다른 가설들이 제시되었고 여기에서는 굳이 나열하기 버거운 시나리오들이 등장했습니다. 그러나 중요한 한 가지만 짚고 가지요. 인척 관계여야만 협력을 하는 것은 아닙니다. 이번에도 해밀턴은 그 이유를 설명하려고 노력했습니다.

당신이 1950년대 마초적인 청소년이라고 상상해봅시다. 당신이 얼마나 용감한지 보여주고 싶습니다. 아버지의 차를 빌리고 경쟁자에게 게임을 제안합니다. 직선 도로에서 서로를 향해 달리다가 부딪칠까 봐 핸들

---

14 사실 해밀턴 공식이 진사회성을 설명하는 데 적합한가 하는 문제를 두고 과학계에서 치열한 공방이 있습니다. 두 진영으로 구분해 빠르게 살펴보도록 하겠습니다. 에드워드 O. 윌슨(Edward O. Wilson)과 동료들이 주축이 된 한쪽 진영은 곤충들의 협업을 설명하는 데 친족 선택이 필요하지 않다는 점을 발견했습니다. 그들은 집단 전체의 차원에서 일어나는 선택 때문이라고 봤습니다. 이런 발상은 논란의 대상이 되었는데, 진화생물학에서 선택은 개체가 하는 것이라고 여기기 때문입니다(번식을 할지 말지 결정하는 주체도 개체이고 유전자를 실어 나르는 것도 개체가 속한 집단이 아니라 개체입니다). 다른 한쪽 진영은 과학계의 다른 사람들로, 이들은 친족 선택이 실험 가능하고 실제로 성공적으로 실험을 거친 가설이라고 수많은 논문을 통해 발표했습니다. 이 공방은 2010년에 관련 주제를 다룬 통찰력 있는 논문이 연이어 발표되면서 정점을 찍었습니다. 연구자들 사이에서 벌어진 작은 드라마였지요.

을 먼저 돌리는 사람이 지는 게임[15]이지요.

이 '겁쟁이' 게임은 죄수의 딜레마의 다른 버전입니다. 짧게 설명드리지요. 용의자 두 명이 체포되었고 경찰은 그들의 자백을 받아내려고 애쓰고 있습니다. 그들을 각각 독방에 넣고 두 사람에게 공범에 관한 정보를 털어놓든지 계속 침묵하든지, 두 가지 선택지를 제시합니다. 두 사람의 선택이 조합된 결과가 무엇인지는 아래 표에 적어두었습니다.

| A \ B | B가 침묵한다 | B가 고발한다 |
|---|---|---|
| A가 침묵한다 | 1년 / 1년 | 0년 / 3년 |
| A가 고발한다 | 3년 / 0년 | 2년 / 2년 |

두 사람이 모두 서로를 배신할 경우에 각각 2년형을 선고받습니다. 둘 다 침묵하면 각각 1년형을 받습니다. 한 사람은 배신하고 다른 사람은 침묵할 경우, 침묵한 사람은 3년형을 받고 배신자는 자유의 몸이 됩

15 약간 다른 버전의 게임이 1955년 영화 〈이유 없는 반항〉에 나왔습니다. 제임스 딘은 자동차 두 대가 절벽으로 달리다가 먼저 차에서 뛰어내리는 사람이 지는 게임을 합니다. 주인공은 경쟁자보다 조금 더 운이 좋았습니다. 경쟁자는 차에서 뛰어내리다가 문 손잡이에 소매가 걸려서 절벽 아래로 떨어져 죽었거든요. 그런데 이 게임에는 부조리한 점이 있습니다. 누가 이기고 지든 게임 참가자는 모두 자동차를 잃습니다. 당시 자동차가 껌값이었든지, 자기의 용기를 입증하기 위해 비싼 대가를 지불할 의사가 있는 사람들이었든지 그랬겠네요.

니다. 이 단순한 시나리오는 게임 이론의 전형으로 이 표는 다양한 상황에 처한 행위자가 취할 수 있는 '합리적' 전략에 주안점을 둔 보수 행렬[16]입니다.

수학적으로 볼 때 가령 두 사람이 대화할 수 없는 상황에서 각자 할 수 있는 합리적인 선택은 상대방을 고발하는 것입니다. 인물 A는 자기가 상대방을 고발하고 상대방이 침묵하면 자기는 바로 자유로워지고, 둘 다 상대방을 고발하면 자기는 2년형을 산다고 생각할 것입니다. 어쨌든 배신을 당해 혼자 3년형을 사는 것보다는 덜 두려운 거죠! 물론 최선의 선택은 두 사람 다 침묵하는 것이지만, 누구도 상대방의 선의를 확신할 수 없으니까 용의자들에게 합리적인 전략이란 배신이 되는 것이지요.

16 [역자 주] 보수 행렬: 각 경기자가 선택 할 수 있는 모든 전략과 그에 따른 보수를 표현한 표.

우리는 모든 유형의 상황을 수학적 모델로 만들 수 있습니다. 겁쟁이 게임이나 쿠바 미사일 위기는 물론 냉전 전반도 가능합니다. 각 진영은 핵무기 개발에 투자하거나 좀 더 국민 친화적인 다른 목표(교육, 보건, 고수를 잔뜩 넣은 새로운 조리법[17]개발)에 자금을 지출할 수 있었지요. 인류에게는 누구도 핵탄두를 보유하지 않는 것이 좋겠지만, 상대방이 무기를 갖고 있을 때 우리는 없는 상황이 훨씬 더 안 좋으니까 결국 전 대륙을 초토화시킬 만큼 충분히 가지고 있는 편이 합리적이었습니다.

## 해밀턴이 돌아왔다

윌리엄 D. 해밀턴을 유명하게 만든 논문이 출간된 지 약 20년 후인 1981년, 그는 로버트 액설로드Robert Axelrod와 함께 정치학계에서 가장 많이 인용되는 논문 「협력의 진화」[18]를 발표했습니다. 그들은 이 논문에서 죄수의 딜레마를 해결하는 방법을 제안합니다. 다시 말하자면 두 죄수가 모두에게 최선이 아닌 이기적인 방안을 선택하지 않고 협력할 수 있을까에 답을 한 것이지요. 두 주체가 빈번히 맞닥뜨릴 수 있는 자연에서와 같이 상황이 꾸준히 반복적으로 발생하는 경우에 이 제안은 꽤 흥미롭습니다. 모든 연구 분야에서 이런 상황에서 이기는 전략을 계산하고 있고, 가장 이로운 해결책은 두 주체가 단순한 규칙에 따라 반복적인 상

---

17 고수를 먹으면 구역질이 나게 하는 유전자 변이형 OR6A2를 갖고 계시다면 정말 머리 숙여 사죄드립니다. 제가 너무 둔감했네요.

18 Axelrod, R., & Hamilton, W. D. ≪The evolution of cooperation≫, *Science*, 211(4489), 1981, p. 1390-1396.

호 작용으로 협업하는 것입니다.

액설로드는 이 가설을 실험하려고 컴퓨터 프로그램의 토너먼트 시합까지 기획했습니다. 연구자들은 자기에게 최적의 전략으로 보이는 안을 생각해내고 각자의 안으로 서로 대결한 다음 각각의 효율성을 비교하는 것입니다. 아나톨 라포포트Anatol Rapoport의 전략이 우승을 차지했습니다. 그의 알고리즘은 단순했습니다. 첫 번째 라운드에서는 협력을 하며 친근하게 행동하고(그러니까 심문관에게 공모자를 고발하지 않는다는 말입니다), 이후로는 경쟁자가 이전 라운드에서 한 대로 행동하는 것입니다. 경쟁자가 친근하게 행동하지 않았다면 자기도 친근하게 행동하지 않는 식이지요.

'눈에는 눈'과 비슷한 이 전략은 주체 간 상호 작용 중에 자연스럽게 협업을 하게 만든다는 장점이 있습니다. 물론 그 후로 다른 연구자들은 경쟁자가 친근하게 행동하지 않더라도 '용서'하는 형식의 다른 버전을 제안했습니다. 그들은 국제 관계와 경제, 생태적 위기, 무엇보다 생물학까지 이 전략이 적용될 것 같은 거의 모든 분야에서 이 전략의 등장을 연구했지요. 예를 들어 출아형 효모*Saccharomyces cerevisiae*에서는 다세포 공동체가 눈송이 형태로 부풉니다. 이런 성장 방식은 세포 증식, 그러니까 새로운 돌연변이가 가지 끝에서 태어나게 합니다. 가지 끝에 있는 세포가 집락과 달르게 변이할 가능성이 크고 따라서 사기꾼이 될 확률이 높지요. 그러면 다른 세포들이 그저 사기꾼 세포들에게 물리적으로 달라붙는 것을 멈춥니다. 사기꾼 세포들은 분리된 채 독립적으로 떠돌다가 자기들만의 집단을 꾸립니다.

## 속임수와 암

우리는 여전히 생물계에서 협업이 작용하는 전반적인 원리에 관해 명확하게 알지 못합니다. 모든 사회적 집단은 왜 형성되고 어떻게 유지되는 걸까요? 진사회적 무리가 등장하는 원리는 이 무리가 유지되는 원리와 동일할까요? 천연자원 관리나 기후 변화, 경제적 분쟁 등 다양한 분야에서 협력을 최대화하는 탁월한 전략을 수학적으로 계산할 수 있을까요? 현재 연구되는 많은 분야에서 미래에 활용될 수 있는 흥미로운 정보를 제공해줍니다. 그중 단연코 놀라운 적용 분야는 바로 암 연구입니다.

사전적 정의대로라면 암세포는 유기체의 다른 세포와 더는 협력하지 않습니다. 스스로 사라지라는, 세포 자살 명령을 거부하고 종양을 만들 때까지 한없이 증식합니다. 기술적으로 암세포는 노동 분업과 자원 배분, 신체 유지, 집단(유기체)에 필요한 경우의 죽음 등 다세포의 삶의 원리에 따라 작동하길 거부하는 사기꾼입니다. 흔히 생각하는 것과는 달리 암은 기술적·산업적 문명 개발 과정에서 발생한 부산물이 아닙니다. 공룡의 뼈에도 종양의 흔적이 발견됐고 수많은 동물이 암으로 고생합니다! 게다가 대합류나 태즈메이니아데빌에도 암세포가 있다는 점은 개념적으로 작은 혁신을 일으켰습니다.

무슨 말인지 설명드리지요. 어떤 종류의 암이 전염되는 몇 가지 종이 있습니다. 예를 들어 태즈메이니아데빌*Sarcophilus harrisii*은 안면 종양으로 심각한 멸종 위기[19]에 처해 있는데, 서로 얼굴을 깨물 때 암세포가 전염

---

19 태즈메이니아데빌은 멸종 위기종으로 감염되지 않은 개체를 보호하기 위해 인근 마

됩니다. 기생충이 그렇듯이 암세포가 한 개체에서 다른 개체로 전달되는 것이지요. 따라서 인간에게 전염병이 발생했을 때 최초 유효 감염자를 식별하는 것처럼 최초로 암에 걸린 개체가 어느 것인지 추적하고 최초 유기체로부터 암세포가 얼마나 많이 변했는지 비교해볼 수 있었습니다. 아마도 뇌세포가 변이된 것으로 보이며 종의 80%를 감염시켰습니다.

다른 동물에서도 전염성이 있는 암을 관찰한 바 있습니다. 개과(회색늑대*Canis lupus*)에서도 성관계로 전염되는 종양이 8,000년 이상 돌고 있고, 카펫조개*Venerupis pullastra*는 백혈병으로 투병 중인데 심지어 다른 종인 버터대합*Polititapes aureus*에게 전해주기까지 합니다.

게다가 종양은 종양 내부의 박테리아 공동체와 공존하며, 신체 세포(섬유 아세포)를 조작해 박테리아 공동체의 성장을 지원하게 하고, 박테리아 공동체에 당과 산소를 공급할 수 있는 새로운 혈관의 형성을 유도합니다. 요컨대 마치 암세포가 고유의 목적과 이기적인 이해관계를 갖고 독자적인 유기체처럼 작동하는 것과 같습니다. 이 사실에 힘입어 병에 관한 인식의 전환이 점차 일어났습니다.

## 기본으로 돌아가라

연구자들은 종양 세포가 된 유전자를 살펴보면서 이 세포들이 단세포

---

리아섬 등의 보호 구역으로 이주시켜 관리하고 있습니다. 아이로니컬하게도 이들이 마리아섬으로 이주하면서 쇠푸른펭귄 3,000마리 군집이 사라졌습니다. 쇠푸른펭귄이 배고픈 유대류의 먹이가 된 것이지요. 종족 보존이란 언제나 절충의 역사입니다.

시절이었던 과거와 연관된 아주 오래된 유전자를 품고 있다는 놀라운 사실을 밝혀냈습니다. 다세포화에 관여한 유전자는 종종 비활성화되고 세포를 협업의 굴레에서 벗어나게 했습니다. 돌려 말하자면 암은 단세포 삶으로의 회귀로 볼 수 있습니다. 수십 억 년 전의 오래된 삶의 양식으로 돌아간 인간의 세포가 있다고 상상해보세요! 이 사실은 다소 충격적입니다. 그렇지만 매우 강력한 개념적 틀이 되기도 합니다. 암이 왜 다세포 유기체에 보편적으로 존재하는지 알게 되었으니까요. 바로 다세포와 함께 등장했기 때문입니다!

생물의 역사상 첫 번째 암은 자기 생물막과 협업하지 않으려는 세포였을 것입니다. 게다가 우리는 이제 왜 암세포가 때때로 감염성이 있는지, 어떻게 선택압을 견디고 암세포 처리 방법에 적응하는지 알고 있습니다. 이로써 우리는 맞춤 치료법을 찾을 수 있을 겁니다. 암은 단세포 기생충과 흡사하니 이에 대항하는 백신을 개발하면 되지 않을까요? 아닌 게 아니라 요즘 꽤 치열하게 연구되고 있는 추세입니다. 조만간 구체적인 결과가 나올 것입니다. 부디 그러길 바랍니다.

협업의 진화는 꽤 까다로운 주제입니다. 국제 분쟁과 인간의 세포를 거쳐 흰개미 집락까지 다방면에 적용될 수 있거든요. 기본적으로 우리 인간은 원리는 동일하고 시작점은 생명의 기원까지 거슬러 올라가고 한계는 없어 보이는, 끼워 맞춰진 협업의 산물입니다.

함께 협업하는 유전자, 함께 협업하는 세포, 함께 협업하는 개체, 함께 협업하는 사회…… 그다음은 무엇이 될까요?

# 8장

# 첫 번째 색깔의 등장

◆

각각의 종은 고유한 눈을 갖고 있고, 각각의 색깔 인식 방법이 있습니다. 세상을 보는 수많은 방법이 존재한다는 뜻이지요. 색깔은 진화 과정에서 등장한 것일까요?

단세포 유기체인 무각와편모조류*Warnowiaceae*는 놀라운 특성이 있습니다. 바로 눈이 있습니다. 정말 놀랍지요. 세포가 하나인데 눈이 있다고? 그 복잡한 기관이? 믿어지지 않지만 사실입니다.

이 유기체는 해양 플랑크톤인데 잘 알려지지 않았습니다. 가령 무엇을 먹고사는지도 잘 모릅니다. 현미경으로 잠깐만 들여다봐도 당황스러운 해부학적 특징이 드러나지요.

첫 번째 놀라운 점은 와편모충류에 속하는 이 유기체에 피스톤이라고 불릴 만한 기관이 있다는 것입니다. 가로보다 세로가 긴 돌출부가 세포에서 빠르게 솟아 나와 원래 크기의 두 배까지 늘어납니다. 이동을 위해서일까요? 아니면 방어를 위해서일까요? 기능은 아직도 수수께끼입니다. 먹이를 잡을 때 재빠르게 방출하는 갈고리 같은 기관인 자포(刺胞)도 있습니다. 어떤 종은 자포 10여 개로 일제 사격을 퍼붓기도 합니다.

그러나 가장 흥미로운 해부학적 특징은 '오셀로이드ocelloid', 바로 '눈'입니다.

이 눈은 19세기에 오스카르 헤르트비히Oscar Hertwig가 무각와편모조류를 관찰해 오셀로이드까지 그려내면서 발견되었습니다. 단순히 인위구조인지 진정한 '기관'인지 이 구조의 성격을 어떻게 해석할지 논의가 벌어졌습니다. 오스카르는 결국 이 문제를 해결하지 못했습니다. 그가 생물학의 다른 근본적인 질문들에 천착했기 때문입니다. 특히 그는 정자와 난자가 융합해 수정이 일어난다는 점을 밝혔습니다. 그러니 이 문제에 대한 답을 찾지 못했다고 그를 질책할 수는 없겠지요.

## 하이브리드 눈

오늘날에는 이 오셀로이드에 관해 조금 더 알려졌고, 여전히 매력적입니다.

수정체와 유사한 물질이 망막 역할을 하는 곳으로 빛을 집중시킵니다. 이 수정체는 빛 환경에 따라 형태가 달라집니다. 모든 것은 일종의 각막으로 보호됩니다. 망막에 있는 색소는 빛에 예민한 단백질인 로돕신입니다. 로돕신은 박테리아부터 이 책을 읽고 있는 호모속 영장류까지 생물체 다수에서 발견되는 단백질족으로, 망막 간상체에 고정되어 낮은 조도에서도 시력을 유지시켜줍니다.

이 모든 특성은 오셀로이드가 단세포 유기체로 하여금 일종의 시력을 갖게 한 특별한 구조임을 보여줍니다. 오셀로이드의 진화의 비밀을 밝히려는 연구자들은 다음과 같은 사실을 알고 더욱 놀랐습니다. 각막이나 망막처럼 오셀로이드를 구성하는 각 부분이 원래는 다른 종에 속한 유기체에서 비롯된 것으로 이 개체에 융합되었다는 점이지요.

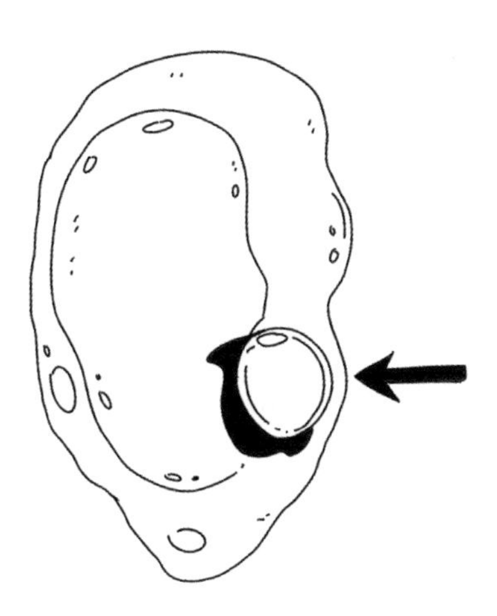

사실 각막은 미토콘드리아의 집합입니다. 미토콘드리아는 당을 세포가 사용할 수 있는 에너지로 바꾸는 역할을 하는 데 특화된 조직이지요. 쉽게 말하자면 일종의 발전소입니다.[1] 6장에서 자세하게 설명했듯이 이 세포 소기관은 놀라운 진화 경로를 거쳤고, 자유롭게 떠다니는 박테리아의 기원이 되었습니다. 다시 말해 각막은 과거의 박테리아로 이루어져 있습니다. 무각와편모조류의 '망막'은 홍조류와 비슷한 역사를 거쳤습니다. 그러니까 오셀로이드의 기원은 세 가지입니다. 각막은 박테리아, 망막은 홍조류, 수정체는 와편모충류 유기체 자체이지요. 당신은 어떨지 모르겠지만, 저는 이 눈의 역사가 정말 믿기 어려울 만큼 놀랍습니다. 서로 다른 세 종으로 이뤄진 눈을 상상해보세요!

오셀로이드가 세계를 인식하는 방법을 재현하기는 어렵습니다만, 확실한 점은 우리의 눈과 크게 다를 것이라는 점입니다. 오셀로이드의 진화 이야기는 독특하고 인식 방법도 그럴 것입니다. 그러니 하나 인정하고 넘어가야 할 것이 있습니다. 인간의 시각은 진화의 과정에서 선택되는 많은 해법 중의 하나라는 것이지요.

## 색깔의 진화

우리가 일상에서 쓰는 사물에는 색깔이 있습니다. 그 색깔에 빛의 강도 정보가 더해지고 이 정보가 충분히 상세하다면 우리는 사물의 테두리를 인지할 수 있습니다. 깊이감 정보가 추가되면 우리는 일관된 지각을

---

1 흔히 말하듯 '미토콘드리아는 세포의 발전소'입니다.

할 수 있고요.[2] 그렇지만 이런 감각은 특별한 진화적 혁신이 필요합니다. 예를 들어 깊이감은 두 눈이 각각 본 것을 뇌에서 비교한 계산 결과입니다. 사물을 입체적으로 지각하려면 빛을 감각하는 기관이 여러 개 있어야 하고, 이 기관이 하나인 유기체에서는 가능하지 않습니다.

마찬가지로 사물의 테두리를 정확히 보려면 이미지가 관련 기관에 형성되도록 하는 광수용기가 충분히 있어야 합니다. 광자를 감지하는 세포가 하나뿐인 유기체는 빛의 전반적인 변화만 인지할 뿐 우리가 우리 주위를 지각하는 것처럼 정확히 시각적으로 재현하지는 못합니다. 색깔도 마찬가지로 진화 과정에서 나타났습니다.

색깔이 진화 과정에서 나타났다는 사실은 다소 반(反)직관적으로 들립니다. 우리는 성기가 세월의 흐름에 따라 점차 변화했다는 점(14장 참조)을 기꺼이 받아들이지만 이따금 우리의 지각이 수억 년 전부터 이어진 기나긴 진화의 산물이라는 점이라는 것을 잊어버리곤 하지요. 게다가 아직 만인이 인정하고 있지도 않고요.

진화는 초자연적인 우월한 힘에 의해 이뤄졌고, 이뤄지고 있다고 주장하는 지적 설계[3] 지지자들은 종종 눈을 논거로 삼습니다. 그들이 보기에 이 환원 불가능한 기관은 복잡하기가 이루 말로 할 수 없어서 생물체가 점진적인 진화나 변이, 자연 선택으로 도달하기에는 불가능한 구조

---

2 지적인 척하고 싶다면, 세상을 감지하는 경험의 단위 '감각질'이라고 하면 됩니다. 하지만 여기서는 우리끼리 있으니까 굳이 그러지 말죠.

3 [역자 주] 지적 설계: 모든 생물의 기능은 지적 존재의 의도적 설계에 따라 만들어진 것이라는 주장. 진화론의 반대 입장이다.

의 증거입니다. 이 논거에 따르면 수백 번 반복되는 우연으로는 우리 눈과 같은 환상적인 것이 빚어질 수 없습니다. 그리고 이와 마찬가지로 우리가 세상을 지각하는 방법, 입체감과 색깔도 맹목적인 과정에서 생겨났을 리 없다고 합니다.

## '아주 완벽하고 무척 복잡한 기관'

그런데 말입니다.

시각의 진화는 생물학계에서도 활발히 논의된 축에 속합니다. 그 시작은 찰스 다윈으로 거슬러 올라갈 수 있습니다.[4] 1859년 처음 출간된 『종의 기원』의 일부를 보시지요.

"자연 선택이 다초점을 조절할 수 있고 빛의 양을 다양하게 받아들이고 구면과 색채상 판단 착오를 교정하는 모방 불가능한 물질로 눈을 만들었다는 가정이 터무니없이 들릴 수 있다는 점은 저도 인정합니다. 〈중략〉 단순하고 불완전한 눈부터 복잡하고 완벽한 눈까지 수많은 단계가 존재하고 각 단계의 눈이 그 눈을 가진 개체에 유리하게 작동한다는 점을 입증할 수 있다면, 이 가설은 합리적으로 정당합니다. 〈중략〉 우리의 상상력으로 뛰어넘기 어렵지만, 〈중략〉 이 문제가 이 이론을 위협하지는 않습니다."

---

4 찰스 다윈이라는 위인의 직관이 검증될 때마다 생물학계의 아버지인 그를 언급하는 것은 생물학자들 사이에서 일종의 통과 의례이고, 진화를 공부하고 논의하는 사람들 공동체를 결속시키는 의식입니다. 저도 그 규칙의 예외는 아니고요.

150년 전의 이 문장과 이 문장이 포함된 문단은 지적 설계 지지자들을 조목조목 반박하고 있습니다. 그 이후로 연구자들은 이 생물학적 특성의 진화적 세부 사항을 이해하려고 노력했고 그래서 오늘날 시각의 진화사를 밝혀냈습니다. 그들이 열심히 연구한 결과, 생물체의 복잡성은 환원 불가능한 특성이라는 주장(지적 설계)은 있을 법한 가설이기보다는 창조론자들의 무지를 가늠하는 척도가 되었습니다!

## 기이한 눈의 세계

창조론자들을 위로할 겸 덧붙이자면, 생물계에서 빛을 지각하는 방법은 얼마나 다양한지 혀를 내두를 지경입니다. 직접 한번 판단해보시지요. 네눈박이물고기속*Anableps*은 두 눈이 두 부분으로 나뉘어 있습니다. 그래서 수면에서 유영하면서도 물 밖과 물속을 모두 볼 수 있답니다. 마치 눈이 4개인 것처럼요!

해양 연체동물인 군부는 대체로 얕은 곳의 바위에 붙어 사는데, 껍질

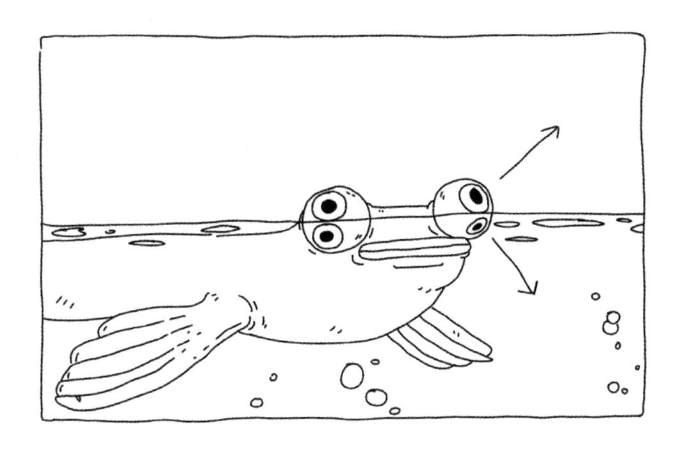

은 원시적 형태의 눈 100여 개로 뒤덮여 있습니다. 각각의 눈은 우리 눈보다 약 1,000배 덜 정확하게 보이지만, 함께 모여서는 제 기능을 발휘합니다. 군부는 몸 곳곳에 있는 눈으로 포식자 등이 다가오는 것을 알 수 있습니다. 이 눈의 특징은 렌즈(수정체와 비슷하게 망막에 빛을 모아주는 역할을 합니다)가 칼슘 결정체인 아라고나이트로 이뤄져 있다는 점입니다. 다시 말하자면 눈이 돌이라는 뜻이지요. 그래서 그들의 눈은 부식됩니다. 군부는 계속해서 보려면 사는 내내 꾸준히 눈을 다시 만들어야 합니다.

대왕오징어*Architeuthis dux*의 눈은 세상에서 제일 큽니다. 지름이 적어도 25센티미터는 되니까 사람 머리보다 크지요! 이렇게 엄청난 크기의 눈은 빛을 많이 들어오게 합니다. 그러나 쉽게 생각하는 것과 달리 먹잇감을 찾는 데 큰 도움이 되지는 않을 겁니다. 사실 대왕오징어는 문제가 있습니다. 향유고래가 가장 좋아하는 먹이가 대왕오징어인데 향유고래의 반향 정위[5]가 얼마나 정확한지 대왕오징어의 위치를 금세 파악하기 때문입니다. 생물학적 군비 경쟁에서 진화는 하나의 해결책을 내놓았습니다. 큰 눈으로 발광 생물의 번쩍이는 빛을 쉽게 포착하게 한 것입니다. 향유고래가 지나갈 때도 빛이 나거든요! 스웨덴 연구진이 모의실험을 한 결과, 향유고래가 발광 플랑크톤 구름 사이를 지나가는 것을 대왕오징어가 발견해 도망칠 시간을 벌 수 있었다고 합니다.

---

5 [역자 주] 반향 정위(反響定位): 동물이 소리나 초음파를 내어서 그 돌아오는 메아리 소리에 의해 상대와 자기의 위치를 확인하는 방법.

## 한층 다양하게

눈은 해부학적 구조에 따라 지각 방법이 다양합니다. 머리 안쪽으로 눈을 집어넣어 보호하는 동물(동수구리 *Rhynchobatus djiddensis*)이 있고, 배경을 희미하게 만들어 먹잇감과의 거리를 가늠하는 능력이 우수한 수직형 동공은 매복하는 포식자(반려동물인 고양이 *Felis catus*)에서 많이 찾아볼 수 있습니다. 또 W자형 동공은 빛을 눈알 안에서 회절시켜 색을 식별하는 기능의 추상체가 없는 갑오징어도 색을 구별할 수 있습니다.

척추동물 이외의 동물은 눈의 형태가 놀라울 정도로 상상을 뛰어넘습니다. 대표적으로 절지동물의 겹눈을 들 수 있습니다. 수많은 시각 조직이 포개진 겹눈은 해상도는 낮아도 시야가 광범위합니다.

작은 해양 갑각류인 검물벼룩(*Copilia*, 다음 쪽 참조)의 눈은 갈릴레오가 1609년 우주를 향해 눈을 돌리게 해준 굴절 망원경처럼 렌즈 두 개가 나란히 배열되어 있습니다. 검물벼룩은 둘 중 작은 렌즈를 움직여 초점을 맞추는데, 이 렌즈는 매우 빠르고 단속적(斷續的)으로 이동해 주위 환경을 이미지로 재현합니다. 검물벼룩을 연구한 생물학자들에 따르면 이 이미지는 구형 텔레비전 화면[6]처럼 주사(走査)식으로 구현됩니다. 내부 렌즈는 왼쪽으로 조금 움직여 검물벼룩의 오른쪽에 무언가 있다는 것을 알려주고, 다시 왼쪽으로 움직여 오른쪽에 있는 게 무엇인지 더 분

---

**6** 구형 브라운관 텔레비전에서 이미지는 화면의 위쪽에서 아래쪽으로, 왼쪽에서 오른쪽으로 지나가는 전자 빔으로 형성됩니다. 전자 빔이 매우 빠르게 지나가기 때문에 우리는 수천 개씩 생성되어 1/60초마다 갱신되는 선을 볼 수 없습니다.

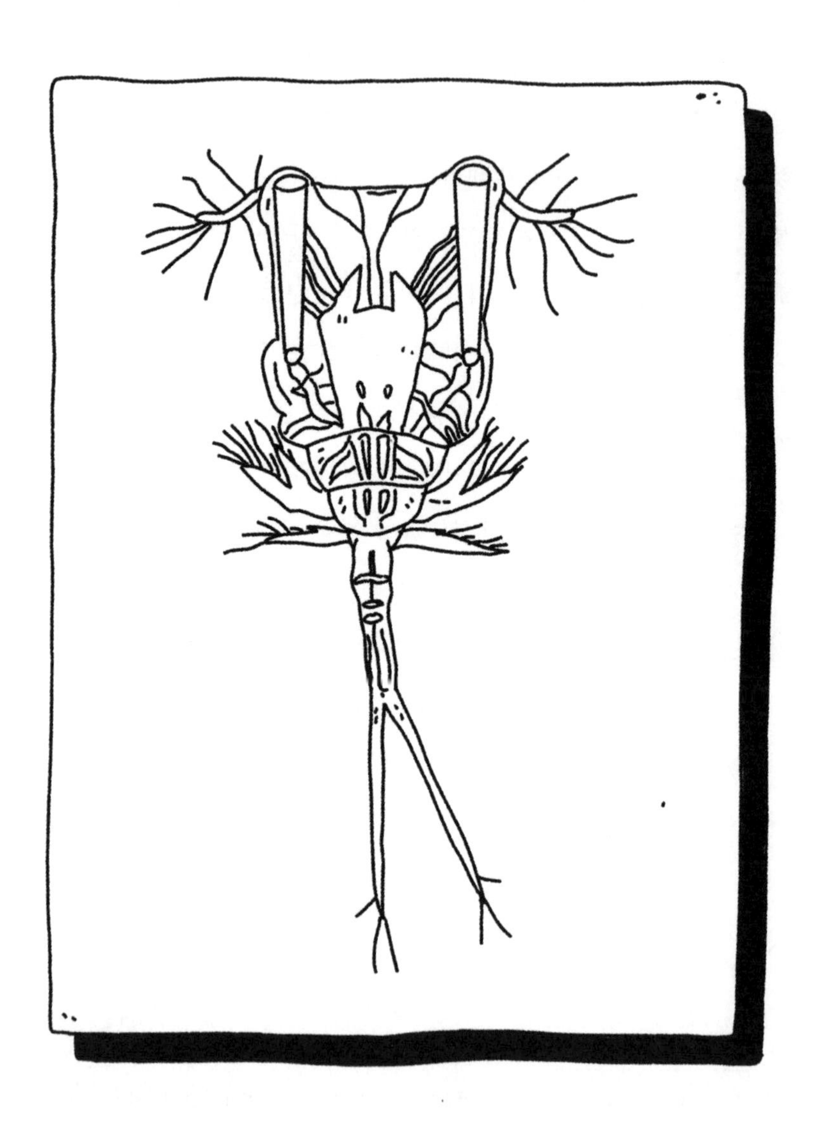

명하게, 전체적으로 일관된 이미지를 보여줍니다. 이 동물 내부의 시각적인 세계[7]가 무엇을 닮았는지 상상하기는 어렵습니다.

가리비는 뒤에 거울이 있는 작은 눈이 200여 개 있습니다. 눈의 반사면은 기와 형태로 배열된 작은 β-구아닌 결정으로 되어 있고, 여기에 광수용체 망막이 있습니다. 눈이 이렇게 형성되었을 때 이점은 무엇일까요? 빛이 눈으로 들어왔을 때 작은 결정이 빛을 반사해 두 부분으로 구성된 망막에 집중시킵니다. 우리가 사용하는 망원경의 거울과 기술적으로 동일하게 작동하는 겁니다.

마지막으로 한 동물에 여러 형태의 눈이 함께 있는 경우가 있습니다. 예를 들어 투구게는 껍데기 양쪽에 겹눈이 두 개 있고, 좀 더 단순한 기능의 수많은 눈이 양 눈 주위와 바닥면에 있습니다. 상자해파리는 한 개체에 눈이 세 가지 형태로 존재하는데 모두 안점이라는 부위에 모여 있습니다. 해파리 한 마리에 안점이 4개고 안점마다 눈이 6개가 있으니 한 개체에 눈 세 종이 총 24개 있는 것입니다.

눈의 형태가 왜 이렇게 다양해졌는지 알아보면 한층 더 흥미진진해집니다. 잠시 인간의 눈에 대해 생각해봅시다. 이 줄을 읽고 있는 당신의 눈은 어떻게 만들어졌을까요?

---

7 비디오 아티스트 피터 캠퍼스(Peter Campus)가 〈더블 비전Double Vision〉(1971)이라는 단편영화에서 이 모습을 재현하려고 시도했었습니다. 음, 꽤 독특한 영화였습니다.

## 인간의 눈을 만드는 튜토리얼[8]

오래된 베스트셀러 성경에는 "태초에 〈중략〉 땅은 아직 형태를 갖추지 못하고 비어 있었고 어둠이 심연을 덮고 있었다"라는 문구가 있습니다. 초기 유기체는 사실 빛을 느끼고 빛을 향하거나 피해 움직일 수 있는 신체적 특징이 없었습니다. 이 단세포 선조에서는 빛을 감지하는 단백질이 눈의 역할을 하는 점에 모여 있었습니다. 감광성 단백질이 활성화되면 화학적 반응이 연쇄적으로 일어나 편모를 움직이게 하고 이 편모는 세포를 앞으로 나아가게 했습니다.

뒤이어 변종이 나타났습니다. 이 광수용성 점에 색소가 추가된 것입니다. 불투명한 색소는 주어진 방향에서 오는 빛을 가리는 기능을 했습니다. 유기체는 가리개 덕분에 빛이 오는 방향을 알 수 있었습니다. 유글레나나 클라미도모나스속*Chlamydomonas* 같은 조류(藻類)는 이 점을 활용해 광원으로 다가가 한층 효율적인 광합성을 했습니다.

촌충과 같은 어떤 유기체에서 눈의 역할을 하는 점이 좀 더 오목해지는 변화가 일어났습니다. 수반과 같은 형태의 오목한 부분을 광수용기가 뒤덮어 빛의 입사 방향을 감지하는 능력이 한층 개선되었습니다. 이런 진전에도 불구하고 이 유기체가 '볼 수' 있는지 없는지 쉽게 말하기는 어렵습니다. 광수용기는 형태나 색깔, 부피 감각을 전달하지 않고 단지 어떤 방향에서 오는 전반적인 빛의 강도만 전달했을 뿐이며 그 방향도 아직

---

8 [역자 주] 튜토리얼(tutorial) : 소프트웨어나 하드웨어를 움직이는 데 필요한 사용 지침 따위의 정보를 알려주는 시스템.

부정확했습니다. 이렇게 빛을 감각하는 방법은 진화 과정에서 유기체 집단 수십여 개에서 독립적으로 나타났습니다. 등장한 이래 수백 년 동안 다양한 방식으로 복잡하게 변해온 초기 시각은 이렇게 시작되었습니다.

눈의 역할을 하는 점은 계통수의 여러 가지에서 계속해서 움푹 파였고, 요즘에도 특히 앵무조개에서 볼 수 있습니다. 해양 연체동물인 앵무조개는 움푹한 점에 불과해 유기체의 빈 공간으로 여겨지는 눈이 하나 있습니다. 이 눈은 마치 오브스쿠라처럼 기능합니다. 빛이 아주 작은 구멍을 통해 들어오면 빈 공간의 안쪽에 뒤집힌 이미지를 비춥니다. 유기체에 있는 이 핀홀 카메라[9]도 진화 과정에서 여러 차례 독립적으로 나타났습니다. 이 점은 직관적으로 이해할 수 있습니다. 광수용기를 갖춘 신체 일부가 점점 움푹해지기만 하면 '충분'하기 때문입니다. 중간 단계는 적극적으로 선택되었는데, 이로써 이 기관이 있는 개체가 빛의 방향을 점점 더 잘 파악하게 되었기 때문입니다.

아직 여러 단계를 거쳤을 인간의 눈을 살펴볼 일이 남았습니다. 우선 눈 안에 액체가 채워져 유리체가 생겼습니다. 유리체 덕분에 오브스쿠라 내부가 살균되어 감염 위험성이 크게 줄었습니다. 이 단계가 진화 과정

9 그리스어 '작은 구멍'이라는 단어에서 유래한 핀홀 카메라(pinhole camera)는 오브스쿠라의 원리를 이용한 사진기입니다. 원리는 단순합니다. 어두운 상자에 작은 구멍을 뚫어 빛을 통과시키면 구멍 반대편 내벽에 이미지가 형성됩니다. 이 기구는 적어도 2,500년 전에 등장해 역사상 레오나드로 다빈치(Leonardo da Vinci)나 얀 페르메이르(Jan Vermeer) 등 많은 예술가가 사용했고 르네 데카르트(René Descartes)나 존 로크(John Locke) 등 철학자들은 은유로 활용했습니다.

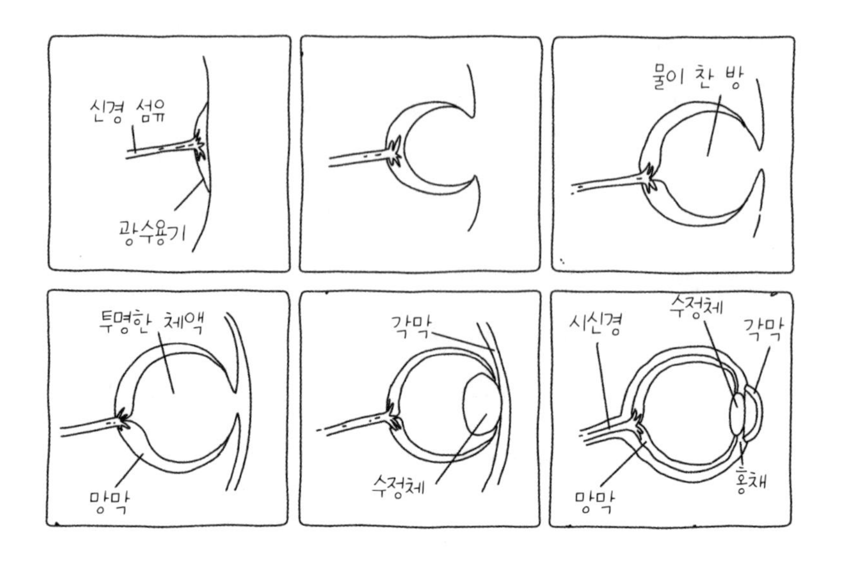


에서 얼마나 중요했는지 쉽게 짐작되실 겁니다! 마지막으로 빈 공간으로 가는 입구를 보호하던 외피의 세포가 특수화되면서 빛을 모으기 위한 렌즈, 즉 수정체가 등장했습니다. 이때도 각 단계에서 해상도와 물 밖에서 보는 능력 등을 개선시켰습니다. 척추동물의 눈으로 이어지는 이 모든 단계는 다세포 유기체의 역사에서 상대적으로 빠르게 진행되었습니다.

여기서 짚고 갈 게 있습니다. 약 5억 년 전 살았던 인간과 칠성장어의 공통 조상은 이미 지금 우리의 눈과 비슷한 눈을 갖고 있었습니다. 당시는 유례없던 형태적 다양성이 갑작스럽게 나타난 캄브리아기 대폭발이 있었습니다. 이를 계기로 다른 수많은 집단과 마찬가지로 척추동물이 등장했습니다. 그들의 눈은 중요한 특징을 다수 갖고 있었고 또 그 특징을 계속 유지했습니다. 그러니까 수정체와 각막, 광수용 세포는 약 5억 년 전에 개발되었습니다.

원추세포와 간상세포 등 이 광수용 세포의 진화를 이해하는 것은 우리가 처음 품은 질문인 "왜 세상을 컬러로 보는지?"에 중요한 실마리를 제공합니다.

## 원추세포와 신호

우선, 아주 오래전에 살았던 선조에서 우리까지 이어지는 긴 계통을 살펴보면 진화가 반드시 유기체를 개선하거나 복잡하게 만들었다는 생각이 합리적이지 않음이 드러납니다. 우리는 캄브리아기에 원추세포를 얻은 게 아니라 잃었습니다! 우리의 선조 척추동물은 광수용 세포가 4개로 사색형 색각이었고 감각의 정점은 각각 자외선(현재 우리는 볼 수 없습니다[10]), 보라색(S원추세포), 녹색(M원추세포), 노란색(L원추세포)이었습니다. 그들이 정확하게 어떻게 지각했는지 짐작하기는 어렵지만, 그들이 보는 색깔의 범위는 우리보다 훨씬 넓었습니다. 사실 조류나 파충류는 여전히 이 세포(관련 분야 종사자들을 위해 적어보자면, SWS1, SWS2,

---

**10** 사실 꾀를 좀 부리면 가시 스펙트럼을 넘어, 특히 자외선을 '볼' 수 있습니다. 첫 번째 방법은 수정체를 제거해 무수정체안이 되는 것입니다. 수정체는 평소 자외선을 걸러내는데 수정체를 제거하면 세상이 파랗게 물듭니다. 대표적으로 클로드 모네를 들 수 있습니다. 그의 작품 《수련》 연작을 보면 생애 말기로 갈수록 점차 푸른빛이 돕니다. 자외선의 떨림이 원추세포에서 파란색-보라색 영역으로 해석되기 때문입니다. 두 번째 방법은 맑은 날 깨끗하게 빤 흰색 티셔츠를 입는 것입니다. 세제에는 종종 자외선을 흡수해 가시광선으로 방출하는 푸른빛 물질이 함유되어 있습니다. 이 화학적 방법은 티셔츠가 한층 더 하얗게 보이게 합니다. 그렇지만 기술적으로 이 눈부신 흰색은 자외선에서 비롯된 것입니다.

Rh2, LWS)를 갖고 있고 초기 포유류는 두 종을 잃었습니다. 공룡을 피해 밤에 활동하던 포유류는 밤에 보이지 않는 색을 감지하라는 선택압이 없었습니다. 결국 보라색과 녹색-노란색 영역을 감각하는 두 원추세포만이 남았습니다. 그래서 오늘날의 포유류는 대부분 이색형 색각으로 색맹[11]입니다.

3,500만 년 전에 일부 영장류에 녹색 근처 파장을 감지하는 새로운 원추세포가 등장했습니다. 우리를 비롯해 그들의 후손은 그러니까 삼색형 색각입니다. 세 번째 원추세포가 지속되게 한 선택압은 아직 알려지지 않았지만, 숲에서 먹거리를 찾아다니는 행동과 연관이 있을 가능성이 큽니다. 숲과 같이 녹색 환경에서는 익은 과일이나 부드러운 잎사귀를 알아채기 위해 이 원추세포를 가진 게 꽤 중요했을 것입니다. 또 성 선택[12]과도 연관이 있을 수 있습니다. 많은 영장류가 붉은 혈색으로 성적 개방성이나 감정을 드러내니까요.

그리고 수억 년이 지난 후에 우리는 마침내 호모사피엔스의 눈을 갖게 되었습니다. 원추세포가 4개에서 2개로 줄었다가 다시 3개로 늘었으니 우리들이 컬러로 보는 세상은 상실과 획득의 역사를 거쳤네요. 우리의 눈은 성능이 제일 뛰어난 것도 아니고 다른 종이 보는 것의 일부만 지

11 정확하게 말하자면, 포유류 대부분은 적색맹입니다. 그러니까 새들이 볼 때 우리 인간은 색맹이고, 갯가재와 비교하면 더 심각한 상태입니다. 그러니까 인간이라고 그렇게 빼길 것도 없습니다.

12 [역자 주] 성 선택(性選擇): 어떤 형질이 생존에는 다소 불리하더라도 짝을 얻는 데에 유리하면 그 형질이 자손에게 남아서 진화에 관여한다고 하는 학설. 다윈이 주창했다.

각하기도 하지만, 중요한 것은 그것이 우리의 눈이라는 점, 우리 선조들이 선택압을 겪으며 길고 혼란스러운 여정을 거친 끝에 이루어낸 결과물이라는 점이지요.

## 식물의 시각을 상상하라

우리는 지구상 다른 유기체의 시각 경험을 직관적으로 이해할 수 있는 구조를 갖추고 있지 않습니다. 이미지의 색깔 수를 줄여서 이색형 색각(색맹)으로 보는 시각이 어떻게 보는지, 또는 카메라로 찍은 이미지의 질을 낮추고 일부러 흐리게 만들어서 우리 눈보다 불완전한 눈이 어떻

게 보는지는 상상해볼 수 있지만, 갯가재가 자기 원추세포 16개로 어떻게 감각하는지, 혹은 검물벼룩이 굴절 망원경과 같은 방식으로 움직이는 자기 눈으로 어떻게 인식하는지 시각화하는 일은 훨씬 복잡합니다.[13]

이 모든 사례는 단지 동물계만의 일이 아닙니다. 최신 연구에 따르면 형태와 색깔을 보는 방법은 식물에도 존재합니다. 덩굴식물 보퀼라 트리폴리올라타*Boquilla trifoliolata*는 다른 식물의 모양을 흉내 내는 것이 가능합니다. 다른 종의 가지에 의지하며 자기 잎을 펼쳐서 색깔과 형태, 방향, 줄기와 잎을 연결하는 잎꼭지의 크기까지 기대고 있는 종과 비슷하게 보이도록 합니다. 연구자들은 이렇게 변신할 수 있게 하는 메커니즘을 연구하고 있습니다. 이 메커니즘은 빛에 반응하는 작은 구조인 홑눈과 관

---

13 이 문장에는 "다른 유기체가 감각하는 것을 어떻게 알 수 있을까?"라는 중요한 철학적 문제가 내포되어 있습니다. 철학자 토머스 네이글(Thomas Nagel)은 「박쥐가 되는 것은 어떤 기분일까?」라는 논문에서 우리가 이를 지각하는 일은 절대로 불가능하다고 했습니다. 대니얼 C. 데넷(Daniel C. Dennett) 등의 연구자는 이런 경험이 전혀 불가능하다는 점을 격렬하게 부인했습니다. 인식의 성격에 관한 논란은 지금까지 이어지고 있습니다.

련이 있는 것 같고 홑눈에 관해서는 아직 알아야 할 게 많습니다. 식물이 세상을 지각하는 방식에 관해 진행 중인 연구는 전반적으로 수많은 고정 관념을 뒤집을 것 같습니다.

요컨대 생물계가 색깔과 형태를 지각하는 방법은 놀랍도록 다양하고 그중 상당 부분은 우리의 직관을 벗어납니다. 자외선과 적외선, 편광은 인간이 지각할 수 없는 시각 정보입니다. 세상을 지각하는 방식인 색깔은 수억 년 전부터 끊임없이 진화했고 지질학적 시간에서 볼 때 우리가 사는 행성은 셀 수 없이 많은 색깔로 보였고 보일 것이라고 확신할 수 있습니다.

## 진화 과정에서 색깔의 등장

그렇다면 색깔은 어떻게 나타났을까요? 물론 당연히 원추세포와 함께 등장했겠지요. 광수용기를 만들어내면서 색깔을 발명한 것은 진화입니다. 놀라운 점이 하나 있습니다. 우리는 적어도 중학교에서부터 색깔은 파동/진동수의 문제라고 수없이 배웠습니다. 대략 살펴보자면 빛은 다양한 횟수로 진동하고 진동수가 높을수록 파란색/보라색에, 낮을수록 빨간색에 가깝다는 내용입니다.

이에 따르면 우리의 눈은 그저 개량된 센서로 진동수를 측정해 무지개에서 관찰할 수 있는 스펙트럼 내의 색깔 코드로 해석할 뿐입니다. 따라서 색깔은 우리 외부에 존재하고 플라톤의 동굴에 사는 사람들처럼 우리는 색깔의 일부분만 지각할 수 있습니다.

그러나 색깔이 지각되는 방법은 전혀 다릅니다! 인간에게 색깔은 다양

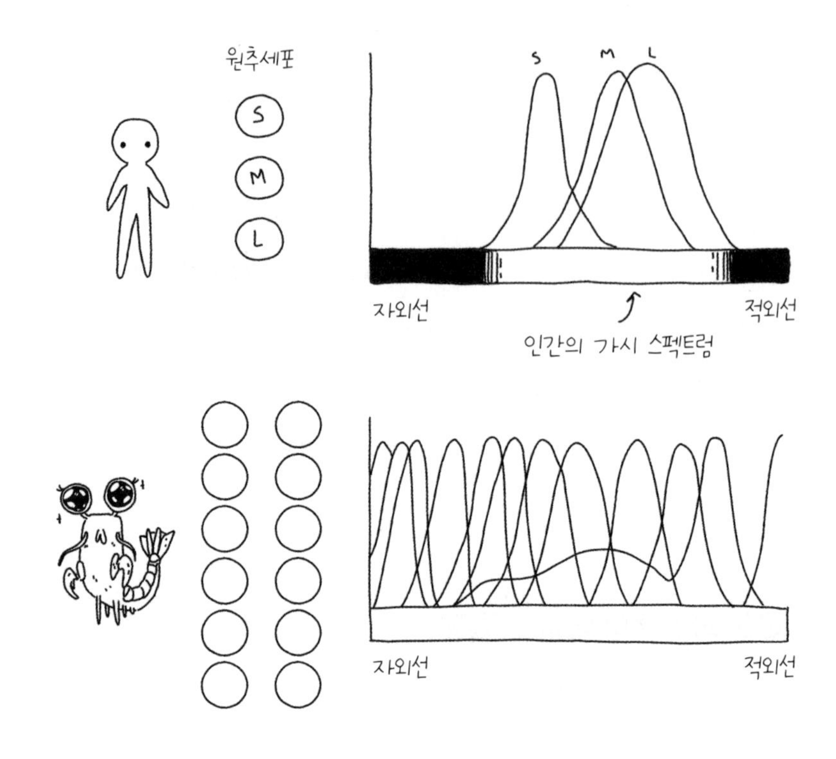


한 광수용기, 즉 원추세포가 보낸 신호를 비교해서 얻는 정보입니다. 단순하게 설명하자면, 긴 파장을 인식하는 원추세포가 중간 파장을 인식하는 원추세포와 같은 강도에서 활성화되었다면, 우리가 보는 이미지는 두 원추세포의 중간 파장의 색깔을 띠게 됩니다.[14]

다시 말하자면 하나의 원추세포만으로는 어떠한 색깔 정보도 제공하지 못합니다. 적어도 원추세포가 두 개는 있어야 색깔이 나타납니다. 그리고 이 색깔은 정확히 원추세포 두 개가 활성화될 때 뇌가 정하는 합의

14 이 상황에서는 아무래도 노란빛이 도는 색이 되겠지요.

입니다. 이 사실로 미뤄볼 때 색깔은 유기체가 하나 이상의 광수용기를 개발하고 신호를 비교할 수 있었던 시대, 그러니까 캄브리아기 대폭발이 있기 전에 등장했습니다. 그러니까 우리가 사는 행성은 이 원추세포 덕분에 5억 년 전부터 컬러풀했습니다.[15]

## 진실은 환상 속에 있다

색깔이 자연의 고유한 특성이 아니라 발명된 것임을 이해하는 방법은 뇌로 하여금 어떠한 파장에도 속하지 않는 색깔을 만들도록 함정에 빠뜨리는 것입니다. 가령 흰색은 모든 원추세포가 동시에 활성화될 때, 검은색은 어떤 원추세포도 활성화되지 않을 때 나타나는 상상 속 이미지입니다. 게다가 검은색의 강도는 주위의 색이 무엇이냐에 따라 달라집니다. 흰색 중심에 있는 검은색 점은 역설적으로 눈을 감고 상상하거나 어두운 방에서 보는 것보다 훨씬 더 짙은 색일 겁니다. 게다가 진짜 검은색은 지각할 수 없습니다. 기껏해야 망막에서 일어나는 생화학적 작용으로 효과를 입힌 짙은 회색인 '아이겐그라우Eigengrau', 즉 '본질적 회색'만 시각화할 수 있습니다. 생리학적으로 희미한 이 배경 때문에 심연의 바닥,

---

15 색깔을 구분할 수 있는 시력을 만든 과정은 사실 단순히 원추세포로 들어온 정보의 평균값으로 말하기에는 좀 더 복잡합니다. 19세기 말 생리학자 에발트 헤링(Ewald Hering)은 일부 색은 서로 보색으로 그 색을 동시에 지각하기는 불가능하다는 반대색설을 제안했습니다. 가령 노란빛이 도는 녹색은 볼 수 있지만 노란빛이 도는 파란색은 볼 수 없습니다. 파란색과 노란색은 보색이기 때문입니다. 실제로 이 두 가지 설명은 상호 보완적입니다. 원추세포의 정보 비교는 광수용 세포가 신호를 형성할 때 일어나는 일을, 반대색설은 이 신호를 신경 세포가 처리할 때 일어나는 일을 알려줍니다.

즉 궁극적 검은색은 볼 수 없습니다.

그리고 밤색(brown)과 장미색(rose)도 물리적인 의미에서는 존재하지 않습니다. 가시광선의 스펙트럼에서 찾을 수 없거든요! 밤색은 밝은색으로 테두리를 그린 주황색에 불과합니다. 확인하시려면 이미지 처리 프로그램에서 주황색 점에 검은색 테두리를 두껍게 그려보세요. 점의 색은 변경하지 않은 채 테두리의 색을 밝게 해보세요. 점이 밤색이 되는 마술이 일어납니다! 점에서는 동일한 파장이 오지만 당신의 뇌가 색을 재해석해 지각을 바꾸는 겁니다.

더 놀라운 마술의 예는 장미색 혹은 마젠타입니다. 앞선 사례처럼 이 색도 자체적인 파장은 없습니다. 마젠타는 L원추세포(노란색)와 S원추세포(보라색)가 활성화되고 M원추세포(녹색)는 활성화되지 않았을 때라는 특정한 상황에 상응하는 컬러 코드입니다.

색깔 지각은 사실 서로 다른 원추세포의 활성화의 평균값임을 기억하세요. 일반적으로 이렇게 비교해 나온 색은 '녹색'일 것입니다. 다만 이 파장에 해당하는 원추세포(M원추세포)가 활성화되지 않았습니다. 이 상황에서 뇌는 새로운 색깔, 마젠타 혹은 장미색을 떠올리게 합니다. 장미색, 밤색, 검은색 등은 각각의 감각에 해당하는 파장이 없기 때문에 스펙트럼에 없는 색입니다. 순전히 우리 뇌의 산물이지요.

## 색깔은 내 인식을 벗어나 존재하는 걸까요?

한층 도발적인 질문으로 이 장을 마무리해보지요. 만약 어떤 색깔도, 심지어 파장과 결부된 색깔도 실재하지 않는다면 어떨까요?

300년도 전에 출간된 개론서 『광학Opticks』에서 아이작 뉴턴Isaac Newton은 빛의 연구 분야에 기초를 다졌습니다. 그는 "정확하게 말하자면 광선은 색이 없다"라고 적었습니다. 광자는 그 자체로 노란색도, 녹색도, 빨간색도 아닙니다. 광자에는 스핀이자 에너지가 있고, 광자의 진동에는 일정한 파장이 있지만 색깔은 순전히 우리 머릿속에서 일어나는 현상입니다. 빨간색은 장미색보다 우월한 색이 아닙니다. 두 색 모두 망막에 있는 세포가 전달하는 정보에 일관성을 부여하고 싶어 하는 어떤 시스템이 합의한 내용입니다.

철학자들은 오래전부터 색깔에 관심을 보였습니다. 감각과 현실의 관계라는 거대한 화두에서 가시 스펙트럼은 촉각이나 맛보다 훨씬 소통하기 쉽고 꽤 명확한 축을 기반으로 하고 있기 때문입니다. 색깔의 성격을 탐구해 얻은 답은 인간이 하는 감각 경험의 '현실'과 지각의 성격에 관한 질문에 무척 쉽게 적용됩니다. 내 눈으로 인식하는 세상은 현실일까요, 픽션일까요? 실제 현실은 나를 벗어나 존재하는 걸까요?

이 시점에서 우리는 생물학의 영역을 벗어나 철학으로 넘어갑니다. 현실주의, 주관주의, 환영주의, 부사주의 등 여러 학파가 등장합니다. 내가 보는 녹색이 당신이 보는 녹색과 같을까요? 잎사귀는 보는 사람이 아무도 없어도 녹색일까요? 내 인식을 벗어나 존재하는 진정한 '녹색'이 있는 걸까요?

이 모든 질문은 철학적 해석의 틀에 따라 다른 답을 찾게 됩니다. 색깔은 현실의 성격에 관해 질문하는 매우 좋은 방법입니다. 색깔이 존재하긴 한다면 말이지요! 곰곰이 생각해보기에 좋은 사고 실험을 하나 언급하며 이 장을 마무리하겠습니다. 루트비히 비트겐슈타인Ludwig Wittgenstein이 처음 고안한 상자 속의 풍뎅이 이야기입니다.

## 상자 속의 풍뎅이처럼

당신이 어떤 방에 다른 사람들과 함께 있다고 해볼게요. 모든 사람은 상자를 하나씩 가지고 있고 그 상자는 주인만 들여다볼 수 있습니다. 당신은 다른 사람들의 상자를, 다른 사람들은 당신의 상자를 볼 수 없는 거지요. 사람들은 모두 자기 상자 안에 '풍뎅이'가 있다고 하고, 풍뎅이를 직접 봐야만, 그러니까 자기만 볼 수 있는 상자 안을 들여다보아야만 풍뎅이가 무엇인지 알 수 있다고 합의했습니다.

이런 상황에서 당신은 모두가 풍뎅이라고 부르는 것이 같은 것을 가리키는지 알 수 없습니다. 사람들의 상자가 비어 있을 수도 있고, 당신이 〈슈렉 5〉의 DVD라고 부르는 것에 들어 있는데 상자 주인은 그것을 풍뎅이라고 부를 수도 있습니다. 다른 사람들의 상자를 볼 수 없기에 언젠가라도 확실히 알게 될 길은 없습니다. 풍뎅이는 우리가 하는 세상의 경험이자 다양한 색깔을 접한 감각이라고 할 수 있습니다. 이런 경험과 감각은 기본적으로 우리 내부에 있는 개인적인 것이지만, 이를 설명하기 위해 다른 감각을 참조할 필요가 있습니다. 이 색깔은 저 색깔보다 더 장밋빛이라거나 이것과 같은 노란색이라거나 하는 거죠. 그러나 장미색과 노란색 그 자체는 다른 사람들이 접근할 수 없는 상자 속에 있습니다.

비트겐슈타인이 볼 때 우리가 할 수 있는 일이라곤 우리 사이에 공통된 것, 우리가 공유할 수 있는 것을 이야기하는 것입니다. 언어는 사적인 감각을 참조하지 않고 어쨌든 앞으로도 그렇겠지요. 가령 누군가는 역스펙트럼[17]으로 세상을 보지만 미처 그 사실을 알지 못할 수 있습니다. 우리가 이야기 나누는 것은 다채로운 색깔 사이의 관계이지 장미색 등의 주관적인 경험이 아니니까요.

결국 당신은 내 상자에, 나는 당신의 상자에 무엇이 들어 있는지 결코 볼 수 없을 겁니다. 이 사고 실험은 우리가 가장 정확하게 색깔을 정의하려고 할 때 색깔의 생물학적 기능과 그 이후의 작용은 철저하게 우리 각자의 개인적인 상자 안에서 이뤄질 것임을 보여줬다는 점에서 의미가 있습니다. 우리가 같은 방식으로 말을 한다 해도 같은 방식으로 보고 있는지 확신할 수단은 절대로 아무것도 없습니다.

생물계에서는 믿기 어려울 정도로 다양한 지각 방법이 수십억 년에 걸친 진화로 빚어졌습니다. 그렇지만, 그렇다고 해서 당신이 가시 스펙트럼을 보는 방법을 경험할 수 있는 사람은 아무도 없습니다. 이 경험은 당신만의 것이며 사람마다 모두 다를 테니까요.

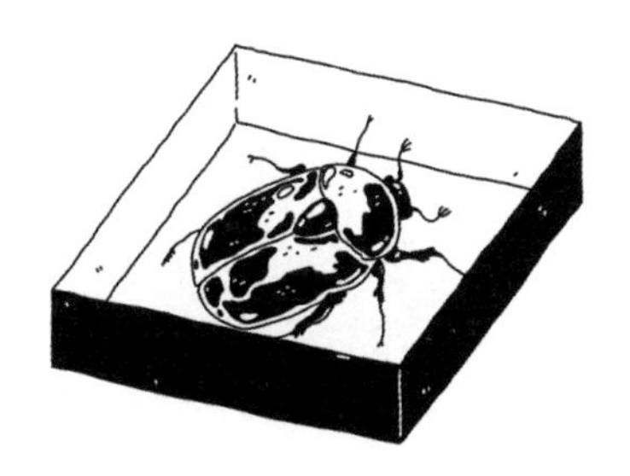

16 역스펙트럼의 사고 실험은 존 로크가 했습니다. [역자 주] 역스펙트럼 이론: 두 사람이 동일한 단어로 동일한 색깔 구분을 하고 있으나, 실제 그 두 사람이 인지한 특성(감각질)은 당연히 다르다는 가정의 사고 실험.

# 9장

# 우리를 죽이는 수없이 다양한 변종들

◆

우리는 아프고 감염병이 나타나는 등 진화는 끊임없이 새로운 병원균을 등장시킵니다. 어떻게 이런 일이 일어나는지 알면 더 효과적으로 맞설 수 있습니다.

호주는 동물과 벌인 전쟁에서 한 번도 이겨보지 못한 나라입니다. 1932년, 날지 못하는 거대한 새인 에뮤 1,000여 마리가 호주 서부 지역 농사를 심하게 망쳐서 그 이상의 피해를 막기 위해 포병 연대를 파견한 적이 있습니다. 기관총 두 대가 출격했지만 에뮤를 잡지 못해서 이를 비꼰 짓궂은 언론 때문에 '에뮤와의 전쟁'으로 유명해졌습니다. 제1차 세계대전의 베테랑들이 새와 전쟁을 벌이고 뙤약볕에서 수개월 씨름하다가 결국 후퇴하는 모습을 상상하면 슬며시 웃음이 납니다. 때때로 자연과의 동거가 격동적이 되는 호주에서 이 정도 일화는 작은 웃음거리에 불과합니다.

공존에 관한 이 장을 집필 중인 시점에 인간은 아직 승리하지 못했고 토끼에게 지고 있습니다. 남반구에 있는 호주에서 토끼는 한 세기가 넘게 인간의 만만치 않은 적입니다.

어떻게 이런 일이 생겼는지 처음부터 살펴봅시다. 이 이야기는 앞으로 나타날 질병과 우리의 관계를 이해하는 데에 도움이 될 뿐만 아니라 왜 '마지막 감염병'은 있을 수 없는지 알려주니까요.

그리고 꽤 재미있는 이야기거든요.

사건은 1788년 호주 대륙에 교도소를 세우고 들어온 영국 사람들이 유럽토끼*Oryctolagus cuniculus*를 들여오면서 시작됩니다. 처음에는 우리에서 키우거나 작은 농장을 조성했는데 점차 사냥감으로 잡으려고 자연에 풀어놓았습니다.

1859년 찰스 다윈이 『종의 기원』을 출간한 해에 토머스 오스틴Thomas Austin[1]은 호주 빅토리아주에 유럽토끼 10여 마리를 풀어주고 큰 성공을

거두었습니다. 귀여운 토끼는 왕성한 번식력을 자랑하며 역사상 가장 놀라운 외래 생물종의 습격으로 꼽힐 정도로 수가 늘어났습니다. 암컷 한 마리가 1년에 네 번, 한 번에 2~5마리를 낳았습니다!

제가 알기로 어떤 포유류도 이렇게 짧은 시간에 개체 수가 이만큼 늘어난 적은 없었습니다. 한 세기 후 유럽토끼는 사우스오스트레일리아 주 대부분에서 살았고 연간 100만 마리를 도살해도 전체 수는 큰 변화가 없었습니다. 사실 개체 수를 정확히 알기는 어렵지만 수억에서 수십억 마리로 추정되고 그 규모에 걸맞은 피해를 줬습니다.

배고픈 토끼의 작은 입은 자기가 정착한 곳의 생태계를 말 그대로 게걸스럽게 먹어치웠습니다. 토끼의 과밀 방목(식물성 먹거리의 과잉 소비)

---

1 순진한 이 남자는 풍자적인 인용구로 유명해졌습니다. 그는 토끼에 관해 "토끼 몇 마리가 해가 될 리가 없잖아요. 약간 집 같은 분위기를 풍기게 해줄 겁니다. 또한 사냥터를 만들 수도 있죠"라고 말했다고 합니다.

은 같은 먹이를 먹는 다른 여러 종을 멸종시켰습니다. 더 심각한 문제는 토끼의 뾰족한 앞니가 땅을 지탱하는 나무뿌리를 갉아 먹어서 땅의 침식을 가속화한 것입니다. 밭이 초토화되자 농부들은 분노했습니다. 호주 당국은 적극적으로 대처하기로 결정하고 대참사의 기병인 작고 깜찍한 토끼를 상대로 전쟁을 시작했습니다. (페럿을 앞세워) 토끼 사냥 운동을 벌였고 땅굴에는 독약을 뿌렸고 거대한 울타리를 세웠습니다. 3,000킬로미터가 넘는 토끼 울타리가 웨스턴오스트레일리아 주에 세워졌고 당시에는 지구에서 가장 긴 울타리였습니다. 그러나 어마어마한 사업비에 비해 형편없이 낮은 효율은 언론의 놀림거리가 되었습니다.

전쟁을 포기해야 했습니다. 토끼가 이겼어요. 번식에 몰입하는 배고픈 재앙 수억 마리를 상대하기는 어려웠습니다.

## 제국의 역습

그래도 호주 정부는 전쟁을 완전히 포기하지 않았습니다. 1950년 다른 방법을 생각해냈습니다. 야생 토끼에 점액종 바이러스를 퍼뜨려 토끼에게만 치명적인 점액종증을 유발하는 겁니다. 20세기의 주목할 만한 진화 실험이 시작되었습니다. 이후 엄청난 자연 선택이 작용했고 변이가 생길 것이라고는 예상하지 못한 호주 당국은 씁쓸한 패배를 맛봤습니다.

시간을 돌려봅시다. 조금 더 빠르게요. 자, 이제 2020년입니다. 제2형 중증급성호흡기증후군 코로나바이러스(SARS-CoV-2, 이하 코로나19 바이러스)로 지구상 인구 절반이 집 밖으로 나가지 못하고 있습니다. 2020년 4월, 90개국은 자국민에게 외출을 자제하고 사회적 거리두기 조치를 실천하라고 요구했습니다. 그런데도 1년 뒤, 2021년 4월, 300만 명이 코로나19 바이러스로 사망했습니다. 그리고 감염병이 등장한 바로 그달부터 바이러스의 새로운 버전인 변종이 등장했습니다.

변종이 등장하는 과정과 앞서 토끼의 생존 과정은 꽤 긴밀히 연결되어 있습니다. 동일한 과정이 구체적으로 적용된 사례로 볼 수 있습니다. 이유가 궁금하시면 호주에서 토끼 개체 수를 조절하는 데 실패하는 이야기를 조금 더 들어보세요.

점액종 바이러스가 도입되면서 토끼가 대량으로 죽었습니다. 감염된 토끼 99.8%가 죽었다고 추정되고, 이로써 침입자의 개체 수가 확연히 줄었습니다. 이렇게 성공을 거두고 지역 환경 관리자는 "Good on ya!"[2]라고

2 이 문장을 호주식 억양으로 읽어 그 감성을 느껴보시길 바랍니다. [역자 주] 호주식

환호했을 겁니다. 울타리도, 독도, 다른 잔인한 덫도 필요 없고 생물학적 처방제라는 최신 기술을 활용하면 되는구나, 이렇게 자연에는 자연으로 맞서는 거야, 그런 거지.

그렇지만 일은 그렇게 예상대로만 흘러가지 않았습니다.[3] 꽤 높은 바이러스 치사율은 토끼에게 막대한 선택압을 가했거든요. 바이러스 내성을 높일 수 있는 유전자를 가진 토끼가 번식해서 다음 세대의 개체 수를 크게 늘였습니다. 감염병에서 회복하지 못하는 일부 무리도 있었겠지만, 토끼가 수억 마리나 되다 보니 내성이 있는 변이가 발생할 가능성도 높아졌습니다. 그 결과가 어떻게 됐냐고요? 몇 세대 만에 점액종증에서 살아남을 수 있는 생물학적 무기를 갖춘 토끼만이 살아남았습니다.

## 내성이 생기다

2019년 발표된 연구에서 이 내성이 어떻게 생겼는지 밝혀졌습니다. 연구자들이 박물관에 있는 점액종증 바이러스 노출 이전에 살던 토끼의 샘플[4]과 현재 토끼를 비교하니 한 줌밖에 되지 않는 세대 동안 꽤 많은 유전자가 우세하게 선택되었고 이 중에는 점액종증에 항바이러스 기능을 하는 유전 정보를 보유한 것도 있었습니다. 더 흥미롭게도 호주에서 일어난 유전자 변화는 동일한 바이러스에 노출된 유럽 지역의 토끼에게서도

표현으로 "잘했어!"라는 뜻.

3 150년 동안 생물학적 처방제를 실험하면서 일이 예상대로 흘러가는 일이 거의 없다는 점을 깨닫게 되었습니다.

4 연구에 사용된 점액종증 이전에 살던 토끼의 샘플 중에는 다윈의 것도 있었습니다!

똑같이 일어났습니다. 진화적 공조의 사례입니다! 그렇지만 이야기는 여기서 끝나지 않습니다. 바이러스도 진화했거든요.

연구자들은 신속하게 놀라운 사실을 발견했습니다. 점액종 바이러스를 토끼에게 퍼뜨린 지 몇 년이 지나자 이 바이러스의 독성이 약해진 겁니다. 병원균의 독성은 숙주의 세포 기관을 착취하여 손해를 입히는 능력을 말합니다. 독성이 강한 바이러스는 불쌍한 감염 개체가 죽을 때까지 재생산에 필요한 모든 자원을 독점하는 강도질을 벌입니다.

초기의 바이러스주(株)는 토끼에게 바로 이런 영향을 줬습니다. 그러나 미생물의 입장에서 이 전략이 장기적으로 그리 효과적이지 않다는 점을 인정해야 했습니다. 바이러스를 전달하기 이전에 숙주가 죽어버리면 바이러스는 사체에 갇혀 더는 퍼져 나갈 수 없게 되니까요. 불운한 토끼 사체와 함께 사라지는 겁니다.

그래서 변이와 선택의 묘수를 통해 독성이 덜한 바이러스주가 더 잘 전파되면서 다른 변종을 대체하게 됩니다. 다시 말하면 선택되는 것이지요.

호주 토끼에게 바로 이런 일이 일어난 것입니다. 생물학자들은 점액종 바이러스의 독성이 줄면서 감염률이 높아졌다는 점을 확인했습니다. 이

생존 = 전파

사망 = 전파 불가

론적 연구를 통해 독성과 감염률 사이에 타협점이 있고 장기적으로 바이러스 후손의 숫자를 최대화하는 지점, 그러니까 성공적인 진화를 가능하게 하는 최적점이 있다는 사실을 밝혔습니다.

그 후에 어떻게 되었느냐고요? 토끼의 내성이 점차 강해지면서 점액종 바이러스는 점차 독성을 회복했고 현재 독성이 덜한 형태의 바이러스는 입지를 잃어가는 것으로 보입니다. 정리하자면 토끼와 바이러스의 이야기는 공진화[5]의 대표적인 사례로 호주 생태계를 담보로 한 군비 경쟁은 어느 한쪽이 이길 때까지 그칠 줄 모르고 있습니다.

## 우리는 모두 점액종증에 걸린 토끼입니다

새 부리의 형태나 인간 계통에 직립 보행이 등장한 시점 등을 연구하는 학문으로 여겨지는 진화생물학은 과거에 존재했고 앞으로 찾아올 바이러스나 박테리아, 다른 병원균과 인간 사이의 관계를 이해하는 데 필수적입니다.

예를 들어 최근 몇 년간, 다양한 질병과의 투쟁과 연관된 선택의 흔적이 인간의 게놈에 남아 있다는 일련의 연구가 발표되었습니다. 연구자들은 수만 명의 DNA를 보관한 거대한 데이터를 돌려 과거에는 없었던 선택의 신호를 포착할 수 있습니다. 그 신호는 주어진 유전자를 발견하는 빈도입니다. 어떤 유전자가 선택압을 받으면 그 유전자는 임의로 분배될

5 [역자 주] 공진화(共進化): 여러 개의 종(種)이 서로 영향을 주면서 진화해가는 일. 충매화의 구조와 곤충의 입틀 모양의 진화 등이 있다.

때보다 훨씬 자주 나타납니다.

워낙 자주 나타나 어디에나 있는 유전자도 있습니다. 이런 유전자는 개체군에 '고정'되었다고 합니다. 예를 들어 더피(Duffy) 항원 발현을 억제하고 말라리아 기생충이 세포를 공격하지 못하게 하는 FY*O 변종이 있습니다. 이 변종은 말라리아가 매우 흔한 질병인 사하라 이남의 아프리카 도처에 있습니다. 대다수의 경우에 신호는 점점 감지하기 어려워지고 있지만 증거는 쌓이고 있습니다. 연구를 통해 인간을 천연두와 콜레라, 나병, 말라리아, 만성 장염, 감기, 위장염 등으로부터 보호하기 위한 선택의 흔적을 발견했습니다. 요컨대 질병은 인간을 진화시킨 주요 동력이고 인간은 점액종증에 걸린 토끼와 다름없습니다!

## 바이러스는 대개 변화합니다

진화생물학은 병원균이 우리를 어떻게 감염시키는지도 밝혀냈습니다. 이 책을 집필하는 시점에 횡행하는 코로나19 감염병이 유독 충격적인 사례지요. 백신 개발부터 효과적인 보건 대책 강구까지 코로나19 바이러스에 효과적으로 대적하려는 과학계의 노력은 여러 권의 책으로 나올 수 있을 만큼 방대합니다.[6] 지금 우리가 살펴볼 것은 감염병으로 외출 금지 조치가 처음으로 적용된 지 몇 달 만에 변종이 등장했다는 사실입니다. 코로나19 바이러스 같은 RNA 바이러스는 생애 주기가 매우 짧아서 자기 복제가 일어날 때마다 수많은 변이가 축적될 수 있습니다.

6 그리고 아마 그렇게 될 겁니다. 어마어마하게 많은 책이 나올 거예요.

한 사람이 감염되면 바이러스 입자를 10억에서 1,000억 개[7]까지 품고 있으니 우연히 새로운 특성이 나타날 가능성도 큽니다. 돌연변이는 대부분 바이러스 입자로 하여금 감염자의 세포에 침투하지 못하게 하여 바이러스 자체에 해를 끼치거나 중립적이거나 특별한 이점이 없습니다. 그러나 종종 이전 세대보다 이점이 있을 때도 있고 더 잘 확산될 때도 종종 있습니다. 그게 변종이지요.

2020년 2월 D614G가 이전 변종을 대체하며 전 세계적으로 무섭게 확산되기 시작했습니다. 그 후로도 브라질 변종, 영국 변종, 남아프리카 변종, 인도 변종, 나이지리아 변종, 콜롬비아 변종 등이 등장했지요. 목록을 나열하는 일은 의미가 없을 것입니다. 하지만 다소 우스꽝스러운 포켓몬처럼 변종은 각각 조금씩 다른 특이성을 띠고 있습니다. 영국 변종 B.1.1.7[8]은 약간 더 빠르게 전염되고, 브라질 변종 P.1은 훨씬 독성이 강

7 어림짐작입니다. 중요한 것은 감염 규모입니다. 그런데도 한순간에 300만 명을 감염시킨 코로나19 바이러스가 얼마나 작은지 전 세계에 퍼진 바이러스를 330밀리리터 캔 하나에 다 담을 수 있을 정도입니다. 인류 역사상 가장 역겨운 원샷이네요.

8 이 약자는 '변이 분류 프로그램에 의거한 명명법Phylogenetic assignment of named global outbreak lineages'에 따라 붙었습니다. 이 명명법의 약자는 Pangolin인데, 연구자들의 유머도 나쁘지 않지요? [역자 주] Pangolin에는 코로나19 바이러스의 중간 숙주로 여겨지던 포유동물 천산갑이라는 뜻도 있다.

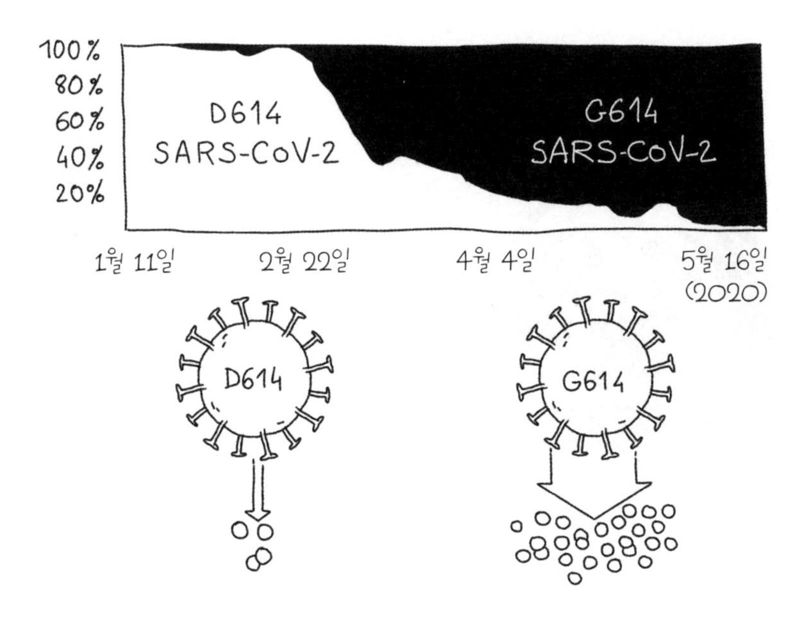


하고, B.1.351은 항체에 덜 예민해 백신에 영향을 덜 받습니다.[9]

변종이 놀랍게 느껴질 수도 있겠지만, 관련 연구자들은 사실 예상했었습니다. 피할 수 없는 일이니까요. 호주 토끼의 점액종증이나 코로나19 바이러스 이후에 인류를 위협할 미래의 바이러스[10]와 마찬가지로 바이러스는 변종의 출현을 이끄는 다양한 선택압을 받습니다. 사실 인류의 규모는 백신의 임상 실험을 하기에도 적당하지만, 변종의 등장 속도를 가속화하기에 좋은 배양소이기도 하거든요. 점액종증에 걸린 토끼를

---

**9** 이 글을 쓰고 있는 시점에도 이 사안에 관해 의견이 분분합니다. 아마 당신이 이 글을 읽는 시점에는 결론이 났겠지요. 안녕하세요, 미래의 독자 여러분. 감염병이 종식되어 일상생활로 돌아가셨기를 바랍니다. - 과거의 작가가.

**10** 앗, 스포일러가 있어서 미안합니다.

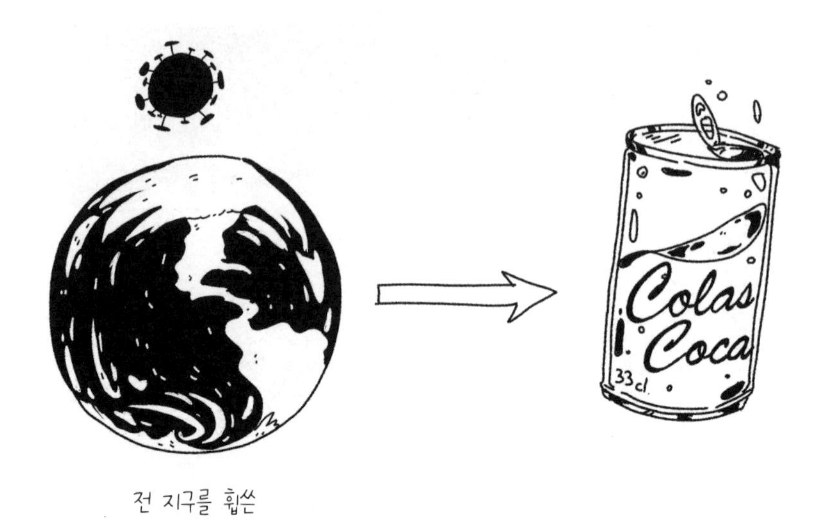


전 지구를 휩쓴
코로나19 바이러스

떠올려보세요.

우리는 일종의 거대한 바이러스 배양 샬레에 살고 있고 우리의 생활 양식은 직접적으로 바이러스의 생존을 용이하게 합니다. 도시화로 제곱미터당 인구 밀도가 증가해 바이러스 전파가 수월해졌고, 도시인들은 일반적으로 면역력이 훨씬 낮아 쉽게 감염되고, 일부 방역 대책은 재생산을 부분적으로 억제하는 데에 그쳐 내성이 생기기 쉬운 환경을 조성하니까요. 빔, 밤, 붐, 잔인한 감염병이 전 세계적으로 창궐하는 거지요.

사실 감염병이 발발한 상황에서 취한 모든 조치는 바이러스에 작용하는 선택압에 영향을 줄 수 있습니다. 코로나19 바이러스에 감염돼 면역력이 저하된 환자에게서 이런 사례를 발견할 수 있습니다. 이 환자들은 병이 몇 달이나 지속됐고, 이는 체내 바이러스 입자에서 변이가 발생하기에 충분한 시간이었습니다. 몇 달간의 치료[11] 후 연구자들은 바이러스에 생긴 변이는 무엇보다 바이러스가 치료에 살아남도록 돕는다는 점을 확인했습니다. 치료법이 부분적으로만 효과가 있고 내성이 생긴 병원균을 살려두었기 때문에 병원균은 비교적 빨리 번식해 내성을 확산시켰습니다. 정리하자면 살아 있는 유기체에 대적하는 조치를 취함으로써 우리는 이 조치에 저항력이 더 센 존재를 선택하게 됩니다.

## 중앙아프리카공화국은 저항하다

개인적인 경험을 통해 앞선 문장이 현 세기에 얼마나 중요한 문제인지 깨닫게 되었습니다. 2019년 중앙아프리카공화국에서 르포르타주를 준비하던 중에 수도 방기의 '국경없는의사회' 시설을 방문해 전문가들과 이야기를 나눌 기회가 있었습니다. 중앙아프리카공화국은 국가 기반에 문제가 있었고 정부는 국민의 기본적인 필요를 충족하지 못했습니다. 여러 민병대가 국토를 분할해 관리하면서 혼란이 끊이지 않으며 수많은 피해자를 양산했고 '국경없는의사회'는 이 잔인한 혼돈 상태에서 도움을 받을 수 있는 몇 안 되는 기관이었습니다.

환자 치료를 담당하는 감염학자는 대화 중에 제대로 작동하는 보건체계의 부재가 어떤 결과를 낳는지 언급했습니다. 한 가지가 특히 놀라웠는데, 중앙아프리카공화국의 수도 방기에서는 처방전 없이 항생제를

11 주로 렘데시비르와 코로나19 바이러스 완치자의 플라스마(혈액에서 혈구를 제외한 액상 성분)를 활용합니다.

구입할 수 있어서 사람들이 부적절한 상황에서도 가볍게 항생제를 복용하고 있었습니다. 약간 피곤하다고? 항생제 한 알을 꿀꺽. 바이러스성 질환이라고? 항생제를 꿀꺽, 꿀꺽. 항생제가 목에 걸렸다고? 밀어 넣을 겸 다른 항생제를 꿀꺽, 꿀꺽, 꿀꺽. 그 결과 현지 병원균은 일상적으로 항생제를 대하면서 항생제에 극도로 내성이 강해져야 하는 특수한 선택 상황이 벌어진 것이지요.

스테로이드에 노출된 박테리아에는 다른 항생제, 2차나 3차 '목적' 항생제를 사용해야 합니다. 마지막 안전망인데 언제나 효과가 있는 것은 아니지요. 항생제 내성은 보건 체계가 무너진 나라는 물론 평범한 나라에서도 나타나며 전 세계적으로 큰 위협이 되고 있습니다. 현재 매년 유럽인 약 2만 5,000명, 전 세계적으로는 약 100만 명이 내성 박테리아로 인해 사망합니다. 이대로 간다면 2050년에는 매년 약 1,000만 명이 사망할 것이라는 보고서가 발표되었고, 세계보건기구(WHO)와 같은 국제기구에서는 이 문제에 경종을 울리고 있습니다.

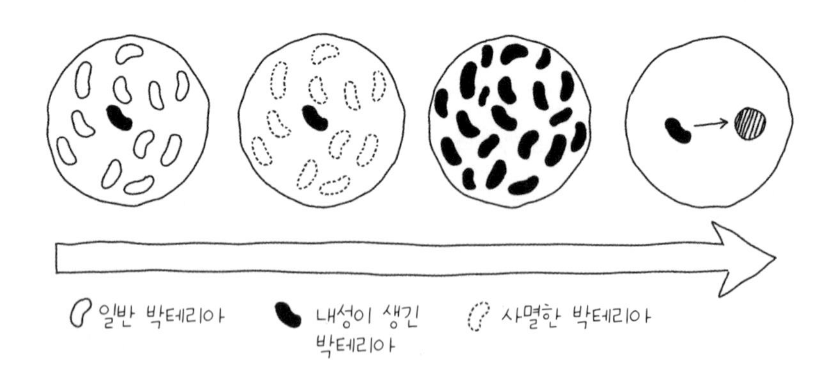

## 꾸준히 더 많아지는 질병

이 현상은 우리가 병원균에게 가하는 강력한 선택 상황 때문입니다. 요컨대 이것은 진화생물학의 역사이고 이로써 '질병이 사라지는 일'은 절대로 생길 수 없습니다. 앞서 살펴봤듯이 생명체가 있는 한 진화는 멈추지 않습니다. 그런데 생명체의 40%는 기생하며 살고 있습니다. 우리 생물권은 미래의 질병 후보를 키우고 있는 셈이지요!

게다가 감염병 발생 횟수는 1960년대 이래로 확연히 증가하고 있습니다. 수십 년 만에 5배가 증가했어요! 자연을 개발하는 일이 많아지면서 질병의 선천적 감염원과 접촉하는 정도도 늘었기 때문입니다. 20세기 후반 내내 성장한 목축업은 반향실[12]로서 기능하며 병원균의 거대한 인큐베이터가 되고 있습니다.[13] 목장을 넘어서 인간을 감염시키며 이름도 유명한 인수 공통 감염병이 되는 것이지요.

장거리 운송 수단의 대중화와 도시 집중 현상은 감염병이 번성하기에 좋은 조건을 제공합니다. 우리는 쉽게 잊곤 하지만 이것이 박테리아의 부식토로서 작용한 결과는 셀 수 없이 많습니다. 아시아 독감(1957년), 홍콩 독감(1968년), 에이즈(1981년), 사스(2002년), 인플루엔자 A(H1N1,

---

12 [역자 주] 반향실(反響室): 흡음성(吸音性)이 적은 재료로 벽을 만들어 소리가 잘 되울리도록 한 방.

13 현재 목축업의 바이오매스는 육상 척추동물 바이오매스의 약 80%를 차지합니다. 인간이 18%이고 야생 척추동물은 2%에 불과합니다. [역자 주] 바이오매스(biomass): (일정 지역 내의) 동물, 식물, 미생물 등 생태계 순환 과정을 구성하는 생물 유기체의 총량.

2009년), 메르스(2012년), 에볼라(2014년), 코로나19(2020년) 등은 물론 앞으로 찾아올 병들도 있지요. 그리고 질병이 발생할 때마다 더 내성이 강하고 더 독한 변이가 등장할 가능성이 있습니다.

[드라마틱한 효과 음악]

아하, 재미있네요! 이 정도가 되면 우리 사회는 무너지겠네요! 하지만 걱정하지 마세요. 아직 완전하게 진 건 아니거든요.

## 희망의 소리

우선 인간은 이미 바이러스를 퇴치한 경험이 있습니다. 바로 천연두 바이러스지요. 20세기 전반에 걸쳐 3억 명의 목숨을 앗아간 천연두는 쉽게 종식되었습니다. 매년 2만 명이 천연두로 죽던 1960년 초에 백신 접종 운동이 시작되고 나서 자연적으로 감염된 마지막 환자들[14]이 나온 시점까지 대략 15년밖에 걸리지 않았습니다. 천연두가 지속된 긴 시간과 천연두

---

14 천연두의 마지막 환자는 두 명입니다. 대두창과 소두창, 이렇게 두 변이가 있었거든요. 대두창은 1975년 방글라데시인 청년 라히마 바누(Rahima Banu)가 회복되면서, 소두창은 1977년 소말리아인 알리 마우 말린(Ali Maow Maalin)의 면역 체계가 지구상 소두체의 마지막 바이러스 입자에 최종 저먼 수플렉스(프로 레슬링의 공격 기술)를 한 이후 사라졌습니다. 알리의 삶은 감염병과 긴밀히 연결되어 있습니다. 인류 역사상 가장 무서운 질병인 천연두에 맞서 이겨낸 후 그는 소말리아의 소아마비 박멸 운동을 벌이면서 이렇게 주장했습니다. 소말리아가 천연두가 발병한 마지막 나라였지만 소아마비까지 그래서는 안 된다고 말입니다. 그는 수년간 WHO를 위해 일했고 2013년 사망할 때까지 놀라울 정도로 많은 사람에게 소아마비 백신을 맞혔습니다. 당시 소말리아에서 소아마비 바이러스가 재출현하자, 그는 60세에 가까운 나이에 소아마비 백신을 맞히다가 말라리아에 걸렸습니다. 자, 자. 여러분은 인생에서 무엇을 위해 노력하고 계십니까?

가 일으킨 피해를 감안하면 짧은 시간이지요!

그 후로 다른 질병도 박멸되었거나 박멸되고 있습니다. 우역은 2010년 공식적으로 종식되었고, 순수한 형태의 소아마비 바이러스에 감염되는 사람은 이제 매년 수십 명에 불과합니다. 백신과 감염 경로 역학 조사 덕분에 예전에는 1,000년 이상 지속되었던 질병을 끝내고 있습니다.

그리고 이제 선택압을 가한 후에 필연적으로 나타나는 내성을 줄일 수 있습니다. 가령 항생제 내성의 경우, 항생재 사용량을 조절하기'만' 하면 됩니다. 박테리아는 내성이 생긴 대가를 톡톡히 치르고 '본래' 형태보다 경쟁력이 떨어집니다. 주위 환경 속 항생제 비율을 줄여 선택압을 낮추면 내성이 있는 박테리아는 번식력이 빠른 좀 더 섬세한 동료에게 신속하게 자리를 양보합니다. 이렇게 진화의 메커니즘을 이해한 덕분에 우리는 감염병 문제를 효과적으로 관리할 수 있게 되었습니다.

감염병의 진화에 관해서는 아직 발견해내야 할 것들이 많습니다. 이 장을 쓰면서, 앞으로 전 세계적으로 코로나19 감염병을 빠르게 퇴치하기 어렵게 만드는 다양한 지역 변종이 생길지, 국가 간 교류가 오히려 변종을 단일화시킬지 궁금합니다. 바이러스가 특정 야생종에게 천연덕스럽게 안착할까요? 초기 감염원에서 다시 등장하게 될까요? 우리 반려동물까지 감염시킨다면 우리는 어떤 혼돈을 맞닥뜨리게 될까요? 등등 궁금한 것은 많지만, 다행히도 우리는 이렇게 충분히 잘 대비하고 있습니다.

우리가 사는 역설적인 상황 때문입니다. 도시화된 기술 사회는 신속한 교통수단과 높은 인구 밀도로 바이러스를 쉽게 전염시키지만, 또 코로나19 감염병에 맞서는 백신 308종을 재빠르게 개발해 대처할 수 있게 합니다. 그리고 백신 중 10여 개는 감염병이 창궐한 지 단 1년 만에 대부분 국가에서 실사용을 승인받았습니다.

유례없이 신속한 대처는 고무적이고 또 꼭 필요합니다. 마크 라이언 Mark Ryan WHO 긴급대응팀장은 이 감염병이 "꼭 최악은 아닙니다. 코로나19 바이러스는 감염률이 높고 사람들의 생명을 앗아가고 우리에게 소중한 이들을 빼앗았습니다. 그러나 현재 사망률은 다른 감염병에 비해 상대적으로 낮은 편입니다. 경고장인 셈이지요"라고 지적했습니다.

숙주와 바이러스의 상관관계를 발견하게 해준 호주 토끼들에게 감사해야겠습니다. 우리가 꼭 알아야 할 정보였으니까요.

# 2부

# 인간에 관한 마인드퍽

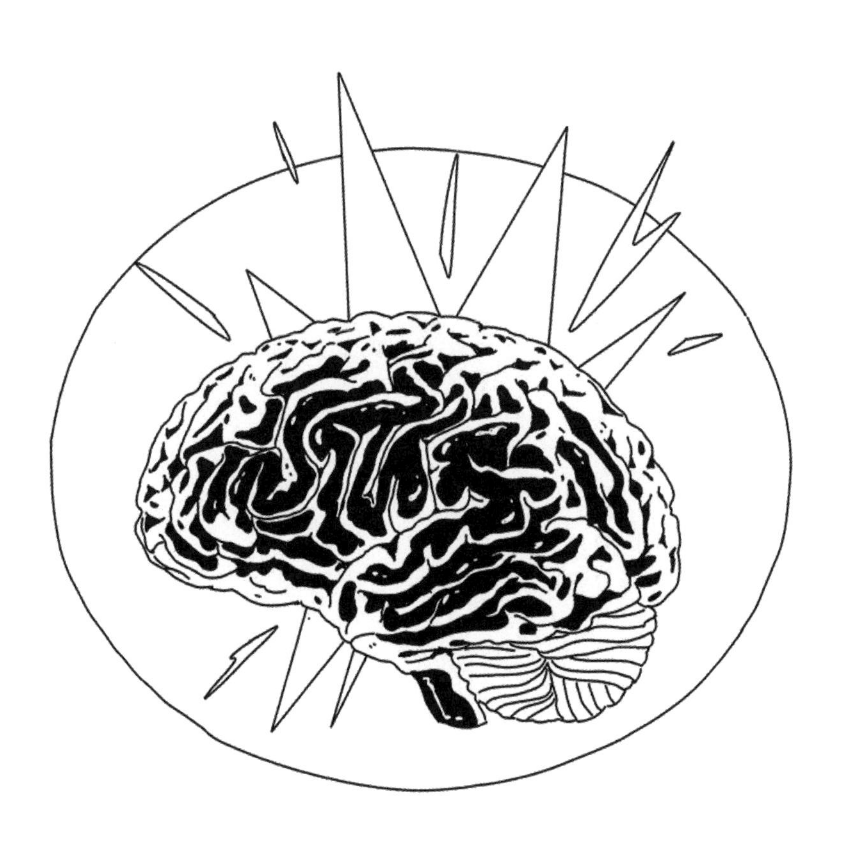

# 10장

# (거의) 인간 고유의 특성

◆

만약 외계인이 지구에 나타난다면, 인간에게 관심을 가질까요? 우리는 인간이 특별하다고 확신하고 있습니다. 그런데 우리가 인간의 고유한 특성이라고 생각하는 것은 아마 그렇게 독특하지 않을지도 모릅니다.

전형적인 공상 과학 소설을 생각해봅시다. 외계인이 긴 여행 끝에 지구에 도착했습니다. 모함에는 지구의 동식물 자료를 정리하려고 온 생물학자들이 여럿 탑승하고 있습니다. 문어발에 자연주의자 스타일의 짧은 바지를 걸치고 돋보기를 들고 목에는 ㅈ`ㅇ⊥=★를 건 채로 순간 이동 기구를 타고 내려와 작업을 시작합니다.

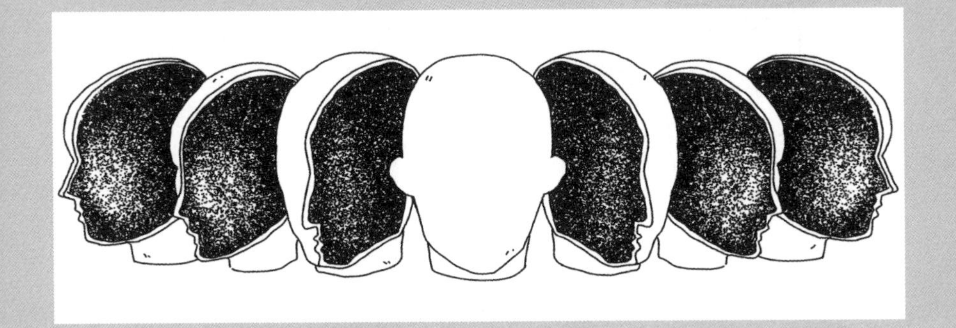

---

★ 그들의 트레이드마크입니다.

그들에게 가장 흥미로운 종은 무엇일까요?

자동으로 튀어나올 대답은 아마 벌거숭이두더지쥐[1]일 겁니다. 그렇습니다. 이것을 연구한 다음에 깊이 연구해야 할 '다른 종'은 무엇일까요?

당신은 이 질문에 애절한 어조로 '호모사피엔스'라고 답하겠지요. 안 될 건 없지요. 그래도 논의해볼 필요는 있습니다. 인간이 지구 생물권에서 단연 가장 매력적인 종이라고 대답할 수 있는 독특하고 인상적인 기준은 무엇이 있습니까?

좀 살펴보지요. 외계인들은 가장 많은 유기체에 관심을 가질 겁니다. 그렇다면 미국 유타주에 있는 사시나무 거대 군락인 판도[2]를 선택하겠지요. 동일한 뿌리에서 나온 복제나무로 이뤄진 판도는 43헥타르에 걸쳐 있고 무게는 약 600만 킬로그램에 달합니다. 그리고 동일한 동물 종을 연구하고 싶다면 가장 큰 바이오매스를 자랑하는 가축에 천착하겠지요. 전 세계의 모든 소를 합친 무게는 약 20억 톤으로 야생 동

1 7장을 보세요.

2 판도(pando)는 라틴어로 '나는 뻗어 나간다'라는 뜻입니다.

물과 가축을 통틀어 육상 척추동물 전체의 약 60%를 차지합니다. 인간도 수가 많긴 하지만 그 무게의 1/3에 '불과'합니다. 물론 곤충도 전체 개체 수로는 소보다 압도적으로 많지만 지나치게 많은 종으로 분리되어 있습니다.

외계인들이 생물 다양성에 관심을 가진다고 하면, 어떤 유기체 집단(혹은 '분류군')을 선택할까요? 집단유전학자 J.B.S. 홀데인은 언젠가 "신이 존재한다면 풍뎅이를 엄청나게 좋아하는 것 같군"이라고 했습니다. 실제로 초시류는 100만 종이 넘습니다! 다른 분류군도 있습니다. 진균계도 버섯 200~400만 개로 다양합니다.[3] 척추동물은 7만 종이 파악됐으니 외계에서 온 탐험가들에게는 언급조차 되지 않을 것입니다. 인간이 속한 영장목 사람과는 오랑우탄, 고릴라, 침팬지, 사피엔스 등 네 종뿐이라 더 관심 밖에 있겠지요.

뇌가 가장 큰 동물이 우리 인간이라고 생각하시나요? 아닙니다. 향유고래는 뇌가 8킬로그램이나 됩니다. 그래도 인간이 신체에 비해 뇌의 비율이 가장 큰 거 아니냐고요? 그것도 아닙니다. 나무에 사는 포유류로 땃쥐를 닮은(하지만 전혀 다른 종인) 나무두더지는 인간보다 이 비율이 높습니다.

그러니까 외계인들에게 우리 인간을 연구해달라고[4] 하려면 좀 더 설득

---

**3** 12만 종이 발견되었습니다만, 토양 채취를 기반으로 한 군유전체학 분석에 따르면 균류학자들이 할 일은 아직도 많습니다.

**4** 뭐, '검사해달라고'라고 표현할 수도 있겠네요.

력이 있어야 할 것 같습니다.

생물권에서 인류의 지위가 바뀌었다는 점은 진화 이론 중 가장 중요한 결과인데 인간은 여전히 이를 받아들이는 데 어려움을 겪고 있는 게 사실입니다. 우리는 계통수의 정점에서 다른 유기체와 동등한 지위로 내려왔습니다. 결론은 이렇습니다. 지금 존재하는 모든 생물종은 너나없이 진화했고 사람속이 자연적으로 우월한 점은 없습니다.

반(反)직관적으로 보일 수도 있지만, 진화는 옷을 입은 영장류 탄생이 최종 목적인 38억 년에 걸친 긴 실험이 아닙니다. 지금 존재하는 모든 생물종은 너나없이 진화했습니다. 태초부터 있었던 것 같고 화석과도 놀라울 정도로 닮은 실러캔스, 투구게, 각각의 해파리들도 수백만 년 전부터 변이가 축적되었고 자연 선택을 겪었습니다. 인간과 마찬가지로요. 지금 존재하는 모든 생물종은 너나없이 진화했습니다.

후아, 이렇게 툭 털어놓으니 훨씬 낫군요! 세상을 보는 관점의 전복 측면에서 적어도 코페르니쿠스 혁명과 유사한 이 급진적인 인식 체계의 변화가 일어난 순간은 사상사에서 중요한 순간이었습니다. 그 결과는 여전히 받아들여지지 않거나 이해받지 못하거나, 그 둘 다이거나 그럴 정도지요.

그래서 "인간 고유의 특성이 무엇인가?"라는 질문은 종종 맥이 빠집니다. 인간을 다른 동물과 구분 짓는 특성을 찾는 것은 우리가 수 세기 동안 편안하게 군림했던 진화의 정점으로 거슬러 올라갈 방법을 찾는 것과 같습니다. 인간이 다른 무엇보다 자연적으로 우월하다는 점을 입증한다는 소위 생물학적 특성은 아주 (아주) 많은 철학적 에세이와 일반인

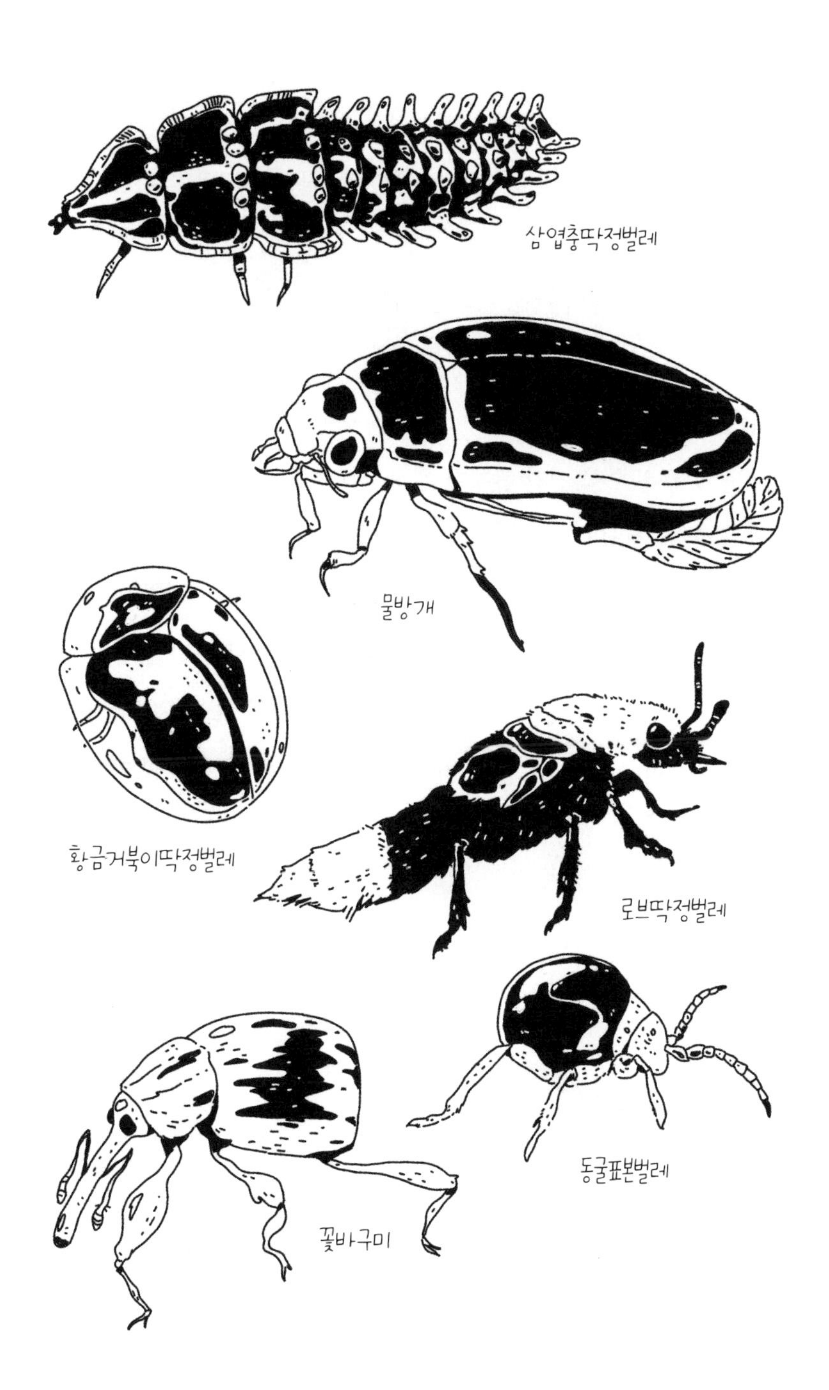
삼엽충딱정벌레
물방개
황금거북이딱정벌레
로브딱정벌레
동굴표본벌레
꽃바구미

대상의 논문 소재가 되어서 새삼 이런 질문을 해야 하나 싶어지기도 할 정도입니다. 생물권에서 인간이 차지하는 지위에 관한 깊은 불안감이 있는 걸까요? 저는 잘 모르겠네요. 어쨌든 이 질문의 답을 찾는 게 이 장의 목적은 아닙니다.

이제는 인간 고유의 특성이 아닌 것을 살펴봅시다.

## 애도

동물 행동을 수십 년간 관찰한 결과, 사랑하는 존재의 죽음이 불러오는 고통은 인간만의 것이 아님을 확인했습니다.

고래류에서 죽은 동료를 보살피는 행동이 제일 자주 관찰됩니다. 죽은 동료에게 다가가 사체를 물 위로 올려주고 수 킬로미터를 밀고 갑니다. 근래에 죽은 개체에 대한 이런 보살핌과 애정의 표시는 특별한 일이 아니고 코끼리나 기린, 유인원, 가축, 새 등 다양한 종에서 발견됩니다.

동물의 감정을 다룬 과학서에서 동물행동학자 마크 베코프Marc Bekoff는 까치의 일화를 전합니다. "까치 한 마리가 차에 치여 길가에서 죽었습니다. 다른 까치 네 마리가 다가와 죽은 친구를 둘러싸지요. 한 마리가 시체에 다가가 부리로 슬쩍 건드리고 물러났습니다. 코끼리가 죽은 코끼리의 시체를 코로 건드리는 것처럼 말이지요. 다른 까치가 다가와 똑같이 했습니다. 그러더니 한 마리가 날아가 풀을 조금 물고 와 시체 옆에 놓아주었습니다. 다른 까치들도 마찬가지였어요. 그러고는 까치 네 마리가 몇 초 동안 가만히 시체를 내려다보더군요. 그리고 차례로 날아갔습니다." 감동적이지 않나요?

코끼리의 경우, 상대적으로 많은 문학 작품에서 세상을 떠난 동료의 시체를 대하는 모습을 다뤘습니다. 예를 들어 코끼리는 자기 종과 다른 종의 뼈를 구분할 줄 알고 이동 중에 발견한 동족의 시체를 살피느라 몇 시간씩 보내기도 합니다. 죽은 지 얼마 되지 않은 코끼리를 향해 울음소리를 내고 이따금 시체를 풀로 덮어주는 코끼리를 조사한 연구자들도 있습니다.

후피 동물인 코끼리에게 죽은 동물과의 관계는 그들의 어마어마한 기억력과도 관련이 있습니다. 캐런 매콤Karen McComb은 아프리카 대초원에 확성기를 설치하고 몇 달 전에 죽은 코끼리의 울음소리 녹음을 틀었습니다. 지금은 사라진 친구의 목소리를 들은 코끼리들의 반응은 매콤을 크게 감동시켰습니다. 코끼리들은 확성기 주위로 달려와 잘 아는 집단 동료를 다시 만났을 때 하는 행동을 보여줬습니다. 그러니까 감동적인 삶도 호모사피엔스의 전유물이 아닌 것이지요.

## 다른 유기체를 길들이다

가축화하는 재주도 인간만의 생물학적 특성이 아닙니다. 사람종은 약 30만 년 전에 등장했고 우리의 선조는 약 3만 년 전부터 다른 종을 가축화하기 시작했습니다. (꼭 의도한 것은 아니지만) 인위적으로 늑대를 선택하여 개로 변화시킨 것이지요.[5] 신석기 혁명과 연이은 가축화가 일어나는 시점은 그로부터 수천 년이 지난 약 1만 년 전입니다.

그러니까 기술적으로 인간이 다른 유기체를 가축화한 기간은 인류 진화 역사에서 개를 포함하느냐 여부에 따라 (크게 봤을 때) 10%, 아니면 3%입니다. 인간만의 특성은 아니더라도 가축화가 미친 영향을 봤을 때 중요한 특성 목록에 당당히 올라갈 수 있습니다. 그러나 인간이 누에, 거피[6], 물소 등 어떤 유기체라도 가축화하는 인위 선택을 유독 잘한다고 하더라도 인간만 그런 것은 아닙니다.

약 6,000만 년 전, 잎꾼개미류[7]의 남미 개미는 야생 버섯을 모아 개미집에서 재배하려고 가져왔습니다. 기후가 습할 때 버섯은 야생에서 곧바로 자랄 수 있었습니다. 그러나 3,000만 년 전, 빙하기가 찾아오자 열대 지방이 건조해졌습니다. 개미집의 습도에 적응한 버섯은 더는 개미집 밖에서 자랄 수가 없었습니다.

---

5 가장 오래된 개의 고고학적 흔적은 약 1만 4,200년 전의 것입니다. 본-오버카셀 개로 독일에서 유해가 발견됐습니다. 그렇지만 늑대와 개의 게놈을 비교 연구한 결과, 둘은 약 3만 년 전에 분화되었다고 하고 이 시점은 여전히 과학적 논란의 대상입니다.

6 [역자 주] 거피(guppy): 송사릿과의 열대 담수어. 관상용으로 기른다.

7 '류'는 '속'이나 '과'와 같은 분류 단계입니다.

이 버섯 종은 자기를 재배하는 개미와 공진화하는 과정에서 유전적으로 고립되기 시작했습니다. 연구자들은 개미의 농사를 여러 범주로 분류하는데, 생존을 개미에 의지하며 완전히 길든 버섯의 재배는 '고등' 농사에 속합니다. 원래 선조였던 야생 식물과 많이 달라진 채소가 떠오르지 않나요? 개미도 버섯에 의존하기는 마찬가지입니다. 개미는 생존에 꼭 필요한 아미노산인 아르기닌을 버섯에서 얻게 되자 그것을 합성하는 능력을 상실했습니다. 이는 우리가 농업에 의지하는 것과 비슷합니다. 이것을 보면 길들이는 능력도 꼭 인간만의 특성은 아닙니다.

## 도구, 1라운드 : 호두를 깨는 기술

환경에 미치는 영향을 확대해주는 도구는 인류와 인간 성공의 상징입니다. 셀카봉, 원자력 추진 잠수함, 심봉, 초콜릿 시가렛 등[8]을 개발한 것은 수달이 아닌 사람입니다. 큰 두뇌와 직립 보행으로 자유로워진 재주 좋은 손으로 인간은 우리를 특별하게 만드는 많은 것을 발명했습니다. 그런데 말입니다…….

물론 인간이 만든 도구가 지구에 공존하는 다른 동물이 만든 것보다 비교할 수 없이 훨씬 더 복잡하다는 점을 부인하는 건 아닙니다. 그렇지만 다른 동물들도 필요에 따라 도구를 사용하고 가공합니다. 아프리카

---

**8** 모든 발명품이 성공한 것은 아닙니다. 초콜릿 시가렛은 맛은 정말 역했지만, 맛이 중요한 발명품은 아니었으니까요. 심봉(ring mandrel)은 여전히 보석업계에서 반지의 크기를 재는 데 사용됩니다. [역자주] 초콜릿 시가렛: 담배 모양에 담배 맛이 나는 초콜릿.

의 수많은 숲에서 침팬지 무리는 알맹이를 빼려고 호두 껍데기를 깹니다. 침팬지들은 적당히 크고 평평한 돌을 골라서 작업대로 삼고 손에 맞는 다른 돌을 잡고 호두 껍데기를 두드립니다. 고단한 이 작업은 전문성이 필요합니다. 단단한 호두 껍데기를 알맹이가 깨지지 않게 까려면 힘 조절이 필요하기 때문입니다. 그래서 어린 침팬지가 부모만큼 능숙해지려면 몇 계절이 소요됩니다.

더 확실한 증거가 있습니다. 2007년, 여러 곳에서 호두를 깨는 행동이 옛날부터 있었다는 고고학적 흔적을 발굴했습니다. 아프리카 코트디부아르 타이국립공원에서 고고학자들은 4,300년 전 식물을 두드려 깨느라 마모된 돌 조각을 발견했습니다. 세대를 거쳐 문화유산으로 이어진 이 행동의 주체는 의심할 여지 없이 침팬지입니다. 인간이 효과적으로 다루기엔 돌이 꽤 컸고 인간이 아니라 유인원이 먹는 식물의 흔적이 발견되었기 때문입니다.

동물고고학은 신생 학문이지만, 이런 종류의 발견으로 새로운 지식을 제공합니다. 게다가 영장류의 도구 사용은 호두 까기에만 그치지 않았습니다. 다양한 크기의 막대기를 사용해 흰개미집을 열고(굵은 막대기), 안에 구멍을 내고(중간 막대기), 흰개미를 낚아채고(작은 막대기), 이끼와 잎을 모아 스펀지를 만들어 물을 짜 먹고, 나뭇가지로 비를 가리고, 나뭇가지를 이로 갉아 창을 만들고, 돌로 큰 과일을 깨는 등 일일이 나열하기 어려운 정도의 일을 합니다.

석기 시대에 진입한 동물은 침팬지만이 아닙니다. 흰머리카푸친이 약 600년 전부터 캐슈넛을 깨 먹은 흔적이 있는 고고학 유적지가 브라질에 있습니다. 고릴라는 건너야 할 강물에 나뭇가지를 담가 깊이를 가늠하고, 개코원숭이는 위협을 당할 때 높은 곳에 올라 협곡 비탈을 따라 돌멩이를 던지고, 맨드릴은 귀를 파거나 손이 닿지 않는 신체 부위를 긁을 때 막대기를 사용하는 모습을 보이기도 합니다.[9]

## 도구, 2 라운드 : 그러면 다른 종은?

영장류 말고도 도구를 사용하는 사례는 꽤 많습니다. 코끼리는 나뭇가지를 구부려 땅을 파는 도구로 활용하거나 귀찮게 하는 파리를 잡습니다. 유럽 동물상[10] 중 가장 큰 독수리인 수염수리는 스페인어로 케브란타우에소스(*quebrantahuesos*, 뼈를 부수는 놈)라는 귀여운 이름을 갖고 있는데, 바위 위 수십 미터에서 뼈를 떨어뜨려 골수를 먹기 때문입니다. 수달은 배 위에 돌을 놓고 대합류를 돌에 여러 번 쳐서 알맹이를 꺼내 먹습니다. 캘리포니아에서 연구자들은 수달이 10년 넘게 강변의 돌에 홍합을 깨 먹은 사실을 발견했습니다. 그들은 이런 행동이 자갈에 식별할 수 있고 오래가는 흔적, 세월을 버티는 자국을 남긴다는 결론을 내렸습니다. 그러니까 조만간 영장류가 아닌 다른 동물이 남긴 고고학적 흔적을 발견할 수 있을 것입니다.

이와 같은 사례는 자연에서 발견한 것입니다만, 동물들은 실험실에서도 놀라운 방법으로 도구를 사용해 자기의 인지 범위를 확대하곤 합니

9 상상력을 발휘해보세요.

10 [역자 주] 동물상(動物相) : 특정 지역이나 수역(水域)에 살고 있는 동물의 모든 종류.

다. 코끼리가 상자를 쌓고 위로 올라가 코가 닿지 않는 곳의 먹거리를 가져온다든지 까마귀가 튜브에 돌멩이를 넣어 수위를 높여 먹이를 꺼낸다든지 몇 쪽에 걸쳐 적어 내려갈 수 있습니다.[11] 우리를 놀라게 하는 인지 능력을 가진 종의 수는 앞으로 점차 확대될 것이란 점은 확실합니다.

## 인간 고유의 특성이 아닌 것

인간만의 위업이라고 보이는 다른 업적도 살펴보겠지만, 이것들도 꼭 인간만 해낸 게 아닙니다.

- 스스로를 하나의 개체로 인식하고 자각하는 능력이 있습니다. 인간만 그렇지 않습니다. 다른 종들도 거울 실험을 얼마간 쉽게 통과했습니다.[12] 이 실험의 결과가 꼭 인간의 주관적인 경험과 일치하는 자아 인식의 증거인 것은 아닙니다(우리가 어떻게 이것을 확인할 수 있을까요?). 그렇지만 까마귀부터 산호초에 사는 물고기까지 다양한 동물들이 거울에 반사된 개체가 자기 자신이라는 점을 이해했다는 점을 보여줍니다.

- 문화가 있습니다. 이것도 마찬가지입니다. 연구자들은 영장류와 고래류에서 다른 개체에게 학습하는 습관을 확인했습니다. 먹이 잡는 법이라든지 우리로서는 그 기능이 무엇인지 알 수 없는 행동 등을 말이지요.

---

11 저는 이 책이 간결하면 좋겠습니다. 그러니 대신 다른 전문가의 책을 추천해드릴게요. 대표적으로 프란스 드 발(Frans De Waal)의 『동물의 생각에 관한 생각 - 우리는 동물이 얼마나 똑똑한지 알 만큼 충분히 똑똑한가?』가 있습니다.

12 이 실험 결과의 해석을 놓고 의견이 분분합니다만, 이러한 해석은 동물의 인지 연구에서 여전히 필수적입니다.

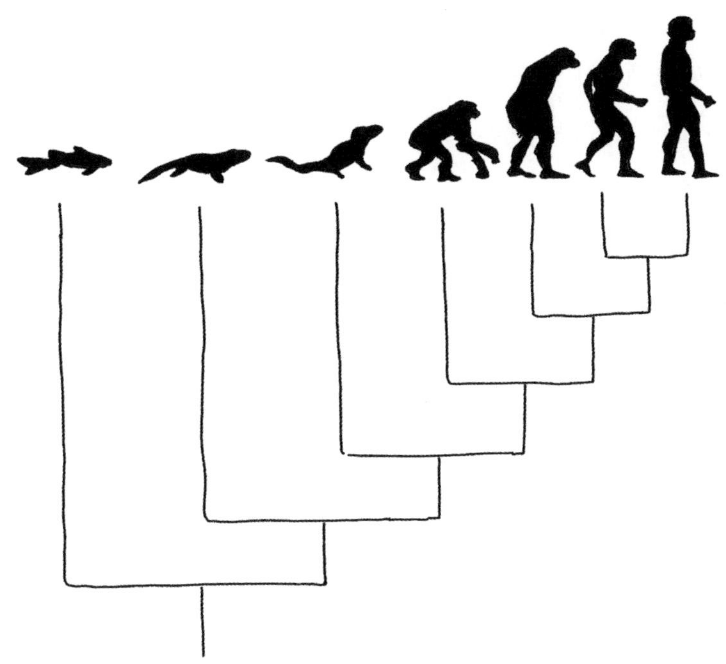

• 모든 유기체는 혈연관계로 연결되어 있고 한 유기체가 다른 유기체보다 더 ·진화·하지 않았다는 점을 망각한 채, 진보는 일반적으로 그림 위쪽 부분의 형태로 진행됩니다.

1953년 9월 코시마섬에서 일본 마카크(원숭이의 일종) 암컷이 고구마를 닦는 모습이 관찰되었습니다. 이 행동은 집단의 사회적 관계를 통해 섬의 모든 원숭이로 점차 확대되었습니다. 영장류는 친구들에게 어떤 행동을 가르칠 수 있습니다. 인간이 우리의 문화적 관행을 전달하는 것처럼요.

– 불을 피울 수 있습니다. 물론, 다른 종은 말 그대로 불을 피울 수는 없습니다. 그러나 2017년 한 연구에 따르면 솔개와 같은 맹금류가 가시덤불에 불이 났을 때 불이 붙은 가지를 운반해 새로운 구역에 불을 옮겼

습니다. 먹잇감을 빽빽한 덤불에서 쫓아내려고 한 행동이었습니다.

– 대중 과학서를 읽습니다. 꼭 인간만 그런 건 아닙니다. 왜냐하면 갈라파고스 코끼리거북이는……. 아니, 좋습니다. 독서는 인간 고유의 특성일 수 있겠네요.

## 이 장의 질문에 대답하려고 모험을 떠나며

"인간 고유의 특성은 무엇인가?"라는 질문은 그 자체로 흥미롭지는 않습니다. 그런데도 종종 이 물음이 제기되는 이유는 우리의 과학적 호기심을 충족하기 위해서가 아니라 인간의 다른 점을 확인하기 위해서입니다. 인간을 생물권의 다른 것과 분리하려고 하기보다 우리가 어떤 특성을 다른 종들과 공유하고 있는지를 파악하는 것이 제가 볼 때 훨씬 생산적입니다. 신체를 확장하려고 사물을 사용하는 능력이 사실상 수백만 년 동안 다양한 형태로 발달했다는 사실을 깨달을 때는 경이로운 마음마저 듭니다. 우리는 그런 반복의 산물입니다.

동물 인지 연구는 안도감을 주는 부분이 있습니다. 인간이 우주에서 내적 감정생활을 가진 유일한 종인 것보다는, 사라진 친구를 위해 눈물을 흘릴 줄 아는 능력을 수백만 년 전에 유전적으로 분화된 다른 친척 종과 공유하고 있는 게 나으니까요. 우리는 이런 지식 덕분에 동물은 자극에 반응하는 기계에 불과하다고 생각할 때보다 덜 외로워졌습니다. 이 점에서 인간이 외계 생물학자들의 관심을 받을 수도 있겠네요. 갈라파고스 군도의 여러 섬에 사는 방울새를 비교한 다윈처럼 그들도 인간의 여러 특성을 관찰하고 생물계의 다른 유기체와 혈연관계가 어떻게 되는지 연구할 수 있겠지요.

다시 벌거숭이두더지쥐로 돌아가봅시다(아니면 우스꽝스럽고 못생긴 다른 어떤 종도 괜찮습니다[13]). 이 귀여운 포유류는 우리로 하여금 '벌거숭이두더지쥐 실험'이라고 할 수 있는 질문을 통해 인간만의 특별함을 좀 더 견실하게 생각해보도록 도와줍니다. 지구상 생태계에 가득한 다른 유기체들보다 인간이 상위에 있는 것으로 보이게 하는 생물학적 특성이 나타나면 이렇게 질문해봅시다. "이 특성이 고통과 암, 산소 부족에 면역이 되어 있고 사회를 꾸려 방언을 쓰며 살면서 여왕의 지배를 받는 못생긴 쥐보다 호모사피엔스를 특별하게 만들어줄까?"라고요. 답이 "아니요"라면 인간의 이 특성이 인간의 우월함을 입증한다고 보기에 근거가 부족합니다.

그렇지만 인간의 독특함을 축소해서도 안 됩니다. 물론 인간은 코끼리처럼 땅의 진동으로 소통할 수 있도록 다리에 지방 덩어리가 있지도 않고, 흰동가리처럼 지배적인 암컷이 죽으면 성별을 바꿀 수 있는 능력도 없으며, 꿀먹이오소리처럼 방어용으로 까뒤집어 악취를 풍기는 항문낭도 없습니다.[14] 그러나 우리도 언급할 만한 다른 생물학적 특성이 많습니다. 그것들은 우리의 과거 진화 과정에 관해 많은 것을 이야기해주니까요.

이어지는 장들에서는 인간이 어떤 점에서 진화 메커니즘의 우수한 사

---

13 아주 못생길수록 좋습니다.

14 이 모든 사례는 완전히 입증되었습니다. 진지한 과학이에요. 농담이 아니에요.

례가 되는지, 왜 인간이 지금도 여전히 진화 중인지, 왜 흔히 말하는 것보다 덜 매력적인 생물학적 특성이 있는지 살펴보겠습니다.

# 11장

# 당신은 그저 인간일 뿐인가요?

◆

진화의 시간 규모★에서 봤을때 그리 멀지 않은 시간에 사람속에 속하는 여러 종이 동시에 지구를 거닐고 있었습니다.

★ 솔직히 말하자면, 진화는 여러 가지 시간 단위로 가늠됩니다. 미생물에게 중요한 변화는 몇 시간이나 며칠 만에 이뤄지고 고생물학자의 눈에 조금이라도 흥미로운 일은 수십만 년에서 수백만 년을 기다려야 하기도 합니다. 여기서는 영장류의 진화 시간 단위를 기준으로 삼았습니다.

정확한 숫자에 관해서는 합의가 이뤄지지 않았지만, 10종 미만의 다른 종의 '인간'[1] 이 30만 년 전부터 5만 년 전까지 공존했던 것 같습니다.

네안데르탈인*Homo neanderthalensis*은 유라시아를 누비고 다녔고, 데니소바인은 시베리아에서 티베트에 걸친 아시아에서 살았고, 호모로데시엔시스*Homo rhodesiensis*는 중앙아프리카(현재의 잠비아, 과거의 북로디지아)에서 살았습니다. 호모날레디*Homo naledi*는 남아프리카에 살았고, 호모루소넨시스*Homo luzonensis*는 필리핀에, 호모플로레시엔시스*Homo floresiensis*는 인도네시아에, 붉은사슴동굴인(분명 그들이 먹은 동물 이름이겠지요)[2]은 중국 윈난성에 거주했습니다. 호모에렉투스*Homo erectus*는 현재 인도네시아 지방을 거닐었고요. 그리고 물론 호모사피엔스*Homo sapiens*도 약 30만 년 전에 아프리카에 첫발을 내디뎠습니다. 수만 년이 지난 후에는 이 목록 중에 유일하게 살아남은 인간이 되었지요.

## 멸종을 위한 진혼곡

고인류학에서 종종 그렇듯이, 이 숫자는 끝없는 논란과 재점검의 대상이 되고 있습니다. 어떤 인류학자들은 가령 붉은사슴동굴인이나 데니소바인은 아종에 가깝다고 여기지만, 그들을 어떻게 분류하든 그들이 우리 조상과 수천 년에 걸쳐 같이 살았고 이제는 더는 존재하지 않는다는

---

1 사람속에 속하는 모든 종을 '인간'이라고 하겠습니다.

2 조악한 판타지 소설에나 나올 법한 이야기이지만, 분명 사실입니다.

흥미로운 사실은 변하지 않습니다. 손가락뼈(데니소바인)와 두개골 조각(붉은사슴동굴인), 척골(호모루소넨시스)이 발견되었으니 더 논의할 필요도 없습니다. 무슨 일이 일어났던 것일까요? 살인, 성교, 드라마, 심지어 우리 종의 정체성에 관한 철학적인 물음까지 이어집니다. 재미있는 공상과학 스릴러의 모든 요소가 여기 있네요.

수백만 년을 살아남은 유인원 여러 종이 10만 년 전부터 1만 년 전 사이에 빠르게 멸종되어 화석으로 남았습니다. 거대한 배틀 로열이 있었던 것 같은 상황은 연구자들의 호기심을 자극했습니다. 운석이 떨어지지도 않았고, 닌자 랩터[3]가 침입한 것도 아니고, 극한의 빙하기도 이렇게 짧은 시간에 일어난 멸종을 설명하기에 적절하지 않았습니다. 가장 무미건조하지만 설득력 있는 가설은 무엇일까요? 바로 다른 종, 살아 있는 생명을 절멸시키는 능력이 뛰어난 종이 멸종을 유발했다는 것입니다. 그 '다른 종'은 바로 우리이고요.

## "왜 나는 '파이널 보스'의 음악을 들을까?"

사실 인간은 유기체를 사멸시키는 데에 유용한 엄청난 능력이 있습니다. 소총과 살충제, 하이브리드 자동차 등을 발명하기 훨씬 이전에도 사람종은 다른 동물의 멸종을 초래했습니다. 지금 호주로 불리는 곳에 처음 인간이 도착하자마자 현지 거대 동물들은 사라졌습니다. 틸라콜레오(유

3 증거가 없다고 부재가 증명되는 것은 아니니까, 꿈을 꾸는 건 자유잖아요.

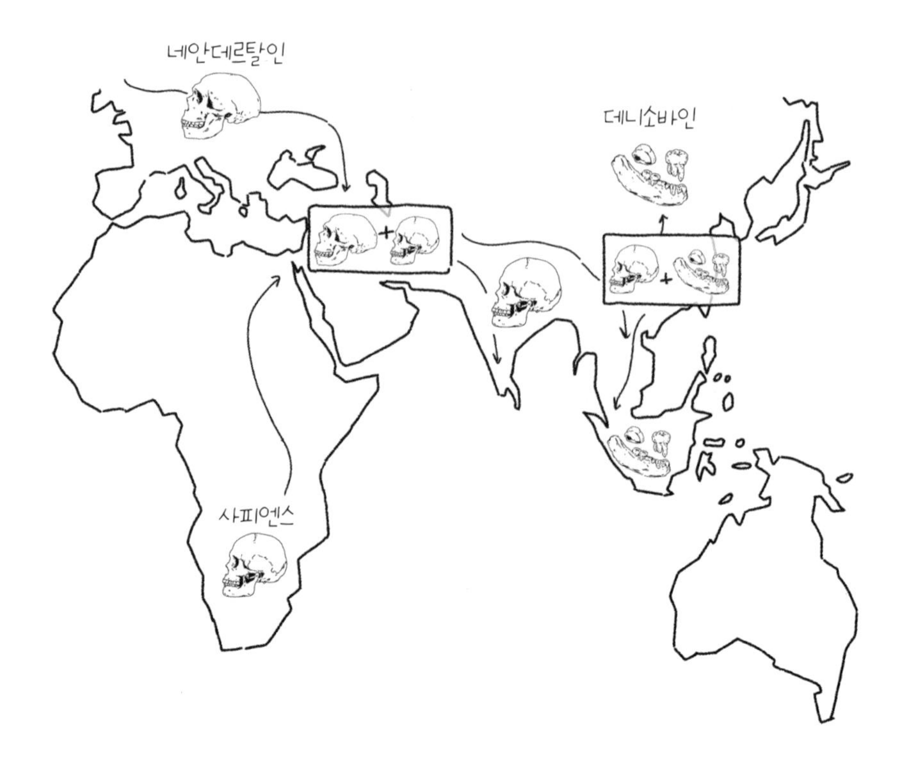


대류 사자), 거대 캥거루, 디프로토돈[4], 다른 독특한 생명체들이 삭별을 고했습니다. 이들이 멸종된 이유는 사냥이나 관목 숲의 화재였을 것이고, 이 불은 이 대륙에 최근 상륙한 수렵채집자 인간이 퍼뜨렸을 것입니다.

이 주제는 호주에서 여전히 뜨거운 논쟁거리입니다. 원주민에게 책임을 묻는 일이기 때문입니다. 그러나 안심하세요. 이런 현상은 호모사피엔스가 도착한 세계 각지에서 일어났습니다. 매번 관찰된 바는 동일합니

---

4 디프로토돈은 지금까지 존재했던 유대류 중 가장 컸습니다. 무게가 약 2톤이 넘었고 하마 크기의 웜뱃을 닮았습니다.

다. 거대한 척추동물들이 어떤 곳에서 수백만 년 동안 살고 있었는데 사피엔스가 주위에 살게 되자마자 급속도로 사라졌습니다. 갑작스러운 멸종을 야기할 만한 특별한 기후 변화도 없었으므로 모든 의심의 눈초리는 무기를 든 우리 선조 사냥꾼에게 돌아오는 것이지요.

## 송아지도, 암소도, 돼지도, 팔라이올록소돈도, 톡소돈(활이빨)도, 모아도, 글립토돈도 안녕

아직도 더 많은 예가 필요하신가요? 3만 년 전에 일본에서 후피 동물(매머드속과 팔라이올록소돈속)과 거대 사슴[5]이 사라졌습니다. 북아메리카에서는 포유동물 35속이 사라졌는데, 그들은 각각 또 여러 종으로 구성되었지요. 그곳의 글립토돈(아르마딜로의 거대한 사촌), 거대 나무늘보, 검치호랑이는 1억6,000년 전에 멸종될 때까지 사냥당했습니다. 이 현상은 인간이 발을 내디딘 남아메리카(톡소돈[6] 안녕), 마다가스카르(여우원숭이 안녕), 뉴질랜드(모아 안녕), 카리브해(만나서 반가웠어, 섬나라에 사는 거대나무늘보야), 폴리네시아(인간이 등장하고 조류 2,000종이 사라졌습니다) 등 모든 곳에서 동시에 일어났습니다. 갓 세계화된 새로운 슈퍼 포식자의 살인 능력이 미치지 않는 곳은 어디에도 없었습니다.

모두 200종에 가까운 포유류가 이 시기에 소멸했고, 이 포유류에 기

---

**5** 시노메가케로스(*Sinomegaceros*)속 중에 파키오스테우스(*Pachyosteus*)종에게는 멋진 뿔이 있었습니다. 뼈로 된 꽃으로 봐도 될 만큼요!

**6** 외관은 하마를 닮았지만 계통 발생적으로는 먼 관계입니다. 남제류의 마지막 동물입니다.

대어 사는 다른 유기체도 마찬가지입니다. 이 당시 소멸을 '제4기 멸종'이라고 합니다. 기후나 전염병, 인간과 함께 등장한 종(쥐, 개) 등의 요인이 복합적으로 작용해 이런 결과를 초래했다고 설명하는 과학자도 있습니다만, 거대 동물에 대한 블리츠크리크[7] 가설을 뒷받침하는 자료가 있습니다. 지구상 수많은 고고학 발굴 지역에서 큰 동물을 도살·해체·가공하고 선택적으로 학살한 흔적이 발견되어 과하게 뛰어난 사냥꾼의 업적을 비난하고 있거든요.

그런 점에서 아프리카는 예외입니다. 이곳의 거대 동물들은 구석기 시대 우리 친척으로부터 상대적으로 잘 살아남았거든요. 인간과 수십만 년 동안 공진화하면서 이들 동물에게 좀 더 효과적으로 방어하는 수단이 생긴 걸까요, 아니면 더 빨리 뛰는 법을 배운 걸까요?

7 블리츠크리크(blitzkrieg)라는 용어는 과학 참고 문헌에서 사용됩니다! 좀 더 명확하게 '과잉 살상'이라고도 이해하면 됩니다.

## 사촌의 최후를 부른 컷[8] 사인

우리가 최상위 포식자여서 다른 사람종이 멸종한 걸까요? 이유는 아직 불분명하고 여러 가지 실마리가 제시되었습니다. 우리는 복잡하고 추상적인 사고를 소통할 수 있습니다. 그래서 협동을 기반으로 한 사냥 기술을 고안하는 장점이 있을 수 있겠지요. 우리는 우리 사촌보다 생태학적으로 더 경쟁력이 있어서 그들이 차지했던 생태적 지위를 점차 차지했을 수 있습니다. 기술적으로 더 발달한 무기를 가지고 있었을 수도 있고요. 우리의 병원균이 그들을 몰살시켰을 수도 있습니다.

네안데르탈인의 멸종이 가장 제대로 연구된 것으로 보입니다. 여러 이유가 있지요. 유적이 많고 상대적으로 멀지 않은 과거(기원전 37000년경)에 멸종했으며 고인류학 연구소 대부분이 모인 유럽에서 살았거든요. 이 점에 있어서도 가설이 있습니다. 어떤 연구자들은 이들의 멸종이 부분적으로 이탈리아 화산의 폭발 때문일 것이라고 봅니다. 사실 나폴리 근처 캄파니아 화산호의 대폭발이 우리 사촌의 멸종과 시기가 일치합니다. 화산의 과분출이 기후를 냉각시키고 사촌들이 의존하던 자원을 망가뜨렸을 수 있습니다. 그렇지만 상관관계가 인과 관계는 아니니까 화산 폭발의 환경적 결과가 네안데르탈인에게 영향을 줬다고 확신하긴 어렵습니다. 지나간 시대에 관해 이야기할 때 확실한 점은 한 가지 가설을 사실로 확신하는 것보다 여러 가지 가설을 떠올리는 편이 훨씬 쉽다는 것입니다. 다른 사람종의 멸종에 관해 단정적으로 말할 수 있으려면 고생물

---

**8** 컷(cut) : 영화 촬영에서, 촬영을 멈추거나 멈추라는 뜻으로 하는 말.

학 분야에서 새로운 사실이 발견되어야 합니다.

그런데 지금으로서는 다른 가설보다 월등히 지식의 폭을 넓혀주지는 않지만, 특히 흥미로운 가설이 있습니다. 다소 근원적인 질문을 곱씹게 만들기 때문입니다. 그 질문은 바로 "인류는 무엇을 지칭할까?"입니다.

## 사랑하니까 사라지다

제가 간략하게 정리한 가설을 들려드릴게요. 기원전 40000년경, 기온이 크게 하강하고 마지막 최대 빙하기에 접어들며 빙모[9]가 더없이 확대되었습니다. 네안데르탈인과 호모사피엔스가 사는 지역은 이런 변화에 적응하며 서로 겹치게 되었습니다. 그들은 만났습니다. 서로를 존중했고 함께 아이를 낳았지요. 네안데르탈인보다 사피엔스의 인구가 더 많았기 때문에 후자의 유전자가 전자를 잠식했습니다.

정리하자면 네안데르탈인은 자기들보다 숫자가 많은 종과 생식하는 무해한 행동을 통해 점진적으로 희석되어 사라졌습니다. 교배를 통한 멸종입니다. 이 현상은 보존 분야에서 잘 알려져 있습니다. 현지 종과 친척뻘인 새로운 종이 침입했을 때 두 종이 함께 재생산을 하면 원래 있던 종이 위험에 처할 수 있습니다. 가령 사람이 길들인 연어(대서양연어 *Salmo salar*)가 양식장에서 도망쳐 노르웨이의 야생 연어와 교미했습니다. 생물학적 경고에 따르면, 두 종 사이의 교배종은 야생 환경에 적응이 덜 된 상태라 원래 개체군의 수에 영향을 미칩니다.

---

9 [역자 주] 빙모(氷帽) : 산 정상이나 고원을 덮은 돔 모양의 영구 빙설.

느리고 주목을 끌지 않지만 돌이킬 수 없는 과정을 통해 세상에서 사라지는 '유순'한 이 방식은 네안데르탈인의 최후에 관해 확보한 자료와도 맞아떨어집니다. 2019년 연구에 따르면 사실 네안데르탈인 젊은 여성의 출산율이 아주 조금 떨어졌는데도(약 4%) 수천 년간 살아온 종족이 멸망했습니다. 그런데 출산율 감소가 우리 조상과 이종 교배를 했기 때문일까요?

여전히 수수께끼인 이 질문은 진지한 가설로만 제시될 수 있을 뿐입니다. 왜냐하면 엄청 놀라운 사실이 알려졌기 때문입니다. 실제로 우리 조상은 네안데르탈인이 아닌 다른 사람속 종들과도 아이를 낳았습니다!

이 놀라운 발견은 최근 인간 진화의 역사(선사 시대) 중 상당 부분을 다시 쓰게 만들었고, 이것에 대해 이제 제가 말씀드릴 겁니다. 고인류학은 매우 빠르게 진화하는 분야라서 이 장의 정보는 빠르게 시대에 뒤처질 수 있습니다. 어쨌든 현재 지식 수준에서 인간의 역사를 알려드리겠습니다. 연도 계산을 흥미로워하시면 좋겠네요. 이제 수십만 년에 걸친 인간과 친척들의 진화 연대기를 짚어볼 테니까요!

## 우리의 선조, 아프리카인

첫 번째 사피엔스가 존재하기 이전에 다른 호모속의 종들은 이동하며 살았습니다. 대략 180만 년 전, 그들은 아프리카를 벗어나 유라시아를 탐험했고 스페인에서 인도네시아까지 갔습니다. 수십만 년이 지나고 호모하이델베르겐시스*Homo heidelbergensis*는 그들의 흔적을 따라갔고, 이 종은 네안데르탈인과 데니소바인의 선조가 되었습니다. 사람속은 지구상 도처에서 살았습니다. 먼 친척뻘 종들이 북극 지역부터 열대 지방까지에 걸쳐 즐겁게 지냈습니다. 첫 번째 사피엔스가 등장한 시점의 상황입니다.[10]

우리가 사람종의 대표라고 망설임 없이 확신할 수 있는 첫 번째 개체는 아프리카의 뿔 지방(지금의 에티오피아)에 살았습니다. 몇 년 전까지만 해도 흔히 받아들여진 모델은 인간들이 약 6만 년 전에 동아프리카를 떠났다는 것입니다. 이들 인간은 다른 대륙들을 (거의) 다 정복했습니

10 이렇게 말하면 호모사피엔스가 어느 날 갑자기 '뿅' 하고 나타난 것으로 보입니다. 그렇지만 우리 선조인 호모하이델베르겐시스로부터 느리고 점진적인 변화를 통해 등장했고, 이쪽인지 저쪽인지 구분하기 어려운 중간 단계를 거쳤습니다.

다. 아라비아 해안과 인도 해안을 따라가 먼저 오세아니아에 정착한 다음 다시 북으로 올라가 베링 해협에 이르러 약 1억5,000년 전에는 미국에 발을 디뎠습니다. 간단하고 효과적이면서도 주목할 만한 시나리오지만, 다른 사실이 밝혀졌습니다.

## 우리의 조부모의 조부모의 …… 조부모의 초상

인간의 기원에 관한 이 관점은 최근 10여 년간 이뤄진 수많은 발견으로 뒤집혔습니다. 우선, 첫 번째 사피엔스가 유라시아를 탐험하기 전에 아프리카의 여러 곳으로 이주했습니다. 호모사피엔스 개체군이 하나가 아니라 여럿이 아프리카 대륙 여기저기에 살았던 것 같습니다. 모로코와 남아프리카에서 화석이 발견되었고, 아프리카 남부의 건조한 지역에 사는 코이산khoisan족의 수렵채집꾼이 약 25만 년 전에 나머지 사람종에서 유전적으로 분리된 개체군의 후손이라는 점이 드러났습니다. 당시에 호모사피엔스는 아프리카 대륙 상당 지역에 분포되어 있었던 것입니다! 또 다른 사실은 아프리카에서 벗어난 시점이 우리가 이전에 생각하던 것보다 훨씬 빨랐다는 점입니다. 이미 약 20만 년 전에 그리스에 살던 사피엔스[11]의 흔적을 찾았고, 13만 년 전에는 아프리카를 벗어나는 첫 번째 흐름이 있었습니다. 다시 말하자면 사피엔스는 이전 시나리오보다 7만 년

11 2019년 출간된 연구서에 따르면 그리스 남부 아피디마 동굴에서 찾은 화석은 호모사피엔스의 것이라고 합니다. 그렇지만 치열한 논쟁이 벌어지고 있는데, 다른 저자들은 이 두개골 조각이 말기 호모에렉투스의 것이라고 보기도 하기 때문입니다.

전에 아프리카를 떠난 것이지요!

생각보다 빨리 아프리카를 떠난 것은 예외적인 기후 조건 때문이었을 것입니다. 혹독한 가뭄이 이어지면서 인간들이 맞은편 대륙으로 먹을 만한 풀을 찾아 떠난 것이지요. 사실 사람종은 약 10만 년 전에 아라비아 반도에서부터 중국까지 살고 있었습니다. 반면 처음으로 아프리카를 떠난 개체군에게 무슨 일이 생겼는지는 여전히 수수께끼입니다. 그들은 현재 인류의 게놈에 흔적을 남기지 않은 것 같은데, 이것이 현재 기술에 허점이 있는 탓인지조차 가늠하기 어렵기 때문입니다.

어쨌든 아프리카에서 유라시아를 향한 마지막 이주 물결은 약 6만 년 전에 일어났습니다.[12] 이로써 현재 아프리카인이 아닌 사람 대다수가 생겼고, 이후로 앞서 설명한 시나리오에 가깝게 일이 진행됩니다. 아라비아 반도로 건너간 인간 집단은 서쪽으로 유럽까지 가는 부류와, 인도양을 따라가다가 베링 해협까지 거슬러 올라가는 부류로 나뉩니다. 이런 움직임은 수만 년에 걸쳐 진행되었고 긴 여정 속에 서로 유전적으로 다른 개체군을 남기게 되었습니다.

## 구석기 시대 론리플레닛

여러 세대에 걸쳐 이뤄진 이 멋진 이주를 잠깐 상상해보세요. 인간 집

---

12 이 연도가 오차 범위가 크다는 점과 출간물이나 사용된 방법 등에 따라 달라지기도 한다는 점을 잊지 마십시오. 여기서 중요한 것은 우리 선조가 기원전 62456년 9월 15일 목요일 유라시아에 도착했다가 아니라 대강의 시점입니다.

단은 조금씩 영역을 넓히며 선조보다 수십 킬로미터 멀리 떨어진 곳으로 이동합니다. 4만 년 전 지구는 마지막 빙하기에 돌입하고 바닷물 대부분이 빙모가 됩니다. 해수면은 지금보다 100~150미터 낮아집니다. 프랑스에서 영국까지 발에 물을 묻히지 않고[13] 가다가 곧 빙하 벽에 맞닥뜨릴지 모릅니다. 빙모는 지금보다 훨씬 아래까지 내려와 있고요. 백패킹을 하는 뚜벅이인 그들은 지금은 배를 타고 가야 하는 곳을 걸어서 갈 수 있었습니다. 예를 들어 보르네오섬, 자바섬, 수마트라섬은 당시에 순다 대륙으로 하나였고, 아시아에서 아메리카로 건너가는 일은 베링 육교를 통해 가능했습니다. 이따금 더 멀리 탐험을 떠나려면 물을 건너야 할 때도 있었습니다. 순다 대륙에서 현재 호주로 가려면 바다를 건너야 했는데, 이때도 뗏목이면 충분했습니다.

아프리카 밖으로 퍼져 나간 연대기는 상상하기 어렵습니다. 아프리카의 뿔에서 베링 해협까지 이어진 유라시아 횡단은 45,000년에 걸친 서사시였습니다! 또 구석기 시대의 이주가 언제 끝났는지 정확히 파악하기도 어렵습니다. 인간들은 아주 외진 곳까지 조금씩 찾아 들어가면서 끝없이 분포 지역을 확대했기 때문입니다. 대앤틸리스 제도(쿠바, 히스파니올라)에는 기원전 4000년경 사람이 거주했고, 그린란드의 첫 번째 주민은 기원전 2500년에 도착했으며, 마지막으로 라파누이(이스터섬)는 기원후 1200년, 아프리카를 마지막으로 벗어난 지 6만 년이 지나서 탐사되었습니다.

---

**13** 혹은 거의 그럴 수 있었습니다. 당시 영불 해협은 강이었거든요!

일련의 영역 확장 물결과 이로써 벌어진 사건, 이국적인 동물과의 대립, 새로운 영토의 발견, 슈퍼 화산의 폭발[14], 물론 로맨스와 섹스, 엄청난 섹스 등은 할리우드 각본가들에게 이상적인 소재가 됩니다.

## 당신은 교배종입니다

앞서 언급한 것처럼 구석기 시대는 다른 사람종과의 만남이 잦은 시기였습니다. 우리 조상은 태평하게 네안데르탈인, 데니소바인, 그 외 알려지지 않은 다른 사람속과 유전자를 섞었고 현재 인간의 게놈에는 연이은 이종 교배의 흔적이 남아 있습니다. 이런 접촉은 일회성이 아니라 빈번하게 지속적으로 일어났고 우리 종의 특성이 되었습니다. 바로 인간은 교배종이라는 것이지요.

어떻게 그 사실을 알게 되었는지 살펴봅시다. 모든 일은 2010년 네안데르탈인 세 명의 유해로 DNA 염기 서열을 분석하면서 시작됩니다. 몇 년 전부터 손상된 과거 DNA 조각을 회수해 재건하는 기술이 개신되고 비용도 저렴해졌습니다. 이 방법의 믿을 수 없는 효율성을 입증하듯 과학자들은 약 100만 년 전에 시베리아에서 죽은 매머드 DNA의 염기 서열을 분석해냈습니다! 매머드 사체는 영구 동토층에 보존되어 있었고 연약한 이중 나선 구조는 매머드의 뼛속에 고이 남아 있었습니다.

---

14 토바 화산은 75,000년 전에 활성화되면서 지구 역사상 가장 큰 폭발을 일으켰습니다! 이때 대기로 방출된 재의 양은 수년간 지구 기후를 냉각시켰고 아마도 우리 선조의 삶에 영향을 미쳤을 것입니다.

다른 연구자들은 데닝거 곰(30만 년 된 유해)[15]과 유럽에서 네안데르탈인 이전에 살던 인간과 흡사한 사람아과(40만 년 된 유해)[16]로 새로운 업적을 세웠습니다. 새로운 정보를 발견한 것입니다. 연구자들은 네안데르

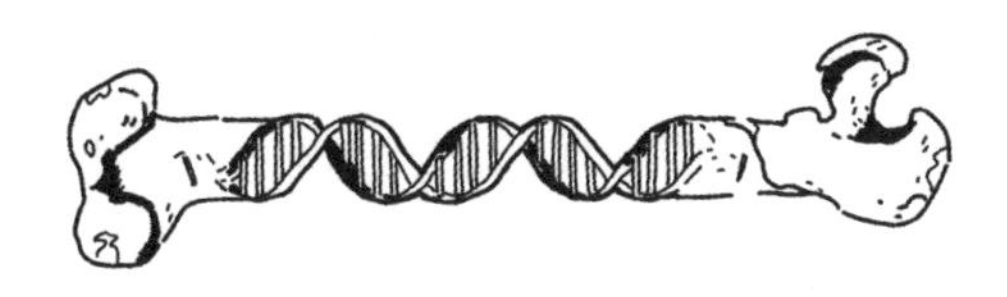

탈인의 DNA를 분석해서 그들이 현재 유라시아인과 공통된 염기 서열을 보유하고 있지만, 아프리카인 대부분과는 공통된 부분이 없다는 점을 밝혀냅니다. 이는 이 염기 서열이 네안데르탈인과 우리의 공통된 아주 먼 옛날 조상으로부터 물려받은 것이 아니라 아프리카에서 마지막으로 벗어난 이후에 유전자 교류가 있었음을 의미합니다. 유럽인들의 선조는 적어도 5,000년을 네안데르탈인과 함께 지냈습니다. 이 둘의 교배종은 전 세계를 누비며 유럽인과 아시아인을 낳았습니다.

## 우리의 게놈에 남아 있는 사라진 종들

몇 년 전부터 연구자들은 유라시아인의 게놈에서 네안데르탈인으로부

15 오늘날의 큰곰의 사촌으로 현재는 사라졌습니다.

16 사람아과에 속하는 것은 사람속의 구성원과 오스트랄로피테쿠스입니다. 우리는 현존하는 마지막 사람아과입니다.

터 물려받은 비율을 수치화하려고 노력하고 있습니다. 연구자에 따라서 유럽인들 유전자의 2~7%로 추정하고 있습니다. 이 사실은 과학계에 큰 파장을 일으켰습니다! 다른 사람종과의 이종 교배 이야기를 추가하여 인간의 역사 상당 부분을 다시 써야 했기 때문입니다. 더욱 놀라운 사실도 밝혀졌습니다. 유럽인들의 유전자보다 동아시아인들의 유전자에서 네안데르탈인으로부터 물려받은 비율이 더 높은데 이는 아시아 어디에선가 두 번째 교배가 일어났다는 점을 시사하기 때문입니다. 또 이 아시아인들에게서는 유럽인들에게서 발견되지 않은 데니소바인의 DNA가 발견되었습니다. 아시아인들은 적어도 두 종 이상으로 구성된 유전자를 보유하고 있습니다! 뉴기니에서 피지 제도에 이르는 멜라네시아 주민들은 데니소바인에게 물려받은 DNA를 6%까지 갖고 있습니다.

아프리카 주민들도 이종 교배를 경험했습니다. 아프리카 대륙의 여러 개체군의 게놈을 세밀하게 조사한 연구에 따르면 아카 피그미족과 코이산족은 적어도 유전자의 2%를 아직 밝혀지지 않는 사람아과에서 물려받았습니다. 다른 연구에서는 서아프리카인들의 일부 염기 서열에 기묘한 부분이 있는데 이를 설명할 수 있는 가장 설득력 있는 가설은 지금은 사라진 알 수 없는 종과 교배했다는 것입니다. 사하라 이남 아프리카의 기후 때문에 화석이 훼손되어 지금은 사피엔스가 아닌 친척의 유해가 남은 것이 없어서 아프리카인들의 게놈에 뿌리박힌 수수께끼와 같은 염기 서열의 DNA를 분석할 수 없습니다.

게다가 최신 연구에서 데니소바인도 네안데르탈인과 성교했고, 두 종의 공통 조상 역시 수십만 년 전 지금은 사라진 다른 사람아과와 성교했다는 점이 밝혀졌습니다. 요컨대 인간의 아주 먼 과거 계통수는 나무가 아니라 꽤 촘촘한 그물망입니다. 10만 년 전부터, 아니 수백만 년 전부터 사람속의 다양한 종은 서로 교류했고 함께 자손을 낳았고, 그 결과는 여전히 우리 유전자에 남아 있습니다.

데니소바인

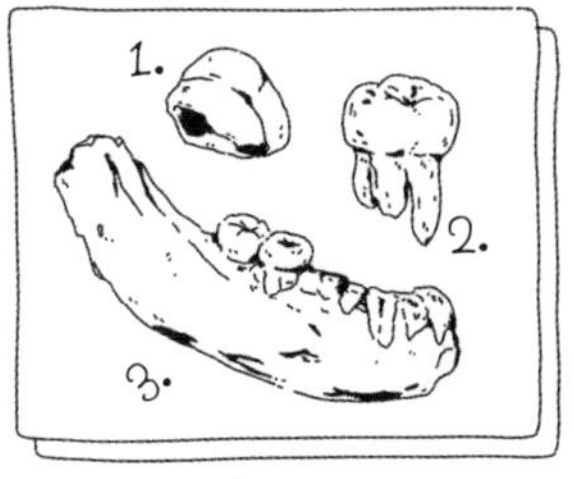


사피엔스

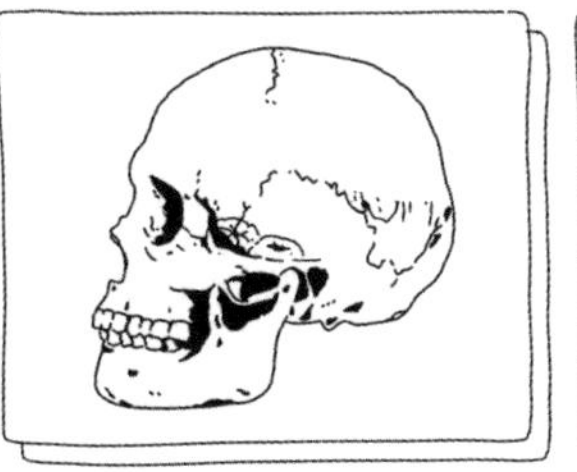

네안데르탈인

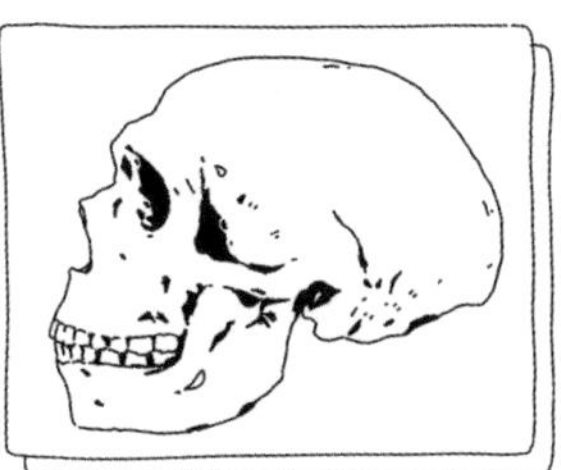

1. 새끼손가락 조각(러시아)
2. 어금니(러시아)
3. 턱뼈(중국)

이런 이종 교배의 다소 낭만적인 결과는 네안데르탈인의 DNA가 오늘날 많게는 40%까지 인류에게 보존되어 있다는 점입니다. 모든 유라시아인과 오세아니아인이 네안데르탈인의 유전자를 2~7%씩 갖고 있지만 모두 다른 염기 서열을 이루고 있습니다.[17] 인간 전체로 보면 우리는 사

17 2021년 발표된 연구 결과에 따르면 사람종 고유의 대립 유전자는 전체 게놈의 7%에 불과합니다. 그렇다면 나머지는 무엇으로 구성되었을까요? 당연히 다른 사람종에서 물려받은 유전자입니다! 반(反)직관적으로 보이는 이 결과는 인간 집단이 사라진 사람종의 DNA를 상당 부분 갖고 있고 우리 고유의 유전자는 거의 없다고 되뇌면 좀 받아들이기 쉽습니다.

라진 친척, 우리 유전자에 말 그대로 숨은 종의 유전적 기억을 보존하고 있습니다. 그런데 우리가 아마도 그들의 멸종을 초래했을 거라는 점을 상기하면 낭만이 깨집니다.

## 당신은 인간 이상의 존재입니다

그렇다면 인류는 어떤 존재일까요? 우선 우리는 진화에서 이종 교배가 미친 주요한 영향을 보여주는 완벽한 사례입니다. 두 번째로 인간의 역사는 종 자체의 개념에 의문을 제기합니다. 전통적으로 종이란 함께 아이를 낳을 수 있고, 그 아이들이 또 함께 아이를 낳을 수 있는 개체 전체로 정의됩니다. 정리하자면 종의 경계를 결정하는 것은 재생산 능력입니다.

하지만 앞서 봤듯이 경계는 성글고 이 '규칙'에 위배된 사건은 예외적인 경우가 아닙니다. 다른 장에서 봤던 것처럼, 생물계는 우리가 그것을 분할하고 분석하기 위해 마련한 유용한 사고 체계에 크게 신경 쓰지 않는 것 같습니다. 그러니까 종의 개념에 의문을 제기하거나 적어도 약간 물러서서 다시 생각해볼 필요가 있습니다.

간단히 말하자면 인간은 교배종입니다. 달리 말하면 인간은 사피엔스이지만 사피엔스만은 아니지요. 당신은 어떨지 모르겠지만, 개인적으로 저는 이 최신 사실(네안데르탈인의 염기 서열 분석이 이뤄진 지 약 10년이 되었습니다!)이 정말 믿기 어려울 만큼 놀랍습니다. 인간이 우주에서 유일한 지적인 존재인지, 함께 대화할 수 있는 다른 지적인 존재가 있는지를 알기 위해 끊임없이 노력해온 우리가 함께 이야기를 나누고 그 이상을 함께 한 다른 존재가 곁에 있었던 증거를 우리 안에, 세포 안에 묻힌

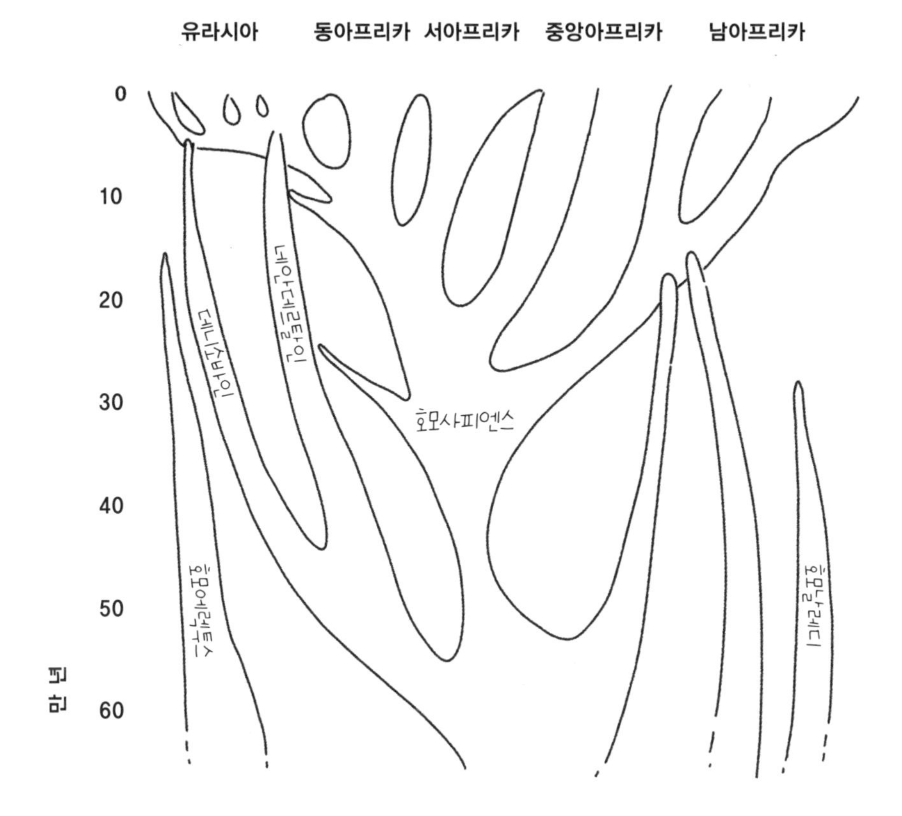


DNA에 수십만 년간 품고 있었다니요.

구석기 시대에 일어난 그들과 다른 포유류의 멸종도 많은 점을 알려줍니다. 현재 생태학적 토론에서 문명은 좀 더 '단순'한 사회, 그러니까 자연과의 관계가 원만하여 버드나무 할머니(가이아)와 숲속 동물 등과 더불어 사는 시대와 종종 비교됩니다. 최신 고고학적 발견은 숲의 이 동물들이 우리의 선조인 수렵채집꾼들의 창살에 준비가 되어 있지 않았음을 보여줍니다.

현재 우리가 직면한 생태학적 위기에 관한 논란을 단지 기술적인 문제(내연 기관, 살충제, 소총)가 아니라 인간이 이주하고 주위 자원을 활용하는 무시무시한 효율성에 집중해보면 좋을 것 같습니다. 우리가 선조보다 더 잘하려면, 아니 적어도 못하지 않으려면, 우리가 어디에서 왔고, 우리가 진정 누구이며, 어디서부터 복원할 수 있을지 고민해보는 자세가 꽤 유용할 것 같습니다.

# 12장

# 진화론을 입증하는 민족들

◆

초파리보다 진화 연구에 유용한 동물이 있다면 어떨까요? 생쥐도, 효모균도, 박테리아도, 다른 모델 유기체 모두 안녕, 잘 가. 반가워, 호모사피엔스!

# 서문 : 실험동물로서의 인간

생물학 연구자들은 실험용 쥐 때문에 머리가 복잡한 것 같습니다. 실험용 쥐는 노화나 암, 행동에 영향을 미치는 요인을 연구하거나 어떤 백신이나 의약품, 화장품의 신뢰도를 확인할 때 등 모든 종류의 실험에서 기니피그[1]로 사용됩니다. 간단히 말하자면 이 흰쥐는 우리가 인간에게 하지 않으려는 모든 실험을 겪고, 이로 얻은 과학적 결과는 인간에게도 적용될 수 있으리라 가정됩니다. 실제로 흰쥐와 사람은 포유류라는 공통점이 있고 그래서 어떤 생리학적 특성은 서로 비슷합니다. 이 원리를 근거로 수많은 치료법이 발견 및 개발되어 인간의 기대 수명을 늘리거나 안락함을 도모했습니다.

## 저는 모델 동물입니다

그렇지만 흰쥐를 통한 실험 결과를 인간에게 직접 적용하는 일이 늘 적절했던 것은 아닙니다.[2] 그래서 실험용 쥐 사용이 과학계에서 논란

1 이 동물은 돼지와 무관하고 기니 출신도 아닙니다. 남아메리카에서 왔으며 이제는 실험용으로 그렇게 많이 사용되지도 않습니다. 17세기에서 20세기 초반에 과학자들이 흔히 실험용으로 썼지만, 현재 실험실에서는 몇 퍼센트밖에 쓰이지 않습니다. [역자 주] 프랑스에서는 기니피그가 실험용으로 흔히 사용되었던 까닭에 '기니피그'라는 말이 '실험용'이라는 의미로도 사용된다.

2 특히 주목할 만한 사례는 탈리도마이드입니다. 동물 실험을 거친 이 진정제는 임신부의 구역질을 억제하려는 목적으로 시중에 판매되었습니다만, 여러 세대에 걸쳐 유산과 기형아 출산 수만 건을 유발했습니다. 이 약만 그런 것도 아닙니다. 신약인 피알루리딘이나 테랄리주맙(TGN1412)의 끔찍한 임상 실험도 동물생물학과 인간생물학

의 대상이 되었습니다. '모델 동물'은 모델이 으레 그렇듯이 실용적이지만 현실을 제대로 반영하지 못하는 대표자입니다. 출아형 효모와 애기장대*Arabidopsis thaliana*, 대장균*Escherichia coli*, 유명한 노랑초파리*Drosophila melanogaster* 등도 생물학의 여러 분야에서 특별한 질문에 답하기 위해 활용되었습니다.

그렇지만 몇 년 전부터 실험실 복도에서 이런 질문이 떠돌기 시작했습니다. 인간이 모델 유기체가 되면 어떨까요? 옷을 입은 영장류인 인간이 기본적인 생물학적 현상을 연구하기에 꽤 흥미로운 특성을 가지고 있다면요? 노벨 생리학·의학상 수상자인 시드니 브레너Sydney Brenner는 약

---

사이의 커다란 편차를 보여줍니다.

10여 년 전에 "우리는 더는 모델 유기체를 찾을 필요가 없다. 우리가 모델 유기체이기 때문이다"라고 선언했습니다. 다소 놀라운 이런 단언은 예쁜꼬마선충을 모델 유기체로 만들려고 애쓰며 경력 대부분을 보낸 과학자의 말이라는 점에서 어떤 이유가 있는지 살펴볼 필요가 있습니다.

## 억수로 많은 자료

첫 번째로 인간은 수가 많습니다. 이 장을 쓰고 있는 시점에 통계학적으로 78억 명이 살고 있습니다.

두 번째로 전 세계의 보건 시스템은 키, 몸무게, 출산률, 질병, 특히 DNA 염기 서열 등 개인에 관한 많은 정보를 수집했고 이는 분석하기 좋습니다.

2001년부터 2016년까지 인간 게놈 염기 서열 분석 비용은 1억 달러에서 200달러로 떨어졌습니다! 이렇게 급격하게 가격이 하락하게 된 이유는 비용이 훨씬 저렴하고 신속한 신기술 등장과 '재미'를 목적으로 한 염기 서열 분석 시장의 등장 때문입니다. 자기의 유전적 기원을 살피거나 유전병 발생률을 확인하고 싶으면 이제 누구나 저렴한 염기 서열 분석 서비스를 이용할 수 있습니다. '23앤드미23andme'나 '마이헤리티지MyHeritage' 같은 회사는 집에서 혼자 테스트할 수 있는 키트를 판매하고 이 결과로 얻은 자료를 해석하는 서비스를 제공합니다.

이 기술이 대중화된 결과, 현재 인간의 DNA 염기 서열 개수는 수백만 개에 달합니다. 유전자가 신체에 미치는 영향을 살피려면 표현형 정보(키, 몸무게, 질병 등)와 자료를 비교하면 됩니다. 유전적 '빅 데이터'가 가진 정보의 힘이 강력하기에 여러 국가에서 의료용 목적으로 자국민의 염기 서열 분석 프로그램을 실시했습니다. 'UK바이오뱅크UK Biobank'는 이렇게 게놈 50만 개를 축적했고, 미국의 '올 오브 어스 리서치 프로그램All of Us Research Program'처럼 유럽 주도의 '백만 게놈 이니셔티브 1+ Million Genomes Initiative'는 앞으로 수년 안에 두 배의 자료를 수집하는 게 목표입니다. 게놈 연구에 돌입한 국가 목록은 호주, 아랍에미리트, 아이슬란드, 일본, 중국 등으로 깁니다. 유전 정보의 대홍수 시대인 거지요.

이 정보는 개인의 생활 환경(식생활, 수면, 일, 가족)에 관한 정보로 보완되며, 이를 통해 DNA와 표현형은 물론 환경과의 상호 관계를 연구할 수 있습니다.

세 번째로 인간이 훌륭한 모델 유기체인 이유는 아프리카 밖의 모든 인간이 대부분 6만 년 전에 이주한 선조들의 후손이고 지구 곳곳에 퍼져 살고 있기 때문입니다.[3] 다양한 인간 집단이 다채로운 환경에 적응해야 했고 그들을 비교하면 생물이 환경에 적응하는 과정에 관심 있는 진화생물학 연구자들에게 큰 자료 창고가 됩니다.

다시 한번 짚고 갑시다. 인간은 최근의 진화를 포함하여 유기체의 진화를 연구하기에 매우 흥미로운 모델 동물입니다. 이 문장이 여전히 미심쩍은 분은 인간이 특히 '최근'에 진화의 법칙을 따랐다고 생각하지 않기 때문일 겁니다. 인간의 진화를 논할 때 인간을 되게 한 진화, 그러니까 수백만 년 전 침팬지와 인간의 공통 조상으로부터 우리를 분리시킨 진화

---

3 11장을 보세요.

를 언급하는 경향이 있는 게 사실입니다.

그렇지만 호모사피엔스에 속하는 여러 개체군은 진화가 어떻게 작용하는지 보여주는 좋은 사례이고 대부분 적어도 만 년 전에 나타난, 때로는 놀라운 생물학적 특성을 갖고 있습니다. 500세대 동안 여러 진화 메커니즘, 혹은 진화적 동력은 점진적으로, 그러나 확실하게 아프리카에서 베링 해협까지 인류에 속하는 민족을 변형시켰습니다.

여기서 잠깐.[4] 진행 중인 진화 이론을 잘 보여주는, 최근 인간에게 등장한 생물학적 특성의 목록을 들어보겠습니다(모든 훌륭한 목록과 마찬가지로 다소 지루하지만, 약속드립니다, 흥미로운 일화들이 있어요). 목록이 꽤 기니까 이 장을 두 부분으로 나누겠습니다. 두 번째 부분은 자연 선택에 할애할 거예요. 분명 독립적으로 다뤄질 가치가 있는 내용이고, 여러분도 곧 수긍하시게 될 겁니다.

4 제가 유튜버인 걸 까먹으셨다면, 이런 문구가 그걸 다시 기억나게 해주겠지요?

## 거대한 핀볼 게임기에 넣은 유전자 주머니

시간이 흐르면서 생물학적 특성을 변화시키는 것은 진화가 아니라 표현의 가소성이라는 점부터 시작해야겠습니다. 생물학자의 언어로 말하자면, '표현형 가소성'이란 환경의 변화에 따라 특성이 변화하는 것을 말합니다.

### 바에 들어간 에스키모인과 모켄moken족

무슨 의미인지 설명드리지요. 두 쌍둥이를 다른 두 가족이 키우게 합니다. 첫째는 캐나다 북쪽 누나부트에, 둘째는 서아프리카 시에라리온에 삽니다. 두 쌍둥이는 아마도 다른 교육을 받고 다른 식사를 하겠지요. 그 결과는 꽤 명확하게 드러납니다. 그 둘은 동일한 게놈을 갖고 있지만, 키도 다를 것이고 피부 톤이나 근육량도 다를 겁니다. 이것이 표현형 가소성, 즉 동일한 게놈이 다양한 환경에서 여러 가지 표현형(가시적 특성)으로 나타나는 능력입니다. 일반 사람들은 가소성을 유기체의 진화와 종종 헷갈리곤 하지요.

몇 가지 예를 들어봅시다. 모켄족은 미얀마와 태국에 맞닿은 안다만해에 있는 메르귀 제도에 사는 민족입니다. 오스트로네시아 출신인 이 민족의 문화는 전적으로 바다를 중심으로 형성되었습니다. 숨을 참고 잠수해 물고기를 잡고 해물을 채취해 먹고삽니다. 어린 나이부터 잠수해 먹거리를 가져오지요. 반복되는 잠수 덕분에 모켄족은 독특한 능력을 키웠습니다. 물속에서 아주 잘 볼 수 있는 능력입니다.

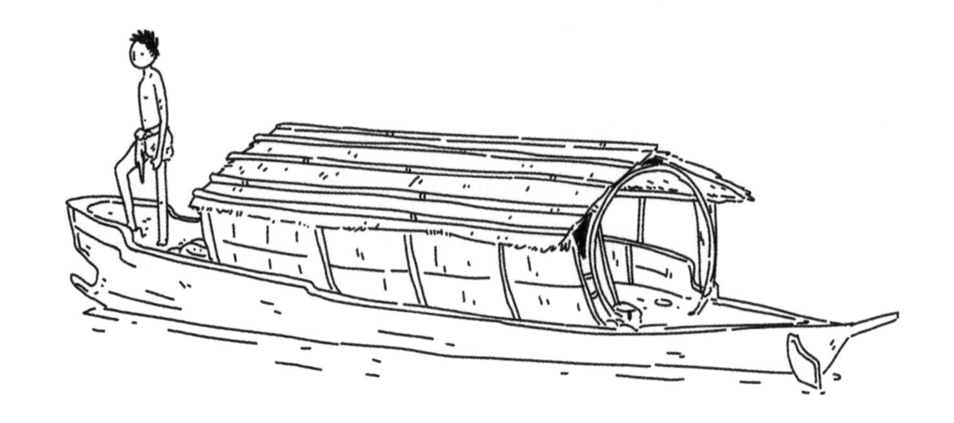

스웨덴 연구자인 안나 이슬렌Anna Gislen과 동료들이 이 놀라운 능력을 연구했습니다. 그들은 모켄족 아이들이 동공의 크기를 수축시키고 수정체를 변형시켜 수중 환경에서 뿌옇게 보이는 현상을 완화하는 데 성공했다고 밝혔습니다. 그들은 다른 논문에서 이런 성과는 살면서 배우고 익힌 것으로 어디 출신의 어떤 아이든 이 능력을 갖출 수 있다고 논증했습니다. 달리 말하자면 누나부트에서 태어난 모켄족 아이는 다른 사람과 마찬가지로 물속에서 뿌옇게 보이고, 메르귀 제도에서 성장한 에스키모인은 연습을 통해 이 능력을 획득할 수 있습니다.

## 키는 중요하지요

잘 알려진 다른 사례는 20세기 유럽인의 키가 커진 것입니다. 100년 전, 영국인 남성의 평균 키는 168센티미터였고, 현재는 178센티미터입니다. 4~5세대 만에 이런 변화가 일어난 이유를 탐구한 결과, 그 이유는 영국인이 사는 환경이 변했기 때문이라는 것이 밝혀졌습니다. 영양소가 풍부한 음식을 먹고 질병이 감소한 덕분에 아이들 키가 더 커질 수 있는 환경이 되었다는 것입니다. 특별히 유전자가 영향을 미친 것이 아니고요.

표현형 가소성은 유기체의 유전적 진화와 종종 헷갈리는데, 진화와 마찬가지로 가소성은 시간이 흐르면서 표현형을 바꾸기 때문입니다. 그렇지만 유전적 진화와 달리 가소성은 세대에서 세대로 특성이 유전되는 데에 영향을 주지 않습니다. 영국을 100년 전의 영양 상태와 위생 환경에 다시 가져다 놓는다면 영국인들은 아마도 예전의 키로 돌아갈 것입니다. 표현형만 변했기 때문에 일종의 영점 복귀가 가능한 것이지요.

유기체의 진화를 가소성과 구분하는 것은 분명 유전입니다. 진화는 맹목적인 과정으로 개체가 재생산될 때마다 차이점이 누적됩니다. 점진적인 진짜 변화는 매 라운드에서 발생합니다(매 라운드에 사람이 아이를 낳으니 물론 약간 특별한 라운드지요).

여기서 진화의 첫 번째 핵심 요인을 알 수 있습니다. 바로 DNA 분자 전달을 통한 특성의 유전입니다. 다시 말해 생명체는 복제하는 유전자 주머니입니다. 그렇지만 이것만으로 충분하지 않습니다. 부모가 자기와 동일한 DNA를 전달하고, 그 자식이 또 같은 일을 한다면 진화는 없고 우리는 모두 동일하겠지요.

진화는 세대에 걸쳐 유전자의 다양한 버전(대립 유전자)이 발현되는 빈도 변화로 드러납니다. 새로운 세대의 개체군이 이전 개체군과 유전자 구성이 동일하지 않다면, 이 개체군은 진화하고 있는 것입니다. 유전자 주머니는 일종의 핀볼 게임기 안에 들어 있습니다. 스프링과 지렛대가 주머니를 사방으로 치면서 경로를 바꿉니다. 진화의 힘은 세대별로 대립 유전자의 빈도를 바꿉니다. 우연도 이런 우연이 있을까요? 이제부터는 이 힘을 소개해보려고 합니다.

## 귀지 변이의 이점

우리의 내·외이도는 물과 박테리아, 진균류로부터 귀를 보호하는 노란색 왁스 같은 물질, 즉 귀지를 생산합니다. 이 분비물은 인간에게서 건성과 습성, 두 가지 형태로 나타납니다.

아프리카나 유럽 출신이신가요? 당신의 귀지는 아마 기름진 귀지로 눅진눅진한 꿀색이나 점성이 있는 밤색일 겁니다. 반면 아시아나 아메리카 원주민 출신이라면 건성 귀지로 반투명 회색에 가까운 얇은 조각일 것입니다. 이 특성은 두드러지지 않은 체취와도 연결됩니다. 귀지가 얇은 조각인 사람은 땀을 흘려도 냄새를 풍기지 않을 수 있습니다!

둘 사이의 차이가 궁금하신가요? 별거 없습니다. 유전자 ABCC11을 암호화하는 부분의 538 지점에서 단 하나의 뉴클레오티드가 달라지면 '건성' 귀지가 됩니다. 이 지점에 구아닌이 있으면 습성 귀지가, 아데노신이 있으면 건성 귀지가 됩니다. 생물계의 가장 큰 수수께끼를 규명해준 유전학에 감사해야겠어요.

그러니까 유전자 ABCC11은 대립 유전자가 두 개로, SNP[5]라 불리는

5 SNP는 단일 염기 다형성(single-nucleotide polymorphism)의 약자입니다. 프란시스 허스터(Francis Huster)의 표현을 빌리자면 하나의 뉴클레오티드의 다형태지요.

뉴클레오티드 하나만 다릅니다. 하나의 뉴클레오티드가 달라져 두 개의 대립 유전자를 만들고 이것이 두 가지 다른 특성으로 나타나는 교과서적인 케이스는 매우 드뭅니다. 보통은 하나의 특성은 수많은 SNP와 수많은 대립 유전자와 관련되어 있지요. 키를 예로 들어보면 수십여 개의 SNP의 표현과 연결되어 있고, 대부분의 생물학적 특성들이 그렇습니다. 그러니까 생물계에서 인간의 귀지처럼 깔끔하고 명확한 경계가 있는 경우는 드뭅니다. 그렇지만 귀지의 사례가 흥미로운 것은 변이가 개체군의 유전자에 다양성을 가져온다는 점을 보여주기 때문입니다. 유전적 변이는 다른 진화적 동력이 가해질 수 있는 근거가 됩니다.

'건성' 대립 유전자의 지리적 분포와 2011년 실시된 모의실험으로 진화의 역사를 알아냈습니다. 약 2,000세대 전, 그러니까 4만 년 전에 아프리카에서 벗어난 사람들 집단은 두 부류로 나뉘었습니다. 한 부류는 서쪽으로 길을 떠나 유럽을 정복했고, 다른 부류는 동쪽으로 여행하며 현재 아시아 사람들의 선조를 낳았습니다. 이때 유명한 SNP가 구아닌을 아데노신으로 대체하는 돌연변이로 나타났습니다. 세계에서 처음으로 건성 귀지를 가진 사람이 아이를 낳았고, 그 아이가 또 아이를 낳아 '건성' 대립 유전자를 보유한 이가 늘어났습니다. 운이 좋았지요.

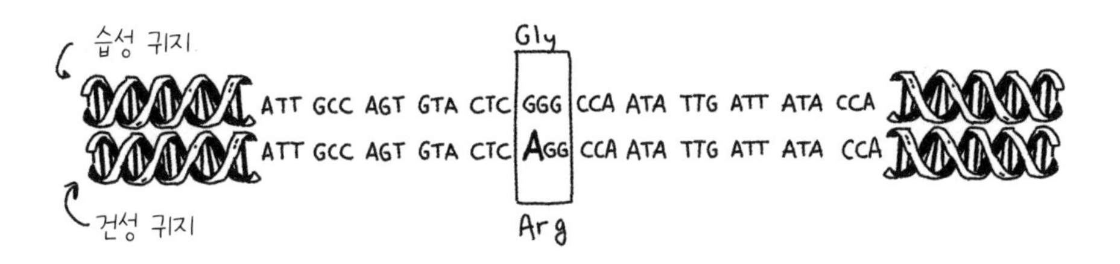

자연 선택(곧 다시 나옵니다)으로 이뤄진 이 돌연변이는 개체군으로 확대되어 현재 한국과 중국 북쪽에는 도처에 존재합니다. 이 돌연변이는 대립 유전자를 지닌 이들을 따라 함께 이주했습니다. 그 덕분에 인류학자들은 에스키모인의 귀지를 연구해 북아메리카에 사는 그들의 조상이 구석기 시대에 어떻게 움직였는지 이해할 수 있었습니다.

소화해야 할 정보가 많으니 잠깐만 쉬어 갈까요. 덜 지저분하고 좀 더 중립적인 이야기를 해봅시다. 침팬지의 정자를 인간의 난자와 인공 수정해 침팬지인간 교배종을 만들려던 인간의 이야기를 해드리지요.

## 침팬지인간 만들기 프로젝트

20세기 초반에는 산업과 과학의 도움만 있다면 모든 프로젝트가 가능해 보였습니다. 유럽 국가를 통일하고 미래의 전쟁을 막기 위해 유라프리카 초대륙을 만들려고 지중해를 간척할 수 있을까요? 지브롤터 해협과 다르다넬스 해협에 거대한 댐을 만들기만 하면 게임 끝입니다.[6] 전 인류를 먹일 수 있을까요? 새로 발명된 하버-보슈법(Haber-Bosch process)에 따라 대기 중 질소를 암모니아로 합성해 비료를 만들기만 하면 됩니다. 자연의 한계를 넘어서서 인공 수정을 통해 이종 간 교배를 할 수 있을까요? 이 분야에서 세계적인 전문가로 알려진 일리야 이바노비치 이바노프 Ilya Ivanovich Ivanov 교수에게 도움을 청하기만 하면 됩니다.

6 이는 아틀란트로파(Atlantropa) 프로젝트로, 양차 대전 사이에 진지하게 고려되었습니다.

현재 우크라이나 내 흑해 연안에서 가까운 자연 보호 구역에 자리한 과학 연구소인 아스카니아 노바 센터에서 이바노프 교수는 서로 다른 종을 교차 교배하려고 당시에 가장 정밀화된 기술을 사용했습니다. 얼룩말과 프르제발스키 말(몽고 야생말), 얼룩말과 당나귀, 소와 들소 등 그는 다른 친척 유기체의 특성을 도입해 사육용 종을 개선하려고 노력했습니다. 그렇지만 그가 유명해진 이유는 과학 실험을 (한참) 더 밀어붙여서입니다. 1927년 2월 28일, 그는 아들의 도움을 받아 기니의 카마옌 식물원에서 두 침팬지, 바베테와 시베테에게 인공 수정을 했습니다. 현지 직원들의 눈을 피해 급히 주입된 정자는 사람의 것이었습니다.

수년 전부터 이바노프 교수는 자신이 세계적으로 손꼽히는 분야인 인공 수정 기술을 한층 더 발전시키고 싶었습니다. 인간과 침팬지의 교배종이 가능할지 궁금했습니다. 그러나 이 프로젝트에는 복병이 많았습니다.

1년 전 기니의 첫 방문은 실패였습니다. 당시 성적으로 성숙한 침팬지가 한 마리도 없었기 때문입니다. 두 번째 방문은 파스퇴르 연구소 인사로부터 후원을 받고 현지 총독인 장 루이 조르주 푸아레Jean Louis Georges Poiret의 환대도 받았지만 최대한 빨리 진행해 침팬지인간 교배종을 만들고 자기 연구의 당위성을 당국에 확인시켜야 했습니다.

애석하게도[7] 인공 수정으로 아무 결과도 얻지 못했습니다. 1927년 2월부터 6월까지 세 번을 시도했지만 결과를 기대할 만한 여건이 조성되어 있지 않았습니다. 당시에 최상의 조건에서도 인공 수정 성공률은 30%에 불과했고 한 환자당 6번까지만 가능했습니다. 설상가상으로 침팬지 암컷들이 무척 비협조적이어서(놀랄 일도 아니지요) 인공 수정을 강제로 진행해야 했습니다.

이바노프 교수는 침팬지 암컷도 생리를 한다는 것을 발견하고는 방법을 바꾸기로 결심합니다. 반대로 하는 것이지요. 인간 여성에게 침팬지의 정자를 인공 수정하는 것입니다. 논리적이면서도 냉담한 그의 논리는 이러했습니다. 여성들이 훨씬 협력을 잘할 것이고 기니의 코나크리 병원 인프라는 최상의 조건에서 실험을 진행하게 해줄 테니 원하는 만큼 실험을 반복할 수 있을 거라고요.

그는 갓 죽은 동물의 고환에서 정자를 채취하는 법을 알고 있었습니다. 몇 년 전에 이미 개발한 기술이었지요. 그는 기니 여성들에게 절차

---

7 아니 사실은 '다행스럽게도'이지요.

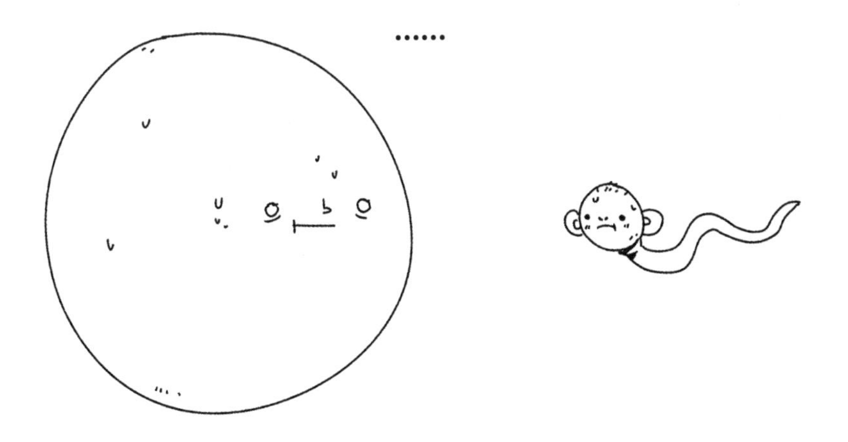

의 세부 내용은 알려주지 않은 채 그들에게 이 정자를 주입할 계획을 세웠습니다.

그는 식민지 행정 당국의 승인을 받았고(사실 승인을 받지 않더라도 행정 당국에서 크게 문제 삼지 않았을 것 같습니다만) 마침내 실험을 할 수 있는 여건이 마련된 것 같았습니다. 그렇지만 몇 주 후, 총독은 마음을 바꿨고 병원 시설 내에서 실험을 금지했습니다. 이바노프 교수는 적도 아프리카, 특히 프랑스 식민지인 우방기샤리(현재의 중앙아프리카공화국)에서 다른 선택지를 찾았지만, 이렇게 찜찜한 프로젝트를 제대로 실행하긴 어려웠습니다.

실망한 그는 실험용 영장류 10여 마리를 데리고 소련으로 돌아가 자원자 여성과 함께 실험을 재개하려고 했습니다. 그리고 실제로 레닌그라드에서 최신 과학 실험에 기여하고 싶어 하는 여성들을 찾았습니다. '타잔'이라는 이름의 오랑우탄이 급성 출혈로 사망하면 정자 기부자가 될 참이었습니다. 그러나 이바노프 교수는 스탈린 체제의 '문화 혁명'으로 인한 숙청 대상에 올라 비밀경찰에게 체포되어 알마아타(현재 카자흐스탄의 알마티)로 유배되었습니다. 그는 그 도시에서 1932년 인간과 가장 가까운 친척 종을 인간과 교배할 수 있는지를 확인하지 못한 채 죽었습니다.

## 세련된 유물

암울한 사례이기는 하지만 이 사례는 이종 교배가 진화적 동력으로 얼마나 중요한지 보여줍니다. 인간의 진화적 계보는 약 1,000만~700만 년 전에 갈라졌지만 우리는 침팬지와 여전히 단백질 생성의 주가 되는 DNA, 즉 단백질을 결합하는 DNA의 99% 이상을 공유하고 있습니다. 게다가 서로 다른 1%의 성격이 무엇인지도 정확하게 알고 있습니다. 게놈을 비교한 결과 사라진 유전자와 분화 후 수백만 년 동안 나타난 유전자를 확인할 수 있었습니다. 사실 인간과 침팬지의 염색체 구조는 거의 비슷해서 그 차이는 프르제발스키 말과 가축용 말의 염색체 차이 정도밖에 되지 않습니다. 게다가 프르제발스키 말과 가축용 말은 서로 교배해 번식했기 때문에(후손이 종종 불임이긴 하지만) 침팬지와 인간이 교배종을 낳을 수 있으리라는 가정은 그렇게 허황한 것만은 아닙니다.

인간의 진화사는 인간이 걸어온 경로에서 이종 교배가 얼마나 중요한지 보여줍니다. 10장에서 유라시아인의 조상이 수많은 다른 사람속을 만났다는 점을 확인했습니다. 네안데르탈인과 데니소바인, 밝혀지지 않은 다른 예전 사람속은 인간의 게놈을 교배종 모자이크이자 믿기지 않게 세련된 유물로 만들어 우리에게 물려줬습니다.

그러나 이종 교배의 논리가 인류의 역사보다 훨씬 오래되었다는 점이 흥미롭습니다. 침팬지의 선조와 공통된 계보에서 분화된 후에도 우리의 먼 조상은 침팬지 선조와 수백만 년간 계속해 교배했습니다. 이 놀라운 결과는 충격적인 관찰을 통해 알게 되었습니다. 두 종이 약 700만 년 전에 분리되었지만 두 종은 흐른 시간에 비해 지나치게 비슷한 게놈을 갖고 있습니다. 분화된 이후에도 유전자의 교류, 즉 이종 교배가 일어났다는 게 가장 설득력 있는 설명입니다. 다른 연구를 살펴보면 고릴라와 인간 조상의 계보에도 유사한 일이 있었습니다. 따라서 인간의 긴 계보는 음탕한 개인과 이국정서 애호가로 특징지을 수 있고, 그 역사도 꽤 오랫동안 지속되었습니다.

이종 교배로 인한 주요 영향은 세대를 거치면서 축적되어야 할 작고 수많은 돌연변이 대신 한꺼번에 수많은 유전자가 계보에 들어온 것입니다. 오랜 시간 식물 진화의 주요 동력으로 알려졌던 이 진화적 힘은 이제 동물의 진화에도 중추적인 역할을 했다는 점이 밝혀졌습니다. 북극곰과 큰곰은 홍적세 내내 서로 폭넓게 교미했고, 약 2만 년 전에는 코요테와 유라시아회색늑대가 번식해 아메리카붉은늑대가 등장했으며 유럽들소는 오로크스와 평원들소의 교배종입니다. 그리고 이런 이종 교배의 사례는 더 많습니다!

## 종의 새로운 정의를 찾아서

다시 현대 인류라는 주제로 돌아가봅시다(엉뚱하게 러시아 연구자의 실험과 침팬지 정자로 가득한 주사기 이야기로 빠지기 전의 주제로 말이죠). 현대 인류에게 사라진 친척과의 이종 교배는 수많은 중요한 유전자를 가져다주었습니다.

예를 들어 티베트인은 그들의 조상이 데니소바인과 결합한 결과 두 대립 유전자, 즉 EGLN1과 EPAS1을 물려받았습니다.

이 유전자는 고도가 높아도 편안하게 숨 쉴 수 있는 능력과 연관되어 있습니다. 그들의 생활 환경에 적응하기에 확실히 유리한 점이지요.[8] 네안데르탈인이 유라시아인에게 물려준 유전자 중 일부는 지방의 신진대사와 면역 체계, 케라틴(피부와 머리카락의 단백질) 합성, 자외선 적응, 수면, 크론병, 당뇨병, 루푸스, 최근에는 코로나19 바이러스로 인한 증상

8 놀랍게도 티베트 개들도 현지 늑대로부터 동일한 대립 유전자를 물려받았습니다. 현지 동물과 번식하는 것은 종을 막론하고 적응하기에 효과적인 전략이네요.

의 심각한 정도에 관여합니다. 이는 기나긴 목록 중 일부에 지나지 않습니다. 앞으로 몇 년이 지나면 우리가 사라진 이 친척에게 진 빚을 새롭고 상세하게 알게 될 것입니다.

아마도 이 진화적 동력[9]은 우리를 불안하게 할 것입니다. 우리의 선입견을 뒤흔들기 때문이지요. 정의에 따르면 두 종이 서로 구분되는 이유는 서로 교미하여 아이를 낳을 수 없기 때문입니다. 그런데 두 종이 형태학적으로 완전히 다른데도 교미하여 생존 가능한 아이를 낳을 수 있다면 이것은 아마도 정의가 현실을 제대로 반영하지 못하기 때문일 것입니다.

따라서 이종 교배는 종이라는 개념에 박힌 가장 큰 가시이자, 우리가 생물계의 다른 것들과 우리 자신을 지나치게 구분하려는 사고 체계를 만들었음을 깨닫게 하는 좋은 방법입니다.

그래서 몇 년 전 생물학자 리처드 도킨스Richard Dawkins는 침팬지와 인간의 교배종이 탄생하면, 인간과 동물계를 나누는 넘을 수 없는 벽이 단순히 개념에 지나지 않고, 이 벽을 세운 것은 진화생물학적 지식에 반하는 인간 중심적 본질주의임을 보여주는 좋은 방법이라고 선언했습니다. 그는 침팬지-인간 교배종이 등장하면 우리가 유인원과 크게 다르지 않음을 입증하고, 유인원과 아이를 만들 수 있다는 점은 사실상 우리가 생물학적으로 영장류의 계보에 속하면서도 매우 인위적으로 자기를 구분하려고 시도하는 방증이라고 했습니다. 그러니까 이바노프 교수가 뭔

9 진화적 동력으로서 교배의 지위는 논란이 되고 있습니다만, 사람종의 진화사에서 워낙 큰 역할을 해서 이 장에서는 그냥 넘어갈 수가 없네요.

가 알고 있었다는 것이지요.

이종 교배는 또 다른 진화적 동력, 즉 유전자 흐름[10]의 하위 범주로 볼 수 있습니다. 이종 교배의 경우에 유전자 흐름은 서로 다른 두 종에서 일어납니다. 그러나 유전자 흐름이 이종 교배에 국한되지 않고 인류 역사의 다양한 사건, 예를 들어 노예 무역에 적용되는 사례를 살펴보겠습니다.

## 끔찍한 시절의 유전적 증거

1528년 유명한 콘키스타도르(conquistador, '정복자'라는 뜻입니다) 에르난 코르테스Hernán Cortés(아스테카 제국 멸망의 원흉입니다)의 아들 마르틴 코르테스Martin Cortés는 다섯 살 때 아버지와 함께 안달루시아 항구에 도착합니다. 처음 유럽에 발을 디딘 그에게는 놀라운 일의 연속이었습니다. 그는 카를 5세 황제를 알현하고 스페인 필리페 2세의 시동이 되었고 클레멘스 7세 교황은 그의 탄생을 공식적으로 인정해줬습니다. 마르틴이 아버지 코르테스와 멕시코만 나우아족의 아메리카 원주민 여성이자 남편이 된 콘키스타도르의 개인 통역사였던 말린체 사이에서 태어난 혼혈, 누에바에스파냐[12]의 메스티소[13]였기 때문에 이런 절차가 필요했습니다.

첫 번째 혼혈로 기록된 이 일은 유럽인과 아메리카 원주민에 관한 매우 긴 목록의 시작에 불과했고, 이후 대규모 조직적인 체제가 되었습니

---

10 [역자 주] 유전자 흐름(gene flow): 한 집단에서 다른 집단으로 유전자가 이동하는 일. 집단 간 유전자를 상호 교류하여 집단의 유전적 빈도와 구조를 변화시킨다.

다. 1515년부터 1856년까지 남성과 여성, 아이들 약 1,200만 명이 아프리카에서 아메리카로 강제 이주를 당한 후 노예가 되었습니다. 그들 중 200만 명이 대서양을 건너던 중에 목숨을 잃었습니다. 이 끔찍한 시도의 역사적·문화적·윤리적 측면을 넘어서 독특한 해석을 하는 흥미로운 관점이 있는데, 바로 집단유전학자의 관점입니다.

사실 이 노예 무역은 역사상 다른 사건과 비교도 할 수 없이 많은 사람이 대거 움직인 일이자 막대한 유전자가 이동한 일이었습니다. 민족별 인구 통계가 시행되는 아메리카 국가들에서 오늘날에도 여전히 혼혈의 비율은 압도적으로 높습니다. 에콰도르(72%)와 파라과이(90%), 멕시코(80%) 등에서 주로 메스티소가 인구 대부분을 차지합니다. 역사적[13]·유전적 데이터베이스와 비교하면 인류 역사상 어두웠던 시절의 다른 측면을 확인할 수 있습니다. 예를 들어 연구자들은 노예의 후손과 현재 아프리카 거주민의 게놈을 분석해 노예 무역 배에 탔던 사람들의 출신을 정확하게 확인할 수 있었습니다. 가격이 저렴해진 맞춤형 유전자 테스트 덕분에 실험 참가자 5만 명의 DNA를 연구한 결과 노예 무역은 그 규모로

---

11 [역자 주] 누에바에스파냐(Nueva España): 스페인어로 '새로운 스페인'이라는 뜻으로, 과거 스페인의 영토 행정 단위였다. 오늘날 미국 남서부, 멕시코, 중앙아메리카(파나마 제외), 카리브해, 필리핀을 아울렀다.

12 [역자 주] 메스티소(mestizo): 라틴 아메리카의 에스파냐계 백인과 원주민의 혼혈 인종. 라틴 아메리카 인구의 약 70%를 차지한다.

13 웹사이트 www.slavevoyages.org 등에 따르면 1514~1866년에 노예 선박은 36,000번 항해했습니다.

인해 유전적 병목 현상[14]을 일으키지 않았습니다. 달리 말하자면 아메리카로 이주한 아프리카인들이 어마어마하게 많아서 그들의 원래의 다양성이 신대륙에서도 그대로 유지되었다는 뜻입니다.

유전학 덕분에 연구자들은 노예제, 특히 재생산 행위가 얼마나 광범위하게 일어났는지 밝혀냈습니다. 사실 노예 여성들은 현재 후손들의 유전자 구성에 엄청나게 기여했습니다. 노예의 60%가 남성이었는데도 말입니다. 이는 역사학자들 사이에서 잘 알려진 사실입니다. 노예 주인들은 플랜테이션 농장에서 일하는 노예 여성들을 툭하면 강간했고, 노예 남성들은 죽기 전에 아이를 낳을 기회가 전혀 없는 경우가 종종 있었습니다. 그 결과로 여성과 남성의 기여율이 17:1이라는 큰 차이가 났습니다. 라틴 아메리카에서 브랑케아멘토(branqueamento, 인종 미백)는 혼혈 여성으로 하여금 백인 남성과 재생산하게 해 국민을 '하얗게' 만들어 당시의 인종 차별적 관점에서 국가를 개선하려는 식민지 정책입니다. 이 모든 행위는 현재 살아 있는 사람들의 게놈에 영향을 주고 연구자들이 후세에 연구할 수 있는 유전자 흐름으로 나타났습니다.

14 [역자 주] 유전적 병목 현상: 질병이나 자연 재해 등으로 개체군 크기가 급격히 감소한 이후에 적은 수의 개체로부터 개체군이 다시 형성되면서 유전자 빈도와 다양성에 큰 변화가 생기게 되는 현상.

## 환초[15]와 유전적 부동[16]까지

우리는 지금 미크로네시아의 환초 섬인 핀지랩에 있습니다. 세 개 섬을 잇는 라군[17]에 햇살이 비춥니다. 한 개의 섬에만 주민 약 300여 명이 살고 있고 그들의 생활 환경은 열대 식물의 부드러운 녹색과 라군의 선명한 파란색, 모래사장의 노란색 등 화려한 색으로 넘칩니다. 하지만 아이로니컬하게도 주민들의 일부는 흑백으로 세상을 봅니다. 현지인들은 이 증상을 '불 꺼진 눈'이라는 뜻의 '마스쿤maskun'이라고 합니다. 유전 질환인 마스쿤은 망막에 원추세포가 전혀 없어서 발생합니다. 망막에 색을 지각하는 역할을 하지 못하는 간상세포만 있습니다.

마스쿤의 증상은 세상이 흑백으로 보이는 것뿐만 아니라 빛에 대한 감각은 더 예민해지고(열대 지역의 섬에 산다면 꽤 불편하겠지요) 시력은 다소 떨어집니다. 병리학적으로 색맹은 평상시 매우 드물게 나타납니다. 33,000명 중의 한 명 정도로 발생하지요. 그러나 핀지랩에서는 3,000배나 흔하고 인구의 10% 이상이 이에 해당됩니다. 그리고 이 특성의 시발점은 진화적 동력인 유전적 부동입니다.

1775년 태풍 렝키에키로 핀지랩의 인구 90%가 사망했고 이어진 기아

---

15 [역자 주] 환초(環礁): 고리 모양으로 배열된 산호초. 안쪽은 얕은 바다를 이루고 바깥쪽은 큰 바다와 닿아 있다. 주로 태평양과 인도양에 분포한다.

16 [역자 주] 유전적 부동(遺傳的浮動): 개체군 내에서 자연 선택 이외의 요인에 의해 대립 유전자의 빈도가 매 세대마다 기회에 따라 변동하는 현상. 주로 집단의 크기가 작고 격리된 집단에서 일어난다.

17 [역자 주] 라군(lagoon): 산호초 때문에 섬 둘레에 바닷물이 얕게 괸 곳.

로 남은 사람들도 많이 죽었습니다. 대재난이 일어나고 몇 주 후에 핀지랩에는 소수만이 살아남았고 현재 주민 대부분의 조상이 되었습니다. 이런 재난은 다음 세대에 전달되는 유전자를 완전히 바꿉니다. 재난에서 살아남은 사람들은 어떤 의미에서 운 좋게 '뽑힌' 것입니다. 그리고 그들이 상대적으로 희귀한 대립 유전자를 가지고 있다고 해도 그 대립 유전자는 세대가 흐르면서 과잉 출현할 수 있습니다. 바로 그 일이 이 섬에서 벌어졌습니다. 염색체에 특이한 돌연변이가 있는 사람이 소수의 생존자 중에 있었습니다. 유전적 병목 현상에서 출발해 현재의 대립 유전자가 널리 퍼졌지요. 그는 아무런 증상도 없었지만 자기의 특성을 자손에

게 물려줬고, 후에 수많은 근친혼으로 인해 색이 풍성한 섬에 사는 주민들에게 색맹이 찾아온 것이지요.

고립된 소수의 사람은 이러한 유전적 제비뽑기, 즉 '유전적 부동'에 특히 더 취약합니다. 자연재해와 같은 운명의 장난은 후손의 유전적 경로에 막대한 영향을 줄 수 있고, 이 후손들이 서로 결혼한다면 그 영향은 장기간에 걸쳐 크게 증폭됩니다. 이런 작동 원리는 핀지랩에서만 일어난 현상이 아닙니다. 인류 역사상 유전적 부동의 사례는 세계 곳곳에서 발견할 수 있습니다.

## 파란 피부의 가족

다른 사례는 미국 켄터키주에서 볼 수 있습니다. 그다지 이국적인 곳은 아니지만 이례적인 가족이 살고 있었습니다.

애팔래치아산맥에 닿은 언덕의 트러블섬 시냇가에 믿기 어려운 피부색으로 그 지역에서 유명한 푸가트Fugate 가족이 살고 있었습니다. 푸가트 가족의 피부는 파란색이었습니다. 시체의 보랏빛에 가까운 파란색이었지만, 너무 따지지 말자고요. 이 상태로도 이미 이례적인 일이니까요! 유전성 메트헤모글로빈혈증(청색증)을 가진 이 가족의 피에는 3가 철 이온($Fe^{3+}$)이 평균보다 많아서 이런 희귀한 피부색이 됐습니다.

파란 피부 가족의 기원은 19세기 초로 거슬러 올라갑니다. 이 질환에 책임이 있는 대립 유전자를 보유한 두 사람이 함께 아이를 낳았습니다. 1800년대 켄터키주는 우리 생각보다 유동 인구가 적었고 계곡을 지나는 사람들도 거의 없어서 사촌이나 이웃끼리 많이 결혼했습니다. 폴리네시

아의 사례처럼 유전적 병목 현상에서 출발해 근친혼이 누적되면서 모두 가 파란 피부인 가족이 탄생했습니다. 이 특성은 이 지역에 도로가 개선 되고 유전적 교류가 일어나면서 사라졌습니다.

브라질 칸지두 고도이의 다섯 배나 높은 쌍둥이 출산율, 발리섬 벵칼라 마을의 높은 선천적 청각 장애인 비율(이 마을 주민들은 수어에 능하다고 합니다), 브라질 아라라스 주민의 높은 색소 피부 건조증(자외선에 무척 예민해지는 질환) 비율, 도미니카공화국의 게베도세스(Guevedoces, '12세에 생겨난 남성 생식기'라는 뜻. '5알파 환원 효소'라는 효소 부족으로 여성의 외형이었다가 사춘기 때부터 성기가 나타나는 현상) 소년들도 비슷한 사례입니다.

외부와 차단된 지역에서 일어나는 진화는 그 결과를 감당하는 사람들에게 늘 좋지만은 않을 수 있습니다. 그 이유를 파악하기 위해 진화적 동력의 긴 목록 중 마지막을 장식하는 자연 선택을 살펴봅시다.

## 유익한 비만과 건성 귀지

오스트로네시아인들은 인류 역사상 위대한 업적을 달성했습니다. 시대를 통틀어 가장 큰 규모로 이주했거든요. 기원전 3000년경 대만에서 출발한 이들 민족은 당시로서는 매우 진보된 배를 이용하여 필리핀과 인도네시아까지 활동 반경을 넓혔습니다. 선체 두 개에 돛이 달린 카누인 '와아 카울루아waa' kaulua'의 초기 형태인 배를 타고 그들은 먼바다로 나가 이 지역의 많은 섬을 탐험했습니다.

그들은 거기서 멈추지 않았습니다. 그들은 세대를 거듭해 길을 떠났고 후손들은 선조보다 오스트로네시아의 범주를 조금씩 더 넓혔습니다. 물론 모든 일이 순조롭게만 이루어진 것은 아닙니다. 섬에는 수만 년 전부터 살던 원주민이 있었고, 그들은 침입자들에게 대항했습니다. 하지만 침입자들은 거침없이 길을 헤치고 나갔습니다.

게다가 기원전 1000년경, 그들은 폴리네시아에 정착했고 인도양을 건너 마다가스카르를 정복했습니다.

2,000년이 넘게 지나 기원후 1200년경 라파누이(이스터섬)에 도착하면서 영역 확장은 막을 내렸습니다. 5차 십자군 전쟁이 일어나고 칭기즈칸이 몽골 제국을 건설한 시점에, 4,000년 전부터 시작된 이주가 태평양

에서 최종 목적지를 찾은 것입니다. 믿기 어려운 이 이주의 과정은 꽤 험난했을 겁니다. 특히 긴 여행길에 수많은 사람이 목숨을 잃었습니다. 고고학적 · 유전학적 · 공중보건학적 자료를 맞춰보면 오늘날 이 사실을 알 수 있습니다.

## 진화적 이유로 인한 비만

폴리네시아섬 주민들은 대부분이 비만이라는 심각한 문제를 겪고 있습니다. 미국중앙정보국(CIA)이 2016년 발행한 '월드 팩트북World Factbook'에 따르면 비만이라는 만성 질환 출현율은 다음 표와 같습니다.

비교 차원에서 언급하자면, 프랑스의 비만율은 약 15%입니다.

| 국제 순위 | 국 가 | 비만 비율 |
|---|---|---|
| 1 | 나우루 | 61.00 |
| 2 | 쿡 제도 | 55.90 |
| 3 | 팔라우 | 55.30 |
| 4 | 마셜 제도 | 52.90 |
| 5 | 투발루 | 51.60 |
| 6 | 니우에 | 50.00 |
| 7 | 통가 | 48.20 |
| 8 | 사모아 | 47.30 |
| 9 | 키리바시 | 46,00 |
| 10 | 미크로네시아연방공화국 | 45.80 |

이 표를 보완하는 다른 자료도 있습니다. 이 지역은 심혈관 질환과 2형 당뇨병도 심각합니다. 원인은 열량이 높은 수입 가공식품에 의존한 식생활입니다. 정적인 생활 환경도 한몫합니다. 그러나 오스트로네시아인들의 진화 역사도 이들 국가의 국민 건강 상태에 영향을 주고 있습니다.

2016년《네이처Nature》지에 실린 기사에 따르면 미국 연구자들은 사모아 제도에서 유전자 CREBRF의 특수한 버전이 있다는 점을 밝혀냈습니다. 지구상 다른 곳의 개체군에서는 매우 드물게 발견되는 이 대립 유전자는 이곳에서 꽤 흔하게 보입니다. 그들은 또 이 유전자 버전이 세포 내 지방 축적을 가속화하고 에너지 소모를 줄인다는 점을 알아냈습니다. 다시 말하자면 이 유전자 버전은 '에너지 절약형' 유전자로, 사모아인들의 에너지 보존력을 높입니다. 시나리오는 이렇습니다. 오스트로네시아인들이 바다로 나섰습니다. 항해 중에 허기가 졌어요. 무척이나요. 많은 사람이 죽었습니다. 지방의 형태로 에너지를 보존하게 해주는 유전자 버전을 가진 이들이 이 고난에서 살아남았습니다. 이들은 섬에 도착해 아이를 낳아 자기가 보유한 대립 유전자를 퍼뜨렸습니다. 섬에서 섬으로 이주할 때마다 같은 일이 반복되었습니다. 대만에서 출발할 때(기원전 3000년)부터 사모아 제도에 도착할 때(약 기원전 800년)까지 이 같은 일이 여러 차례 있었습니다. 생물학자의 관점에서 이는 자연 선택이 일어난 것입니다.

'에너지 절약형' 대립 유전자는 보유자에게 번식상 이점을 부여했습니다. 살아남아서 더 많은 아이를 낳는 것이지요. 이 아이들이 성인이 되면 자손들에게 이 유전자를 물려줬고, 이런 일이 계속되었지요. 전문 용어로 '에너지 절약형' 대립 유전자가 그렇지 않은 유전자보다 높은 적응도(또는 적합도)를 부여했다고 합니다. 사모아인들은 선조들이 험난한 여행 과정에서 큰 고통을 겪었기 때문에 진화에 극도로 최적화되었습니다. 생물학자들은 자연 선택에 대응하는 과정에서 일어난 변화를 '지역 적응'이라고 설명하니까 폴리네시아인들이 자원 부족이라는 상황에 맞게 지역 적응을 했다고 할 수 있겠네요. 오늘날 이 역사적 장점은 그들의 뒤통수를 치고 있습니다. 새로운 환경에서 에너지원을 지방으로 보존하는 능력은 도를 지나쳐서 소위 '문명병'을 일으키게 했기 때문입니다.

## 적응, 하나의 예술

인간은 지역 적응 사례를 수없이 보여줬고, 유전학자들은 지금도 많은 예시를 발견하고 있습니다. 대부분은 폴리네시아인들의 에너지 효율 사례처럼 가시적이지 않고 게놈을 자세히 살펴야 발견할 수 있습니다. DNA 염기 서열을 분석하면서 연구자들은 변화가 가능한 최소 조각, 개체군에 분배된 이유가 우연이 아닌 조각을 식별합니다. 최신식 통계 모델(그리고 인공 지능의 도움 약간) 덕분에 그들은 중립적이고 무작위로 일어난 돌연변이의 소음 속에서 자연 선택의 고유한 신호를 포착할 수 있습니다. 이런 방법이 점차 섬세해지고 잘 알려지지 않은 개체군의 유전자 염기 서열을 더 많이 파악하게 되어서, 당신이 이 책을 읽는 시점에는 이 책에서 제시한 다음 목록이 크게 불완전할지도 모릅니다. 그건 좋은 소식이에요. 과학이 발전하고 있다는 의미니까요! 그래도 여전히 적응 사례를 몇 개의 카테고리로 나눠볼 수 있습니다.[18]

## 환경에 대한 대응

우선 특수한 환경에 대응해 나타난 특징이 있습니다. 고농도의 비소에 대한 내성 사례가 주목할 만합니다. 아르헨티나 고원, 고도 3,700미터에 있는 산 안토니오 데 로스 코브레스 광산 마을에서 주민들은 비소에 대한 내성을 개발했습니다. 현지 토양에 비소가 고농도로 있어서 주민들이 마시는 물을 오염시켰습니다. 과거 한 주민이 비소를 해독하는 유전자

18 이 목록을 작성하는 데에 아이다 M. 안드레스(Aida M. Andrés)와 동료들이 2020년 발표한 논문 「인간의 지역 적응의 유전학The Genomics of Human Local Adaptation」을 크게 참고했습니다.

AS3MT의 변이를 갖고 태어났을 겁니다. 그 사람은 다른 친구들보다 건강하게 지내면서 아이를 더 많이 낳았겠지요. 그리고 이 아이들도 그 장점으로 혜택을 받았을 것이고 그렇게 세대를 지나면서 이 대립 유전자가 안데스산맥 고원 지대의 주민들에게 퍼져 나갔을 것입니다.

이것보다 더 추정에 기반을 둔 사례, 야간Yaghan족의 추위에 대한 내성을 봅시다.

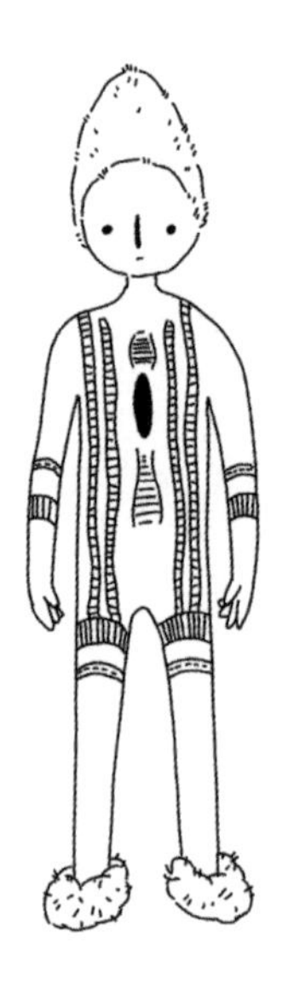

야간족은 남아메리카 최남단, 세계에서 가장 남쪽에 있는 제도인 티에라 델 푸에고('불의 땅'이라는 뜻입니다) 제도에 삽니다. 그들은 케이프혼에서 삶을 꾸려가는데, 그곳 날씨가 그렇게 좋지만은 않습니다. 다윈을 비롯한 탐험가들은 야간족이 옷을 거의 입지 않는다는 놀라운 사실에 주목했습니다. 그 대신 그들은 동물의 지방을 몸에 바르거나 지역 이름에 걸맞게 곳곳에 있는 불가에 모여 있습니다. 그렇다 해도 평균 기온이 섭씨 5도인 곳에서는 다소 추워 보입니다. 게다가 해초를 따러 종종 바닷물에도 들어가거든요.

그래서 오래전부터 야간족이 진화 과정에서 가령 매우 높은 신진대사의 산물로 추위에 대한 내성을 갖게 되었다고 추측했습니다. 야간족 대부분이 사라졌기 때문에 생물학적으로 확신할 방법은 없습니다. 유전적 선택의 결과라는 증거가 없는 상황에서 야간족의 이야기를 하는 것은 다윈 때문입니다. 그가 영국 군함 비글호를 타고 떠난 두 번째 탐험에서 야간족을 처음 만났을 때 보인 반응은 다정한 그도 시대적 영향을 받은 평범한 사람이었음을 일깨워줍니다. 그는 일기장에 "미개인과 문명인의 차이가 이렇게 크리라고 생각하지 못했다. 인간에게는 훨씬 뛰어난 개선 능력이 있기 때문에 그 차이는 야생 동물과 가축의 차이보다 더 확연하다"라고 적었습니다.

인종 차별적인 발언임은 분명하지만 야간족과의 만남은 역설적으로 그에게 직관을 꽤 창의적으로 펼치게 했습니다. 그는 야간족에 관한 탐구를 통해 약 40년 후 『인간의 유래와 성 선택』을 집필해 사람종에게 적용된 진화 이론을 발전시켰습니다. 과학계에 이 기념비적 저서가 없었더라면 이 장 전체는 존재할 수 없었을 테니, 야간족에게 감사 인사를 전해야겠습니다. 여기서 알 수 있듯이 한 민족이 멸종하면 그들이 쓰는 언어와 문화만 사라지는 것이 아니라 특수한 현지 상황에 적응해온 수천 년에 걸친 유전적 흔적도 자취를 감춥니다. 다시 말해 민족이 환경에 적응한 생물학적 증거로서 수 세기에 걸쳐 누적된 정보가 사라집니다.

산지에 거주하는 수많은 민족에게 높은 고도는 산소 부족으로 인해 꽤 뛰어넘기 어려운 장애물입니다. 이들은 각자의 역사에서 독립적인 방법으로 높은 고도에 대처했고, 흥미롭게도 이 난관에 맞서는 생물학적 방법은 곳곳에서 크게 달랐습니다. 고도에 적응하는 방법은 티베트인과 안데스인, 특히 고원에 사는 에티오피아인 등에서 독자적으로 나타났고, 이는 수렴 진화의 좋은 사례입니다. 수렴 진화는 지역 적응의 중요성을 보여줍니다. 지역에 적응하는 방법이 어떠하든 선택압은 올바른 방향으로 진행된 돌연변이를 선택합니다. 티베트인의 경우에 고도에 적응하기 쉬운 돌연변이가 나타난 유전자(EGLN1과 EPAS1)가 데니소바인과의 이종 교배에서 등장했다는 점이 더 흥미롭습니다. 그러니까 이 경우, 먼저 이종 교배가 있고 난 후에 자연 선택이 일어난 것입니다.

환경에 적응한 사례는 오늘날 널리 알려져 있습니다. 피부색은 위도에 따라 자외선 노출에 최적화되었습니다. 밝은 피부색은 UV-B를 받아 귀중한 비타민 D를 합성하기에 유리합니다. 피부 색소 형성은 아시아와 유럽에서 수렴되는 방식으로 진화했습니다. 시베리아에서 그린란드까지 주민들은 열을 내기 위해 좀 더 효율적으로 지방을 연소시키는 신진대사 덕분에 추위에 적응했습니다. 이런 사례는 다양합니다. 인간이 삶의 경계를 넓히고 이 행성을 더 멀리 탐험하는 동안 그들에게는 셀 수 없이 많은 자연 선택이 작용했습니다.

### 질병과 식생활

질병도 큰 선택압입니다. 말라리아와 트리파노소마병(수면병), 콜레라, C형 간염, 에이즈, 기타 많은 질병에 내성이 있는 유전형을 발견했습니니다! 어쩌면 크게 놀랍지 않은 적응의 결과일지 모릅니다. 말라리아만 보더라도 어린아이를 중심으로 연간 50만 명 이상의 사망자를 냅니다.[19] 그러니 이런 질병에 아주 조금이라도 내성이 생길 수 있는 돌연변이가 관련된 사람들에게 어떻게 빠르게 확산되는지도 쉽게 이해할 수 있습니다.[20]

그리고 식생활에서도 적응이 필요합니다. 성인의 유당 내성은 지역 적응 중에서 가장 많이 연구된 사례로 수천 년 전부터 단백질 공급원으로 목축업을 발달시킨 여러 민족에게서 발견됩니다. 포유류에서 유당을 소화하는 능력은 어린 시절 사라지는데, 이는 락타아제 효소가 사라지는 것으로 알 수 있습니다. 그러나 북유럽과 사하라 이남 아프리카, 중동 민족에게서 락타아제 효소는 유전자 LCT의 변이 후 보존됩니다. 더 흥미롭게도 서로 다른 민족에게서 같은 능력을 발휘하는 독자적인 여러 돌연변이가 있습니다. 고도에 관한 사례와 같이 이 수렴 진화는 신석기 시대 목축 인구에게 유당 내성이라는 특징이 얼마나 중요했을지 보여주는 훌륭한 증거입니다. 열량과 단백질 공급원인 유당은 흉작 시기에 특히 유용했을 것입니다. 게다가 과거에 우유는 물보다 오염될 확률이 낮았을 테니까요.

더 궁금하신가요? 쌀이나 곡물을 일찍부터 경작했던 민족은 기초 식량이 되는 식물의 녹말을 분해하는 침 속 효소, 아밀라아제를 생산하는

---

**19** 사망자 수는 2015년을 기준으로 세계보건기구(WHO)는 438,000명, 보건계량평가연구소(Institute for Health Metrics and Evaluation)는 662,000명으로 차이가 있습니다.

**20** 인류와 이들 질병 사이의 관계는 9장에서 다루었습니다.

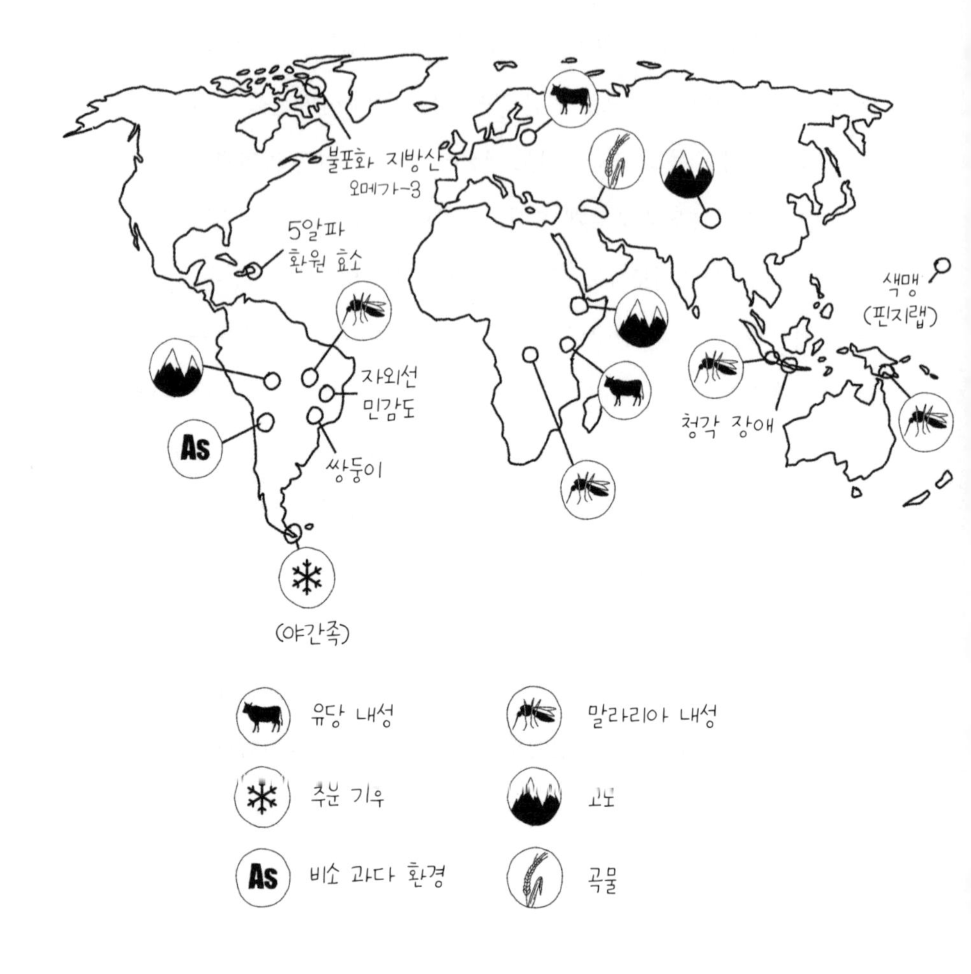


유전자 복사본을 독자적으로 획득했습니다. 에스키모인은 불포화 지방산 오메가-3가 상당히 풍부한 먹거리에 적응했습니다. 유전자 FADS의 특수한 버전을 가진 사람은 바다표범의 지방을 먹어도 혈관 문제를 일으키지 않았고 적응도도 높았습니다.

녹말, 유당, 지방과 같은 대량 영양소(우리가 에너지를 얻는 음식)에 대한 지역 적응은 점점 이해의 폭이 넓어졌다면, 미량 영양소에 관한 지역 적응은 이제 밝혀내기 시작한 단계입니다. 철, 셀레늄, 아이오딘, 칼슘, 아연 등은 인간의 생리 활동에 필요하지만, 지역에 따라서 농도가 크게 차이가 납니다. 셀레늄 부족은 건강에 해롭고 뼈와 심장 질환을 유발합니다. 그렇지만 중국 토양에는 미세한 농도밖에 없고 그래서 셀레늄을 함유한 셀레늄 단백질의 조절과 생산에 관여하는 유전자에 선택압이 크게 작용했습니다. 지구상에 있는 여러 지역의 환경에 따라 다양한 미량 영양소에도 같은 일이 반복됐습니다. 이 글을 쓰고 있는 지금도 미량 영양소에 관한 연구가 활발하게 이뤄지고 있습니다. 머지않아 지역 적응의 다른 사례가 풍부해질 것 같습니다.

### 문화의 영향

인간의 유전체는 문화에 따라서도 달라진다는 특성이 있습니다. 문화와의 공진화는 농업의 경우가 꽤 잘 알려져 있습니다. 농사를 짓는 행위가 유당 불내증이나 녹말 소화 등에 관여하는 유전자의 자연 선택 방향을 결정지었으니까요. 이런 사례는 식생활 외에서도 찾을 수 있습니다. 가장 놀라운 사례는 인도네시아와 말레이시아, 필리핀 제도에 사는 해양 노마드 바자우Bajau족입니다. 전통적으로 그들은 물속에 들어가 물고기를 잡고 해조류를 채집하여 먹고살고, 잠수 장비 없이 3분은 거뜬히 잠수하면서 하루에 5시간 이상을 물속에서 보냅니다. 이런 생활 방식은 적어도 1,000년 전부터 이어졌고 2018년 한 연구는 그들의 생리적·유전적 적응을 다루기도 했습니다.

이 연구 결과는 특히 놀라웠습니다. 바자우족은 해양 포유류에서만 발견되는 적응 기제를 갖고 있었기 때문입니다. 바자우족이 잠수를 하면 그들의 신체는 여러 방식으로 적응을 합니다. 심장 박동이 느려지고 피는 주요 기관으로 재분배되며 적혈구를 재순환시키는 비장은 수축합니다. 비장 수축은 혈류에 적혈구 수를 늘려 더 많은 산소를 공급합니다. 바다표범과 같은 포유류의 경우에 무호흡 잠수 시간은 핵심 장기인 비장의 크기에 비례합니다. 바자우족의 경우에도 잠수하지 않는 이웃 나라 사람들보다 비장이 50% 더 큽니다. 바자우족 중 무호흡 잠수를 자주 하지 않는 사람도 상대적으로 비장이 크다는 점에서 이 생물학적 특성이 유전적 원인에서 비롯됐음을 짐작할 수 있습니다(모켄족의 수중 시야 확보 능력과는 반대이지요).

이 연구를 진행한 연구자들은 이 특성이 유전적 원인에서 비롯되었음을 확실하게 하려고 몇몇 바자우족의 DNA를 분석했습니다. 그들은 독특한 대립 유전자 두 개를 발견했습니다. 더 큰 비장과 더 많은 수의 적혈구와 연관된 유전자 PDE10A 변종과, 피를 주요 기관으로 재분배하는 잠수 시 반사 행위와 관련된 유전자 BDKRB2의 돌연변이입니다. 바자우족은 조부모, 부모, 아이, 손주로 이어지며 먹거리를 채집하기 위해 잠수를 거듭했고, 강력한 선택압을 통해 다른 사람들보다 잠수를 조금 더 잘하는 돌연변이를 간직했습니다.

## 영리한 복합적 상호 작용

때때로 여러 다른 요소가 상호 작용해 하나의 특성이 등장하기도 합니다. 이를 보여주기 좋은 사례인 피부색을 다시 살펴봅시다. 검은 피부는 암을 유발하는 자외선으로부터 보호막 역할을 해 열대 지방에서 많이 볼 수 있습니다. 그러나 인간이 아프리카를 벗어나 영역을 확대하면서 이 특성은 크게 이득이 되지 않았습니다. 햇볕이 덜 강했으니까요. 그래서 우리는 오랫동안 유럽인, 아시아인, 남아프리카의 코이산족 등이 수렴 진화하면서 피부색이 밝아진 이유가 선택압이 완화되었기 때문이라고 생각했습니다.

현재 밝혀진 시나리오는 더 풍성합니다. 흰 피부는 햇빛에서 비타민D를 합성하는 능력을 개선시킵니다. 수렵채집인들은 풍부하고 다양한 먹거리 덕분에 비타민D를 충분히 섭취했고 밝은 피부는 그들에게 큰 장점이 되지 않았지요. 그래서 후기 구석기 시대의 유럽인들은 피부색이 짙은 편입니다. 반면 '밝은 피부'라는 특성은 먹거리가 영양소를 충분히 공급하지 못할 때, 그러니까 곡물이 풍부한 농업을 시작하면서 수렵과 채집으로 얻은 먹거리보다 비타민D를 적게 공급받을 때 유리해졌습니다. 흰 피부는 영양상 불균형을 완화하기 위해 유럽에서 퍼져 나갔습니다.

### 우리가 여전히 모르는 것들

어떤 특징들은 그 원인이 무엇인지 알려지지 않았고 논란의 대상이 되고 있습니다. 예를 들어 미국과 동남아시아, 아프리카의 삼림에 사는 수렵채집인들(소인 아카 피그미족 등)은 독자적으로 강한 선택압에 의해 작은 키를 갖게 되었습니다. 수많은 소인족들이 키와 관련된 유전자에 강한 선택압을 받으면서 서로 독립적으로 키가 줄었습니다. 그러나 이 선택압이 가해진 진짜 이유는 알려지지 않았습니다. 여기에는 여러 시나리오가 있습니다. 키가 작으면 열대 우림 생태계에서 드문 에너지원[21]을 절약할 수 있다든지, 숲이 울창해 자외선이 적게 비쳐서 뼈를 만드는 데 유용한 칼슘과 연관된 비타민D 합성이 제한적이라든지 말이지요. 자외선이 적어서 키가 크는 데 필요한 재료가 부족했다는 거예요!

다른 시나리오는 열대 우림 주민들이 어릴 때 죽을 위험성이 높다는 것입니다. 열대 질환, 식량 부족, 포식자 등 이유는 많지요. 이런 상황에서 되도록 재생산을 빨리한 개체가 선택되고, 재생산을 빨리하려고 신체를 키우는 것보다 성적 성숙함을 우선시했을 수 있습니다. 요컨대 다양한 가설이 있지만, 현재로서는 모두 가설에 불과합니다.

유럽의 남부와 북부 사이에서 관찰되는 키 차이도 이런 궁금증의 대상입니다. 위도에 따라 커지는 키와 관련된 여러 유전적 변종이 있는 것 같지만 이 현상을 설명하려는 논의는 여전히 계속되고 있습니다.

그리고 물론 귀지의 변종도 아직 과학적 미제입니다!

동아시아인들에게서 '건성 귀지' 변종이 선택되었다는 점은 알지만 왜 그런지는 설명하지 못합니다. 밝혀지지 않았거든요. 건성 귀지가 훨씬 덜 강한 체취와 연관성이 있으니 성 선택일 수도 있습니다. 어떤 연구자들은 유방암 출현율이 낮은 것과도 연관성이 있다고 가정하지만 아직 증거가 충분하지 않습니다. 지금으로서는 독특한 귀지를 설명할 수 있는 확

---

21 반(反)직관적일지 몰라도 열대 우림에는 다른 환경보다 인간이 먹을 수 있는 것들이 적습니다.

귀지로 만든 슈렉

실한 근거가 없습니다.

결국 인간은 진행 중인 진화 메커니즘의 다양한 사례를 제공합니다. 돌연변이, 개체군 사이 또는 종 사이의 유전자 흐름, 폐쇄된 환경에서의 유전적 부동, 환경과 식생활, 문화, 이 모든 것의 예기치 못한 상호 작용과 관련된 자연 선택……. 진화는 창의적이고 복잡하고 거대한 잡탕찌개입니다.

이런 정보를 보셨으니 이제 인간이 왜 진화를 설명하기에 훌륭한 사례인지를 이해하셨을 겁니다! 게다가 다양한 민족, 고도에 적응하기와 같은 일부 특성의 수렴 진화, 모든 유라시아인들의 공통된 기원은 진화생물학자들에게 성체[22]와 다름없습니다. 인간은 생명이 긴 종으로 수백만

22 [역자 주] 성체(聖體): 성스럽게 된 빵과 포도주를 예수의 몸과 피에 비유하여 이르는 말.

명의 개체에 관한 데이터까지 축적되어 연구하기에 완벽한 대상이지요.

그러나 반대의 목소리도 자주 들립니다. 농업이 개발된 이후에도 사람종이 유전적으로 계속 진화해왔다는 사실을 인정하기는 쉽지만, 오늘날에도 여전히 진화하고 있다는 점을 수용하기는 다소 어렵습니다. 그들은 "위생과 기술 등으로 자연 선택은 중단되지 않았을까요?"라고 반문합니다.

절대 그렇지 않다는 점을 앞으로 살펴볼 것입니다. 인간은 여전히 자연 선택과 성 선택의 영향을 받아 진화하고 있습니다!

# 13장

# 인류는 여전히 진화 중일까요?

◆

우리 종은 여전히 진화 중일까요? 과학 대중화 잡지나 인터넷 지식 검색 사이트에서 자주 등장하는 질문입니다. 이 질문에 대한 대답을 살펴보면 다양하면서도 서로 상충됩니다.

어떤 사람들은 인간의 모습이 기술의 영향을 받아 진화하리라 생각합니다. 그 모습을 상상한 시나리오도 있지요. 그래픽 아티스트 니콜라이 램Nickolay Lamm은 우리 후손이 일본 애니메이션 등장인물과 같은 눈에 넓은 이마, 구릿빛 피부를 하고 있을 것이라고 합니다. 스마트폰을 사용한 탓에 사람 손이 레고 피규어의 손과 닮은 형태가 되고 각막 위에 블루라이트를 차단하는 보호층이 생기고, 사무실에서 앉아서만 생활해 목은 거북목으로 굳어진 모습 등을 그리는 사람들도 있지요.

또 다른 사람들은 더 많은 사람이 오래 살고 아이를 낳을 수 있게 한 현대 의학의 효능이 다윈의 진화론에 반한다고 여깁니다. 많이들 알고 있는 적자생존의 원칙 말입니다. 국가 경제가 발전함과 동시에 영아 사망률은 급감하고 수 세기 전이면 성인 나이까지 살아 있지 못했을 사람들이 오늘날에는 더없이 정상적인 삶을 누리면서 자기 유전자를 전달합니다. 그런데 결함이 있는 유전자를 가진 사람을 비롯해 누구든 아이를 낳으면 더는 자연 선택설은 적용되지 않고, 자연 선택설이 적용되지 않으면 더는 진화가 이뤄지지 않는 것 아니냐는 말이지요.

이처럼 인간은 우리가 개발한 기술로 인해 생물학적 진화를 종식시킬지 모릅니다. 호모사피엔스는 항생제, 제왕 절개 수술, 신경외과 덕분에 어떤 의미에서 인류 진화 38억 년을 마무리하는 진화적 특이점이 될지 모릅니다.

믿기 어렵지만, 꽤 타당성이 있는 이야기입니다. 그렇지만 안타깝게도 두 시나리오 모두 틀렸습니다.[1]

그래도 일반인들이 이렇게 착각하는 것을 탓해서는 안 됩니다. 전문가

미래의 (저주받은) 인간

들도 때때로 이런 착각을 하니까요. 대표적으로 BBC 동물 다큐멘터리 진행자 데이비드 애튼버러David Attenborough가 떠오르네요. 그는 언젠가 이렇게 말했습니다. "인류는 신생아 중 90~95%를 키워낸 시점부터 자연 선택설에 종지부를 찍었다. 말하자면 인류는 순전히 자기 의지로 자연 선택설을 끝낸 유일한 생물종이다."[2] 어느 정도 저명한 연구자들[3]

---

1 여러분들도 이미 짐작하셨으리라 생각합니다. 그렇지 않으면 이 장은 여기서 끝났을 테니까요.

2 "We stopped natural selection as soon as we started being able to rear 90-95% of our babies that are born. We are the only species to have put a halt to natural selection, of its own free will, as it were.", 《라디오 타임스》, 2013년 9월.

3 일러바치는 것은 질색이지만 눈 밝은 독자들이 알고 있을 만한 사람들을 좀 적어볼게요. 스티븐 제이 굴드(Stephen Jay Gould), 존 투비(John Tooby), 레다 코스미데스(Leda Cosmides), 에른스트 마이어(Ernst Mayr), 애슐리 몬터규(Ashley Montagu), 루카 카발리스포르차(Luca Cavalli-Sforza), 그 외에도 제가 기억하지 못하는 많은 사람들이 있습니다.

도 현업에 있으면서 이런 류의 발언을 시도 했습니다. 이건 현대 인류의 생물학적 진화에 근본적으로 당황스러운 부분이 있다는 신호지요. 연구자들이 이렇게 대략적인 추정에 따른 의견을 내는 것을 보면요.

그렇지만 사실상 이 문제는 간단하게 해결됩니다. 모든 생물체와 마찬가지로 인간도 여전히 진화 중이고, 인류가 존재하는 한 진화는 멈추지 않을 것입니다. 이유는 간단합니다. 진화란 그렇게 작동하는 것이니까요. 정의에 따르면 진화는 유전자의 종류, 즉 대립 유전자가 세대별로 빈도를 달리하면 이뤄집니다.

우연히 누군가가 죽거나, 원래 태어난 무리를 벗어나 이주하거나, 다른 사람들보다 조금 더 많은 아이를 낳거나 하면 진화가 일어납니다. 이런 변화가 대립 유전자 빈도를 달라지게 하기 때문입니다. 이 책의 다른 장에서 살펴봤듯이(귀지에 대해 이야기 했던 12장을 기억하시지요?) 진화를 이끄는 다양하고 수많은 동력이 세대별 대립 유전자 빈도에 영향을 미치고, 영아 사망률 급감이나 의학 품질의 무한 향상은 이 과정에서 큰 힘을 발휘하지 못합니다. 이 세상에서 확신할 수 있는 일은 아무것도 없습니다. 그저 죽음과 세금(!), 그리고 진화만이 존재할 따름입니다.

그러니까 우리는 진화할 수밖에 없는 운명입니다. 그런데 웅성거리는 소리가 들립니다.[4] "그래도 자연 선택설은 기술 발전으로 중단된 것 아닌가요?"라는 질문의 답을 듣고 싶으신가봐요. 다윈이 밤새 골몰한 방울새

---

4 책을 쓴다는 것은 어렵고 고독한 일입니다. 그러니까 제가 상상을 좀 펼치더라도 이해해주세요.

의 여러 가지 부리 형태나 영장류가 엄지손가락을 다른 손가락과 마주 댈 수 있는 몸짓과 같은 생물학적 특성은 진화 과정에서 결정되고, 이 진화 과정에 방향을 제시하는 진화적 힘이 바로 자연 선택이니까요. 인류의 진화에서 자연 선택설의 입지는 그 자체로 당연히 과학적이고 타당한 질문입니다. 이제 이 장의 제목을 바꿔야겠네요.

"인류는 여전히 자연 선택설에 따라 진화 중일까요?"

한결 낫군요. 이제 좀 더 깊이 들어가보지요. 기분 전환도 할 겸 다윈이 갔던 열대 지방에서 멀리 떨어진 캐나다로 가봅시다.

2016년 한겨울에 저와 동생 콜라는 얼어붙은 눈 위를 걷고 있었습니다. 기온은 영하 10도였고 카메라 버튼 위에 올린 손가락에는 감각이 없었습니다. 우리는 생로랑강에 있는 작은 섬 릴오쿠드르에 다큐멘터리를 찍으러 갔습니다.

“트랑블레, 아르베, 뒤푸르, …….” 저는 사람들의 성을 큰 소리로 읽었습니다. 섬 한구석에 있는 공동묘지의 두껍게 쌓인 눈 위로 삐죽 솟아난 묘비에 쓰인 성들이었습니다. 우리의 관심사는 섬의 멋진 물레방아나 흰고래 사냥에 얽힌 역사가 아니라 이곳 주민들이었습니다. 좀 더 정확히 말하자면 이곳 주민들의 생물학적 진화였습니다.

1535년, 탐험가 자크 카르티에Jacques Cartier는 생로랑강 연안을 발견하고 이 길을 따라 오슐라가(지금의 몬트리올)로 향하던 중 릴오쿠드르에 도착했습니다. 이 섬에는 18세기 초가 되어서야 소수의 사람이 모여 살기 시작했습니다. 이주민들이 농장을 이루고 그 유명한 물레방아를 세웠으니 교구도 형성되었습니다. 교구가 있으면 사제가 있고, 사제가 있으면 출생, 사망, 혼인 등을 기록하는 성사 대장이 있지요.

두 세기 동안 이곳 주민 공동체는 거의 고립된 상태에서 살았고, 외부 유전자가 유입되지 않았습니다. 이 섬에 사람들이 정착한 후 얼마 되지

않는 기간 동안 살았던 모든 세대가 자기들의 계보를 찾을 수 있었습니다. 눈 덮인 묘지의 묘비에 쓰인 성이 몇 개 되지 않는 점이 보여주듯 이 섬에는 소수의 몇몇 가족만 살았습니다.

가톨릭교회는 이 기간 동안 고립된 이곳의 소규모 주민들의 삶을 매우 자세하게 기록했습니다. 이 대장이 250년이 지난 지금 인류의 진화생물학 연구자들에게 연구의 단초가 되었습니다. 어떤 의미에서는 과학계의 성체라고 할 수 있겠지요.

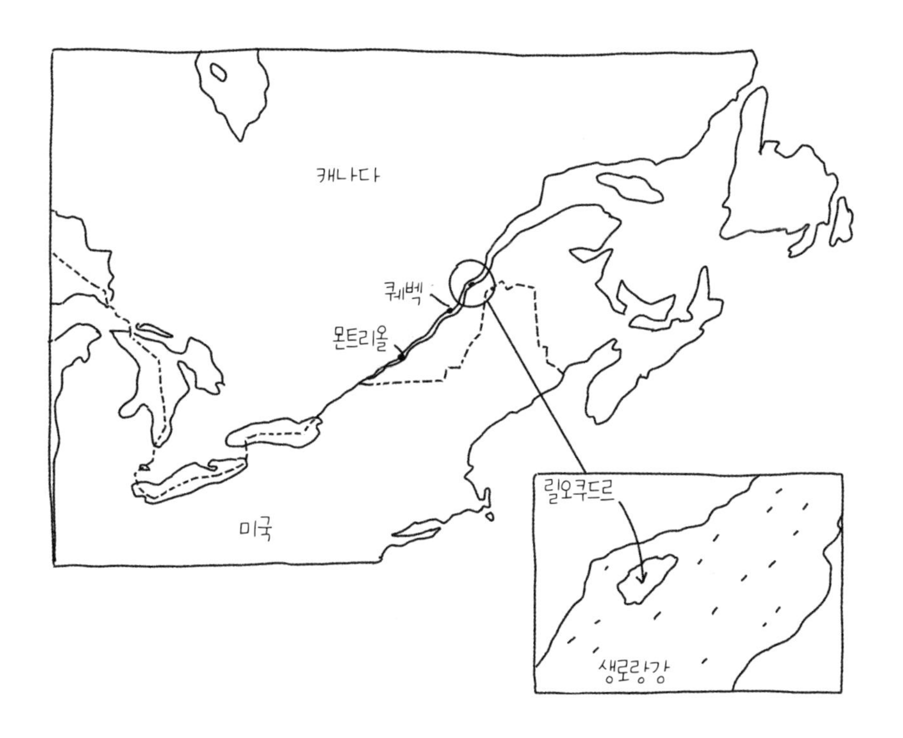

## 퀘벡의 자연 선택

동일한 구성원, 외부와 유전적 접촉의 부재[5], 상세한 성사 대장, 멀지 않은 곳에 있는 연구자들, 이는 세계 다른 곳에서도 찾을 수 있는 조건입니다. 핀란드나 스위스, 아이슬란드에는 인간의 진화를 연구하는 자연사 연구소가 있고, 그들이 각각 진행한 연구 결과는 앞에서 우리가 한 질문에 하나의 대답을 내놓았습니다. 지난 세기에 살았던 사람들에게 자연 선택은 여전히 진행 중이었다고요.

퀘벡의 사례를 다시 살펴봅시다. 여성이 아이를 낳는 나이, 이 딸들이 아이를 낳는 나이, 이 손녀들이 아이를 낳는 나이 등을 비교해서 연구자들은 '첫 아이를 낳는 나이'라는 특성의 유전적이고 생물학적인 부분을 추정해냈습니다. 이 특성이 생물학적이라니 말도 안 된다고 생각하실 수 있습니다. 출산은 경제적·사회적 제약이 반영된 의식적인 선택의 결과니까요. 그렇지만 아이를 낳을 만큼 성숙한 신체 등 많은 생물학적 요인도 개입하고, 다양한 연구로 초산 연령도 유전적으로 물려줄 수 있다는 점이 증명되었습니다.

요컨대 대퇴골의 크기와 같은 형태학적 특성을 연구하듯 이 특성의 진화도 연구할 수 있습니다. 연구자들은 140년 동안 이 특성이 선택압의 영향을 받았다는 점을 입증했습니다. 아이를 일찍 낳은 여성들이 다른 여성들보다 이 특성을 가진 경우가 많았고, 이 특성을 딸에게 물려줘서 그 딸들도 남들보다 빨리 아이를 낳았습니다. 몇 세대가 지나자 이 섬의

5 이웃끼리 아이를 낳았다는 말을 점잖게 표현해봤습니다.

여성들은 선조들보다 평균 4년 먼저 아이를 낳았습니다. 재생산에 가벼운 차이가 발생하자 기존의 생물학적 변이가 집단에 드러나는 특성 변화로 이어졌습니다. 소규모 주민 집단에서 정식으로 자연 선택이 작용한 것입니다.

저렴해진 DNA 염기 서열 분석으로 수집한 유전 정보를 활용해 연구한 결과, 생로랑강의 작은섬에서 얻은 정보로도 지구상 어디서나 그렇듯 지금 이 순간에도 여러 생물학적 특성이 자연 선택의 영향을 받는다는 점을 확인했습니다. 연구자들이 입증할 수 있었던 몇 가지 자연 선택의 영향을 살펴보겠습니다. 초산 연령이 낮아지고 완경 연령이 늦어지고 기대 수명이 늘어나고 기초 콜레스테롤 수치가 낮아졌습니다. 호주 연구자들은 팔뚝의 정중 동맥이 1880년에는 인구의 10%에게만 있었는데 한 세기 만에 더 흔해졌음을 보여줬습니다. 2016년에는 연구 대상의 33%가 정중 동맥이 있었습니다! 해부학적 차원에서 소진화가 이뤄진 셈이지요.

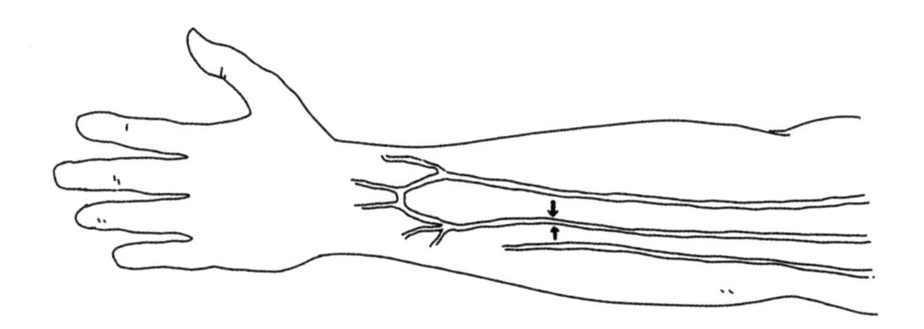

## DNA 다발에서 돌연변이 찾기

그렇지만 지금 현재로서는 자연 선택의 흔적을 찾는 일은 유전자 건초 더미에서 바늘 찾기와 같습니다. 알츠하이머병이나 담배 중독과 연관된 대립 유전자 등 수많은 대립 유전자는 수만 명의 자료가 담긴 대량 데이터를 통계학적으로 분석한 이후에야 자연 선택의 영향을 받은 것으로 밝혀졌습니다. 예를 들어 영국의 데이터베이스 UK 바이오뱅크는 50만 명에 가까운 자원자의 의학적·유전적 정보를 조사했습니다. 이를 통해 표현형(신장, 체질량, 질병 등)과 게놈 속 DNA 소형 변이, 즉 SNP[6]를 연결할 수 있었습니다.

SNP와 연결된 표현형을 짐작할 수 있고 그 SNP가 세대를 거쳐 선택되었다는 점을 안다고 해도 SNP가 이런 특징에 정확하게 어떤 역할을 했는지는 파악하기 어렵습니다. 소형 변이 수천 개가 자연 선택됩니다. 이들 변이는 어떤 특징을 향해 가지만 그 과정은 블랙박스와 같아서 내부 기제를 잘 알지 못합니다. 의학적·유전적 자료가 축적되고 진화적 동력의 신호를 발견하는 방법이 더 고도화되면 몇 년 안에 현재 인간의 생물학적 경로를 지배하는 주요 경향을 더 잘 이해할 수 있을 것입니다. 이 연구 분야는 2010년 이후에야 활기를 띠게 되었으니까요. 아직 걸음마 단계이지만 앞날이 창창하다고 할 수 있겠지요!

---

6 single-nucleotide polymorphism의 약자로 '단일 염기 다형성'이라는 의미입니다. 더 짧게 만들 수는 없어요!

## 다윈이 리비히에게 소스를 제공하다

우리는 몇 세대 만에 생활 방식과 생활 환경을 급격하게 변화시켰습니다. 의학이 진화를 멈추게 하지는 못하지만, 적어도 진화가 진행되는 풍경을 바꿀 능력은 충분히 있습니다. 우리의 새로운 진화적 환경은 아마도 놀라움을 감추고 있을 겁니다. 인구 변천이 인간의 생물학적 미래에 미칠 영향처럼요.

19세기 말, 박학다식한 화학자 유스투스 폰 리비히Justus von Liebig는 기발한 아이디어를 연달아 냈습니다. 그는 유기 화합물을 발견하면서 유기화학의 기본을 다졌고, 식물영양학을 연구했으며, 비료 산업의 기반을 닦았고, 효모를 농축할 수 있다는 사실을 발견해 나중에 '마마이트'[7]를 발명했습니다.

더불어 베이킹파우더 사용을 장려했고, 스톡 큐브(고체 수프)는 물론 우유와 밀가루, 맥아분, 탄산수소칼륨을 섞은 영유아용 대체식을 발명했습니다. 뛰어난 독일인 화학자 리비히의 발명품 중에 인류에 가장 큰 영향을 준 것은 아마도 이 대체식일 겁니다. 물론 질소 비료도 농업 생산량을 늘려 리비히의 발명 이후 한 세기 동안 인구의 급격한 성장을 이뤄내기도 했습니다. 그러나 대체식은 영아 사망이라는 오래된 문제를 해결했습니다.

19세기 말까지 1/3의 아기가 첫 번째 생일을 맞기 전에 사망했습니다.

---

7 이스트 추출물로 만든 영국산 스프레드로 영국 연방에서 인기가 많습니다. 제게 맛이 어떤지 물어보지 마세요. 전형적인 프랑스인의 답밖에 할 수가 없으니까요.

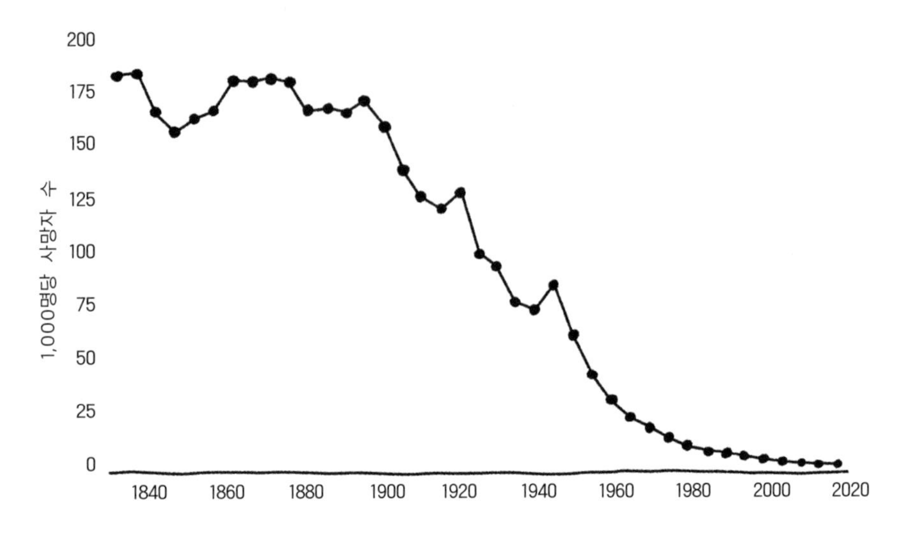


영양실조가 이 비극적 상황에 한몫했지요. 여성 상당수가 아이를 낳는 중에 목숨을 잃었거나, 음식을 충분히 먹지 못해 신생아에게 모유 수유를 할 수 없었습니다. 그런데 리비히의 대체식으로 수많은 유럽인 아기가 생애 첫해에 살아남을 수 있게 된 것입니다.

## 인류의 미래

20세기 전반에 걸쳐 위생, 부인과, 영양학 분야에서 이루어진 발전 덕택에 사람들의 일상이 획기적으로 개선되고 사망률이 크게 낮아졌습니다. 게다가 출산율도 떨어져서 우리는 '많이 죽고 많이 낳는 단계'에서 '적게 죽고 적게 낳는 단계'로 넘어왔습니다. 이를 인구 변천이라고 합니다. 이 현상은 산업화된 사회 대부분에서 관찰되고 진화에도 영향을 줬습니다.

1980년대부터 일련의 논문은 놀라운 경향을 보여줬습니다. 인구 변천이 자연 선택의 대상을 바꾼 것입니다. 사람들이 옛날보다 오래 사니까 자연 선택은 사망률이 아니라 출산율에 차이를 만들기 시작했습니다.

빠르게 요약하자면, 삶의 질이 높아지면서 성 선택이 더 중요해졌고 인구 변천은 건강 상태와 신체적 형태에 관한 특성의 진화적 경로를 변화시켰습니다. 예를 들어 감비아에서 인구 변천 이후에 키가 크고 날씬한 여성의 적응도가 높아진 것 같습니다. 그러니까 키가 크고 날씬한 여성이 아이를 더 많이 낳고, 그 아이들이 또 더 많은 아이를 낳는다는 말입니다. 예전에는 키가 작고 체질량 지수가 높은 여자들이 인기가 많았습니다.

사례가 그렇게 많지는 않습니다(연구가 시작된 지 얼마 안 된 분야임을 잊지 마세요). 그렇지만 향후 이 분야의 연구 결과가 지금 인간의 생물학적 경로에 관한 꽤 놀라운 사실을 밝혀낼 것임은 확실해 보입니다.

진화는 이족 보행, 커진 두개골 등 수백만 년에 걸친 생물학적 특성의 등장으로 여겨지곤 합니다. 그렇지만 진화는 훨씬 더 짧은 시간에도 일어납니다. 연구자들은 겨우 수십 년 안에 이뤄진 진화를 찾으려고 노력하고 있습니다. 이런 진화는 새로운 신체 기관의 등장처럼 파격적이지는 않겠지만 놀라운 지점이 있습니다. 세대 간 대립 유전자의 이어달리기와 같은 진화가 오늘날 우리 안에서도 일어나고 있고 여전히 자연 선택의 영향을 받고 있다는 사실 말입니다.

# 14장

내 아나콘다는 원하지 않아, 내 아나콘다는 원하지 않아
내 아나콘다는 원하지 않아, 네 엉덩이가 빵빵하지 않다면, 자기야
- 니키 미나즈 -

# 왜 생식 기관은 그토록 빠르게 진화할까요?

음경과 질이 와인오프너 모양으로 생긴 오리, 질이 세 개인 캥거루, 정자 유탄을 발사하는 오징어 등 생식 기관은 눈이 휘둥그레지게 다양하고 다른 기관의 진화를 지배하는 법칙에서 벗어난 것 같습니다. 동물계의 생식 기관에 관한 호기심을 해결할 겸 산책을 떠나볼까요?

프랑스령 폴리네시아의 랑기로아 환초 섬에서 연체동물학자 브누아 퐁텐Benoît Fontaine은 무릎을 꿇고 앉았습니다. 시선을 집중해 손으로 흙을 긁어내고 큰 나무 아래 얇은 부식토층에 사는 유기체를 소형 접이식 루페로 꼼꼼히 살폈습니다.

흰제비갈매기*Gygis alba*나 검정제비갈매기*Anous stolidus*와 같은 바닷새가 주로 사는 산호섬의 땅은 구아노[1]와 뒤섞인 낙엽이 가득해 다양한 섬 달팽이가 살기에 좋은 환경이라고 할 수 없습니다. 브누아와 저는 철새에 GPS 표지를 달기 위한 투아모투 제도 탐사에 참여한 참이었습니다. 한가한 시간이면 탐사 구성원들은 휴식을 취하기도 하고 천상의 풍경을 즐기기도 하고 더 흔하게는 연체동물 연구처럼 각자의 자연주의자적 열망을 충족하며 보냈습니다.

## 민달팽이의 곡예

브누아는 땅을 헤집으면서 우리를 그곳으로 태워다준 배의 선장과 나에게 이 유기체에 관한 일화를 들려줬습니다. 연체동물군에 포함된 종은

1 [역자 주] 구아노(guano): 바닷새의 배설물이 바위 위에 쌓여 굳어진 덩어리.

8만 종 이상이라 배를 땅에 대고 몸 가릴 곳을 찾아다니는 이 동물들은 우리에게 털어놓을 만한 수많은 사연을 안고 있을 겁니다. 예를 들어 민달팽이는 교미를 하려고 나뭇가지에 거꾸로 매달립니다. 민달팽이는 가지를 찾아 몸을 고정한 후 중력을 이용해 거대한 생식 기관을 펼쳐놓습니다. 어떤 개체는 음경의 길이가 90센티미터 이상으로 원래 자기 몸 길이보다 10배나 길어집니다! 교미하려는 상대편도 옆에서 같은 자세를 취한 후 몸체보다 훨씬 아래에 있는 생식 기관의 끝을 맞대고 생식 세포를 교환합니다(다음 쪽 참조).

브누아는 땅에서 얼굴을 2센티미터 정도 떨어뜨리고는 과학계에 아직 알려지지 않은 변종을 찾으려고 보이는 껍질마다 루페를 들이대며 이 일화를 꽤 상세하게 묘사했습니다만, 정숙한 저는 여기서 그 이야기를 다 전달하지 않겠습니다. 그 과정에서 그는 한 가지 결론을 끌어낼 수 있었습니다. 바다에서 수백 킬로미터씩 떨어져 있는 섬에 사는 연체동물 개체군은 서로 유전적으로 점차 멀어질 수밖에 없는 변이를 축적하게 된다는 점입니다.

## 지협[2]과 새우

종 분화 현상은 지구상 어디에서나 일어나고 섬 특유의 고유성[3]이 생기는 원인입니다. 브누아가 열심히 찾아내려던 숨겨진 생물 다양성이지

2 [역자 주] 지협(地峽): 두 개의 육지를 연결하는 좁고 잘록한 땅.

3 특정 지역에서만 어떤 종이나 개체군이 발견되는 것을 말합니다.

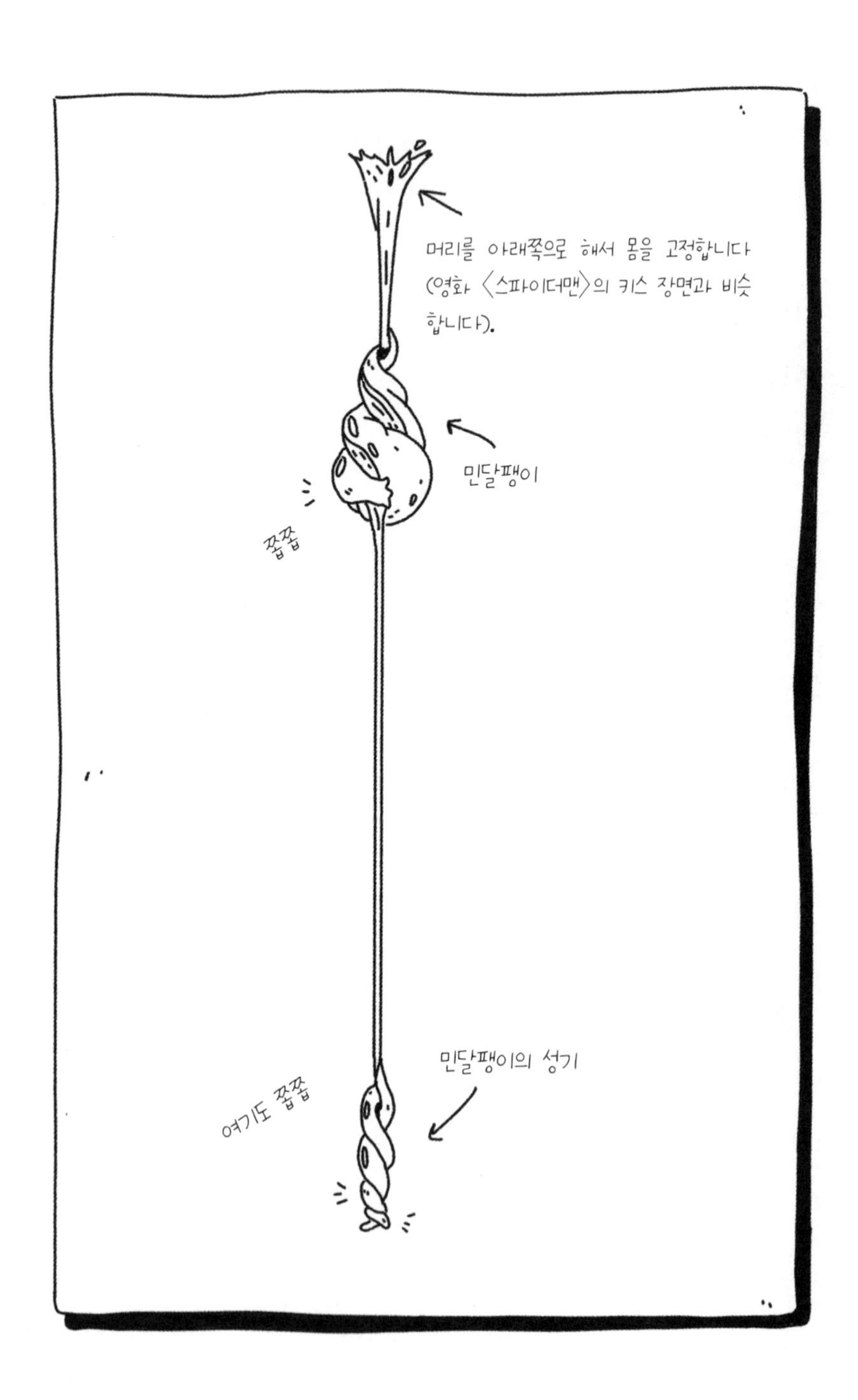
머리를 아래쪽으로 해서 몸을 고정합니다
(영화 〈스파이더맨〉의 키스 장면과 비슷
합니다).
민달팽이
쭙쭙
민달팽이의 성기
여기도 쭙쭙

요. 놀라운 종 분화의 사례를 하나 봅시다. 약 300만 년 전에 형성된 파나마 지협입니다.

파나마 지협이 하루아침에 생긴 것은 아니지만[4] 완성되고 나서 생태계에 어마어마한 영향을 줬습니다. 첫 번째로 남·북아메리카 중간에서 수많은 종의 동물들이 걸어서 자유롭게 이동하게 되면서 대륙 간 동물상의 큰 교류가 일어났습니다. 두 번째로 이 지협은 카리브해와 대서양의 해양 유기체를 구분 지었습니다. 오늘날 이 지역의 변화는 지협의 양쪽에 사는 딱총새우*Alpheus*속의 게놈에 새겨져 있습니다. 약 300만 년 전부터 서로 교미할 수 없었던 양쪽 개체군은 유전적 차이를 축적해 서로 독립적인 종이 되었습니다.

그러나 전혀 다른 방식으로 새로운 종이 생겨나기도 합니다. 사실 지구를 빚어나가는 지리적 힘 못지않게 종 분화에 영향을 주는 중요한 대상이 있습니다. 간과되기는 하지만 근본적인 힘입니다. 바로 생식 기관이지요.

## 지리적으로 다른 생식 기관

민달팽이로 다시 돌아가봅시다. 두 개체가 거꾸로 매달려 각자 발기된

4 몇백 년 만에 이뤄진 것도 아닙니다. 다양한 연구로 미뤄볼 때, 기원전 1300만 년 전에 처음으로 임시 육교가 생긴 것 같습니다. 당시에는 일련의 섬이 있었고 섬 사이에 주기적으로 바닥을 드러내는 얕은 바다가 있었지요. 해수면 상승기를 여러 번 지나면서 발을 물에 적시지 않고 지날 수 있는 길이 바다에 잠겼고 수천만 년이 지난 후에야 지협이 완전히 형성되었습니다.

생식 기관 끝을 맞대고 생식 세포를 교환했습니다. 좋아요, 아주 좋습니다. 그런데 가끔씩 문제가 생깁니다. 발기된 생식 기관의 길이가 같지 않아서 서로 구멍을 끼울 수가 없는 거예요. 크기가 문제인 거죠. 이 때문에 서로 다른 두 종으로 분화될 수도 있습니다. 실제로 길이가 좀 짧은 민달팽이는 길이가 긴 민달팽이와 교미가 어려워지면서 시간이 흐르면 유전적으로 독립된 계보를 이룹니다. 파나마 지협이 생겼을 때와 마찬가지의 결과를 낳는 종 분화 과정이 진행되는 것이지요.

이 사실을 알려준 2010년 연구서에서는 민달팽이속 표본의 생식 기관을 해부·비교해 서로 다른 종을 밝혀냈습니다. 연구자들이 말 그대로 생식 기관을 우리가 다루고 있는 유기체가 무엇인지 알 수 있는 분류 도구로 사용한 것이지요. 이것은 자연주의자들이 흔히 활용하는 방법입니다. 생식 기관이 동물의 외형보다 훨씬 특징이 분명하거든요. 특히 생식 기관은 진화의 선두에 있으며, 가장 훌륭한 진화의 증거가 되어줍니다. 질과 음경이 38억 년에 걸친 다윈주의 선택설의 꽃이며 생물학적 특성들을 지배하는 과정들 중 가장 생생한 사례라고 해도 전혀 과장된 설명이 아닙니다. 사실 생물학계의 일반 원칙을 나열하기는 어렵지만, 적어도 이 점은 분명합니다. "생식 기관은 가장 빨리 진화하는 신체 부위입니다."

우선 자연 선택이 이뤄져 장기적으로 어떤 특성의 진화를 이뤄내려면 변종이 필요하다는 점을 환기해야 합니다. 어떤 생물학적 특성의 조금씩 다른 버전이 많을 때, 그 다른 버전이 주인에게 조금씩 다른 장점을 부여할 때, 세대가 지나면서 생물학적 특성의 선택이 이뤄집니다.

그러나 어떤 특성은 다른 특성보다 변종이 많이 적을 수 있습니다. 제약이 더 많기 때문이지요. 예를 들어 심장은 피를 신체 곳곳으로 보낼 수 있는 형태에서 크게 벗어날 수 없습니다. 반면, 생식 기관은 재생산만 가능하다면 평균치에서 약간 달라져도 생존하는 데 지장이 없습니다. 다소 독특한 생식 기관의 대립 유전자는 다음 세대에 쉽게 확산되고 변종은 보존되어 진화의 배양토를 이루지요. 이런 직관적인 설명은 강력하지만, 자연이 이 신체 부위에서 보여주는 믿을 수 없는 다양성을 설명하기에는 턱없이 부족합니다.

외설적이면서도 익살스러운 성기의 길고도 긴 목록을 들면서 설득해 보겠습니다.

## 동물계에서 놀라운 생식 기관 20위

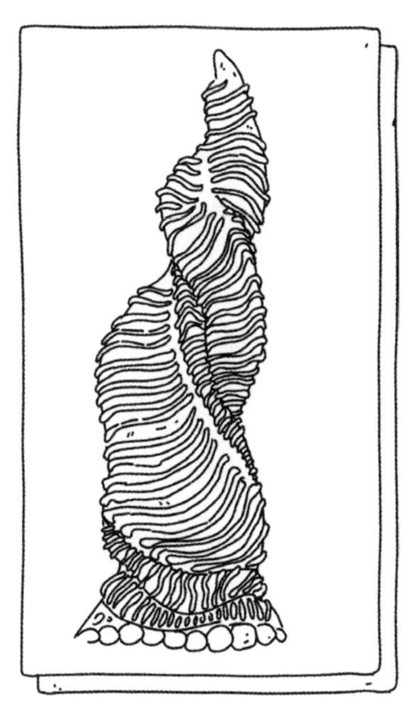

**1. 오리의 음경**은 와인오프너 모양으로 시계 반대 방향으로 회전합니다. 어떤 종에서는 20센티미터 길이의 이 물렁물렁한 주머니가 갑자기 림프액(다른 양막류처럼 혈액이 아닙니다)으로 가득 찹니다. 이를 '폭발적 외번'이라고 합니다. 여기서 비디오를 재생할 수 있다면, 이 놀라운 현상을 느린 화면으로 볼 수 있을 텐데요. 대신 인터넷에서 검색해 보세요.

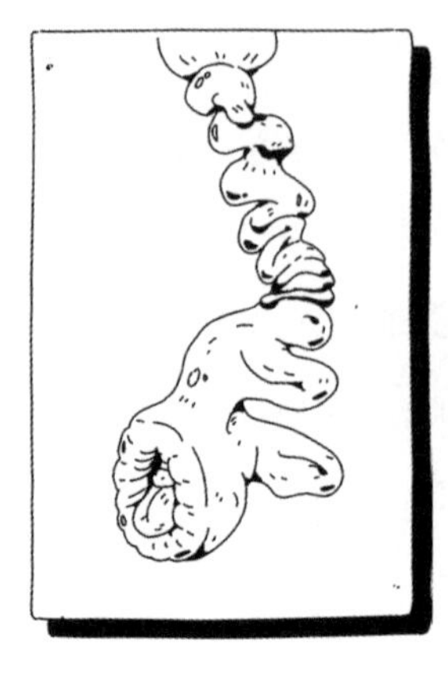

**2. 오리 암컷의 질**도 마찬가지로 와인오프너 모양입니다. 그런데 질은 시계 방향으로 회전하지요. 오리 암컷이 질의 근육을 조이면 수컷의 생식기가 강제로 삽입되는 것을 막아 어느 수컷의 정자를 자기의 난자와 수정시킬 것인지 결정할 수 있습니다. 수컷과 암컷의 이런 전쟁은 생식 기관의 진화에서 매우 중요합니다.

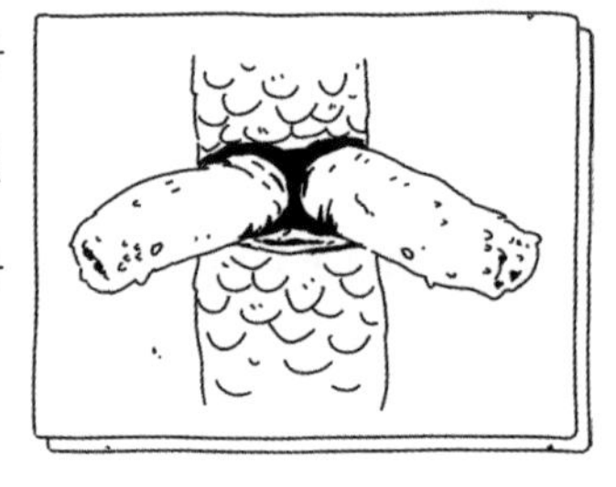

**3. 뱀은 좌우 대칭의 헤미페니스 두 개**가 있습니다. 헤미페니스는 각각 고환과 연결되어 있고, 뱀은 기분에 따라 둘 중 하나를 사용합니다.

**4.** 알을 낳는 포유류인 **단공류는 음경에 귀두가 네 개**로 사정 시에 절반은 수축됩니다. 그래서 동시에 귀두 두 개로만 사정합니다. 이 체계를 성기가 두 개인 뱀의 체계와 비교하면 우리의 공통 조상으로부터 이들에 이르기까지 어떤 진화적 경향이 있었는지 알 수 있습니다. 이렇게 선조에서는 이중으로 있었던 생식 기관이 점차 완벽하게 융합되어가는 모습을 볼 수 있습니다. 극피동물에서도 아직 성기의 융합은 여전히 부분적입니다.

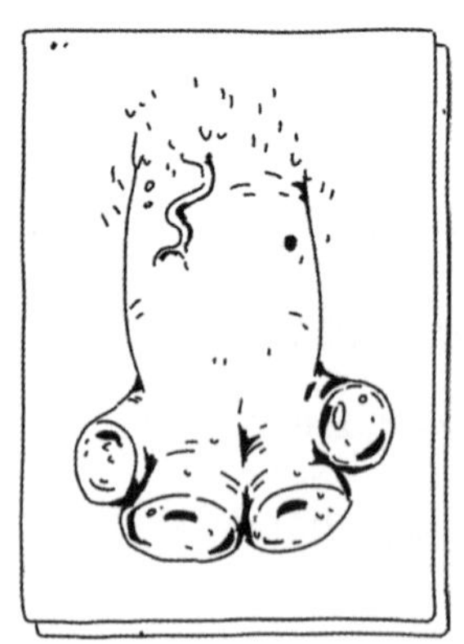

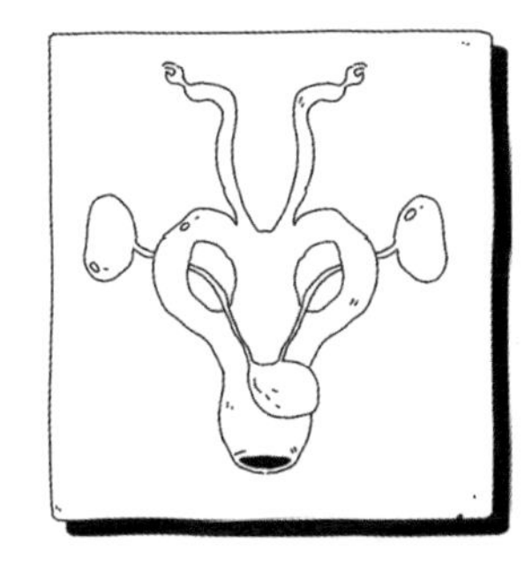

**5. 캥거루 암컷의 질 세 개**는 각자 맡은 역할이 있습니다. 측면의 두 질은 정자를 두 자궁으로 인도하고 가운데 질은 태아를 출산하는 데 쓰입니다. 유대류와 우리 종의 공통 조상으로부터 진행된 진화에서 융합의 과정을 또 한 번 확인할 수 있습니다. 우리 종에서는 질도, 자궁도 하나이지만 수란관과 난소는 여전히 두 개입니다.

**6. 잠자리 수컷의 생식 기관은 숟가락 형태**입니다. 이 생식 기관의 기능은 자기 정액을 흘려보내기 전에 암컷의 생식관을 가장 효율적인 방식으로 청소해 자기 정액이 다른 수컷의 정액과 섞이지 않게 하는 것입니다. 정자 간 경쟁을 피하는 것도 생식 기관의 진화에서 매우 중요한 동력입니다!

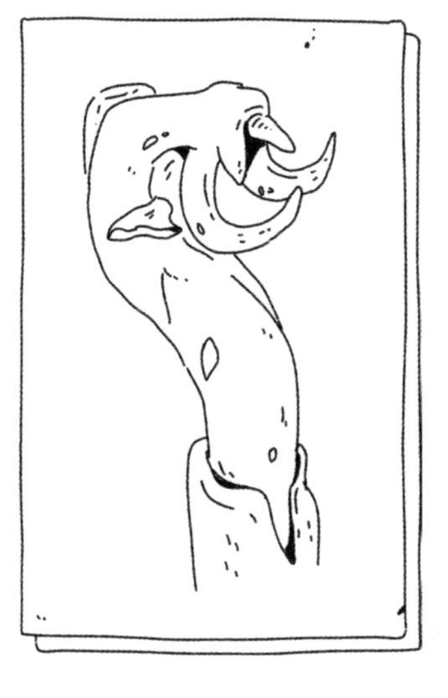

인간 남성의 귀두 형태가 여성의 질에서 액체를 퍼내는 기능을 한다는 가설을 세운 연구자들도 있습니다. 그들은 유연한 튜브에서 반죽 같은 액체를 배출하는 귀두의 성능을 측정하려고 다양한 주조물을 활용해 다소 우스꽝스러운 실험을 한참 진행하기도 했습니다. 그다지 설득력이 있는 가설은 아니더라도 종종 과학 실험 설계 과정에 숨은 낭만적인 측면을 감상하는 것도 흥미롭네요.

상어도 수컷이 서양배(과일) 형태의 관장 기구처럼 작동하는 숨겨진 기관인 사이펀을 사용해 암컷의 생식관에 바닷물을 고압으로 흘려보내 청소해서 다른 수컷의 정자를 제거한다고 알려졌습니다.

**7. 돌고래 암컷의 질**은 복잡하고 구불구불한 구조에 막다른 길도 많고 여러 형태의 밸브판도 있습니다. 전문가들은 미로와 같은 이 기관의 기능이 강압적 교미에 의한 수정을 막는 것이라고 봅니다. 이것으로써 암컷은 누가 자기 자식의 아빠가 될지 내부적으로 비밀스러운 최종 결정을 할 수 있습니다.

**8. 초시류 재바수염반날개***Aleochara tristis***의 수축 가능한 음경**은 진공 청소기처럼 흡입관을 되감을 수 있게 되어 있습니다. 수컷이 암컷과 교미할 때, 수컷은 편모를 암컷 안에 고정하고 생식기를 점점 곧게 펴면서

편모를 자신의 복부 쪽으로 당깁니다. 생식 기관을 조심스럽게 되감고 갑자기 펵하고 떼어져 난장판이 되지 않도록 하기 위해 수컷은 발기된 성기를 문자 그대로 어깨 위로 미끄러뜨리는 동작을 취합니다. 자기 성기가 둘둘 휘감겨서 더는 사용하지 못하게 되는 일을 누가 좋아하겠어요?

**9. 등빨간소금쟁이***Gerris gracilicornis* **암컷**은 자궁 입구를 여닫을 수 있는 **밸브판**이 있습니다. 그래서 교미를 할지 말지 단호하게 선택할 수 있습니다. 간단하고도 효과적인 방법이지요.

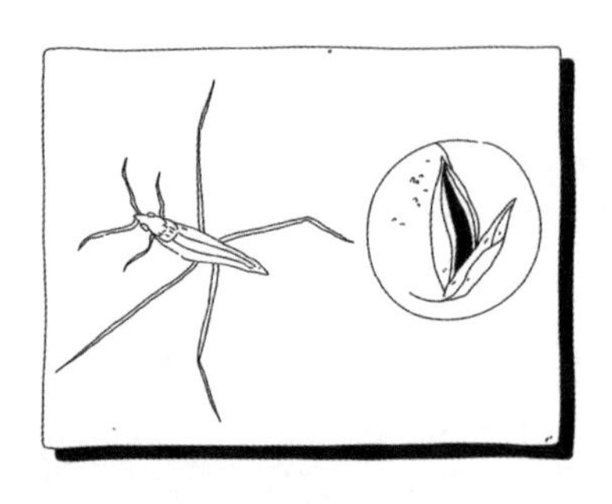

**10. 빈대의 삽입기**는 섬세함이라고는 전혀 없습니다. 암컷이 '비밀스러운 선택'을 하지 못하도록 수컷은 삽입기를 암컷 복부에 바로 꽂습니다. 암컷 신체 내부로 직접 분비된 정자는 절지동물의 피에 해당하는 액체를 헤엄쳐 난소까지 갑니다. 이런 외상성 사정은 암컷을 감염시켜 때로 죽게 만들기도 합니다.

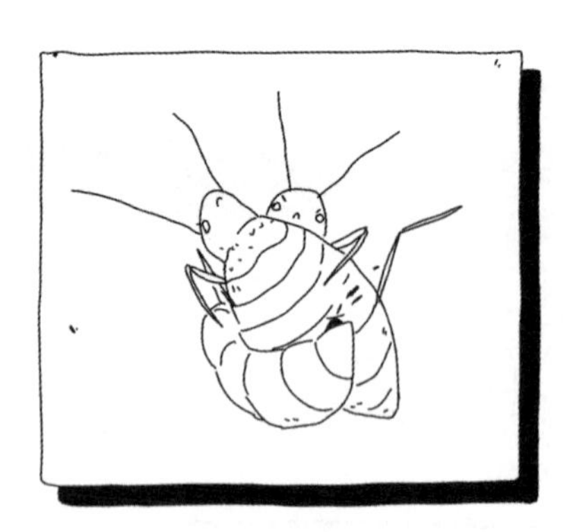

• 라니스터 가문에서 안부를 전하더군. (<왕좌의 게임> 패러디)

11. 외상성 사정이 일반화된 종에서는 암컷이 **몸 전체에 분포된 생식 기관인 베를레세 기관**을 발달시키기도 합니다. 등껍질 아래쪽에 펼쳐진 이 생식 기관은 정자를 수집하고 감염 위험을 낮춥니다. 또한 암컷이 특정 수컷의 정자와 자기 난자를 수정시킬지 말지도 선택할 수 있게 해주는 것 같습니다.

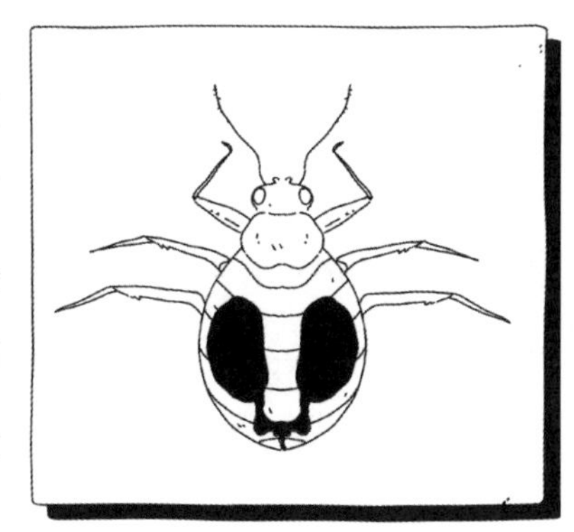

12. **오징어는 정액을 사정하는 '정자 유탄'을 배출합니다.** 수컷은 암컷에게 정포(精包)를 올려놓습니다. 대왕오징어의 경우 20센티미터에 달하는 약병처럼 생긴 정포는 독특한 '스프링' 조직을 갖추고 있습니다. 스프링이 작동하면 이 정포는 암컷 내부에서 정액을 급하게 배출합니다.

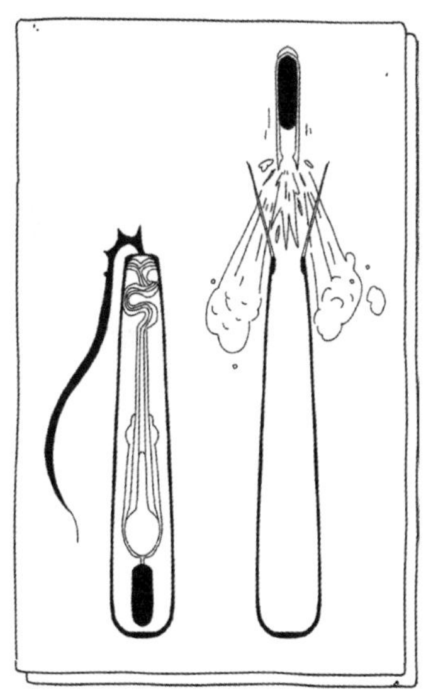

이 신기한 조직은 오징어를 살짝 데쳐 먹는 한국과 일본의 신문에 여러 번 소재를 제공했습니다. 데친 오징어를 먹고 여전히 사출 기능이 작동하는 정포가 잇몸이나 뺨에 박힌 사례가 발견되었기 때문입니다.

**13. 다듬이벌레*Neotrogla* 암컷은 생식 기관이 음경처럼 생겼습니다.**[5]
지노솜이라는 이름의 이 기관은 수컷의 생식관으로 들어가 정자를 가져옵니다. 유사 음경은 부풀기도 하고 40~70시간이 걸리는 교미 시 수컷을 단단히 잡을 수 있는 가시까지 있습니다. 기존 역할과 상반된 성 역전형 생식 기관이 발생한 이유는 잘 알려지지 않았습니다. 다듬이벌레가 먹이를 두고 벌이는 심각한 경쟁과 연관이 있으리라 추정됩니다.

사실 수컷은 자기 정자를, 암컷이 먹을 수 있는 영양소가 풍부한 복합물인 '결혼 선물'과 섞어서 줍니다. 이러한 설명을 뒷받침할 만한 근거로 다른 연구에서는 이 지노솜-음경 구조가 이곳에서 수천 킬로미터 떨어진 아프리카의 아프로트로글라*Afrotrogla*속 벌레에도 독립적으로 진화했다고 합니다. 그러니까 환경도 생식 기관의 형태에 어떤 역할을 하는 것이지요. 한번 탐구해 볼 만한 주제입니다.

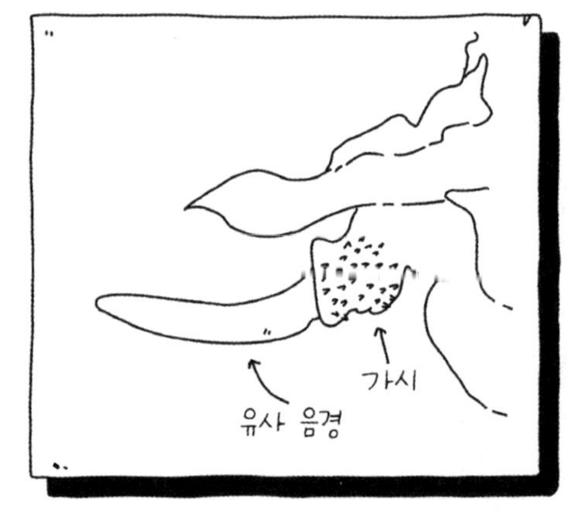


5 다듬이벌레의 성 역전형 생식기를 발견한 연구자들은 2017년 이그노벨상을 받았습니다. 노벨상을 패러디한 이 상은 처음에는 웃음을 주고 결국 생각할 거리를 제공하는 연구물에 수여됩니다. 그 해 수상작들을 살펴보면 경제학상은 악어와 함께 사는 사람이 내기를 하는 성향을 분석한 연구에, 해부학상은 왜 나이 든 남성의 귀가 큰지 살핀 연구에, 인지상은 쌍둥이가 서로를 시각적으로 구분하지 못하는 이유를 설명한 연구에 돌아갔습니다. 다듬이벌레의 암컷에 있는 유사 음경의 존재를 증명한 팀은 동굴에서 수상 연설을 하고 싶어 했다고 합니다.

**14. 양***Ovis aries***의 음경에는 우스꽝스럽게 생긴 요도 확장관**이 귀두 끝에 몇 센티미터짜리 채찍처럼 달려 있습니다. 유제류 대다수에 있는 이 돌출물의 기능은 아직 잘 알려지지 않았습니다.

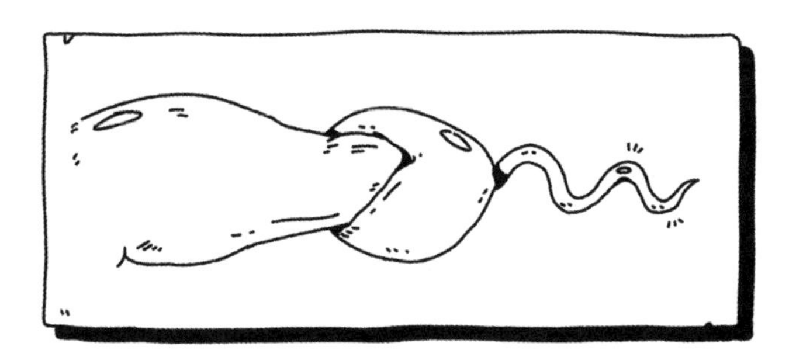

일반적으로 동물계에서 볼 수 있는 음경 대부분에는 가시나 뼈, 다양한 돌기 등 갖가지 '장식물'이 있습니다. 고양잇과 동물에서는 암컷의 생식관 안에 있는 가시를 긁어야 배란이 이뤄집니다. 곤충의 생식 기관(또는 성기 측편)은 상당히 다양한 형태입니다. 예를 들어 콩바구미 수컷은 삽입기를 가장한 중세 철퇴와 같은 조직을 갖고 있는데, 이 조직으로 암컷에게 상처를 입혀 앞으로 다른 수컷과 교미를 꺼리게 만듭니다. 끝내주는군요!

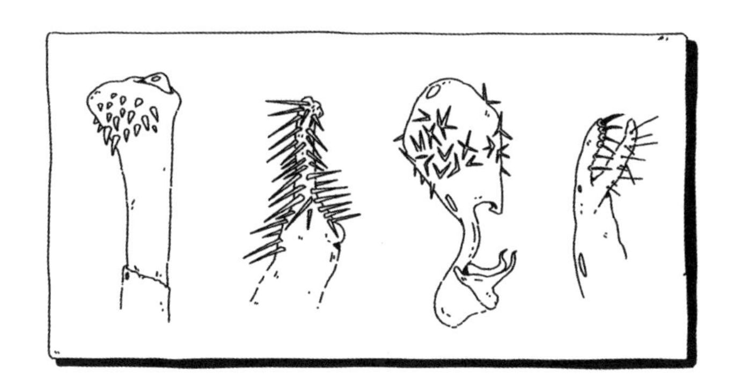

**15. 분충류 똥파리***Scathophaga stercoraria* **암컷**은 수컷 정자의 질에 따라 다른 **정자 주머니**를 사용합니다. 덜 섹시한 수컷의 정자는 별도로 보관했다가 최후의 수단으로만 사용합니다. 나비도 정자를 보관 및 소화하는 기관인 교미낭(bursa copulatrix)을 가지고 있습니다. 좋지 않은 상대자로 여겨진 수컷의 정자는 먹이가 되니 낭비할 게 없습니다.

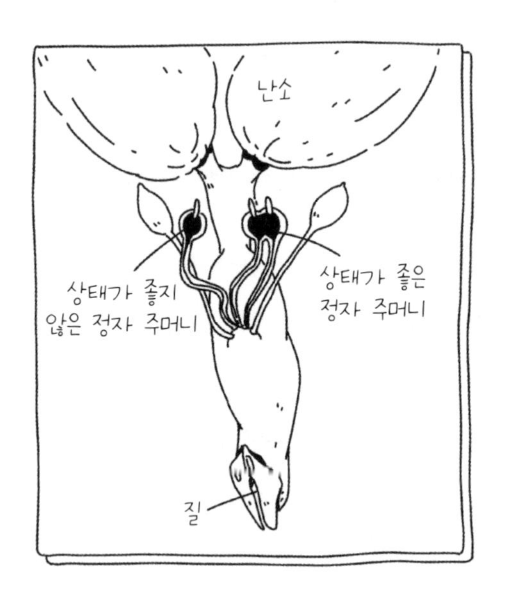


**16. 물벌레***Micronecta scholtzi***는 음경으로 소리를 냅니다.** 음경으로 복부의 단단해진 돌기부를 긁어서 내는 소리입니다. 이 기관 덕분에 물벌레는 암컷을 유인하는 매우 큰 음성 신호를 낼 수 있습니다. 많은 곤충이 생식 기관으로 소리를 냅니다. 각다귀(또는 '친척')는 교미 시 홈이 파인 해부학적 기관에 음경의 끝

부분을 대고 진동을 일으켜 암컷의 반응을 유도하는 '도' 음을 냅니다. 이 신체 부위는 소리를 내기에 특히 유용한 것 같습니다. 나방(박각시과 *Sphingidae*)도 포식자인 박쥐가 길을 잃게 하려고 초음파를 낼 때 이 기관을 활용합니다.

**17.** 성긴 접시 모양의 그물을 만드는 거미(접시거미속*Lepthyphantes sp.*)의 **지나치게 교묘한 생식관**은 원하지 않는 정자가 난자까지 오는 과정에서 길을 잃게 만듭니다. 이 종의 수컷은 교미 상대가 되려면 '건식' 짝짓기라는 의례에 따라야 합니다. 수컷은 입 주위에 있는 돌기 같은 더듬이다리를 암컷의 자궁 입구에 붙이고 중간중간 쉬어가며 반복된 동작을 계속합니다(그만큼 가치가 있을까요? 그럴 가치가 있는지 우리가 평가할 수 있을까요?). 수정하지 않고 몇 시간에 걸쳐 자극을 계속 준 이후에야 수컷은 마침내 정자를 소량 배출해 더듬이다리에 묻혀 암컷의 생식관으로 넣을 수 있습니다.

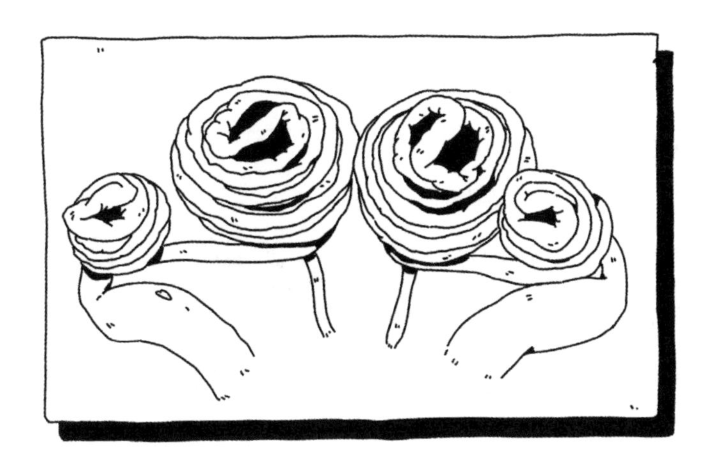

**18.** 코끼리와 돌고래, 테이퍼(맥)의 **성기는 물건을 잡을 수 있고** 어느 정도 정확하게 움직일 수 있어서 독립적으로 암컷의 입구를 찾습니다. 상대적으로 크기가 큰 생식기와 결합한 이 능력은 개체가 자기 무게 때

문에 또는 물에 둥둥 떠 있어야 하기 때문에 자유롭게 움직이지 못하는 상황에서 유용합니다. 바위에 붙어 사는 종에서도 이런 특성이 발견됐습니다. 동물계에서 원래 신체 대비 가장 긴 성기를 자랑하는 거북손 *Pollicipes pollicipes*은 그 덕분에 멀리 있는 암컷을 수정시킬 수 있습니다.

**19.** 곤충과 설치류에서 수컷은 **교미 방지 분비물**로 암컷의 생식관 입구를 막기도 합니다. 왁스 제형의 단단한 이 분비물은 며칠간 다른 수컷의 정자와 이 암컷의 난자가 수정되는 것을 막아서 첫 번째 수컷의 정자가 다른 수컷과 경쟁하지 않도록 합니다. 분비물로 만들어진 일시적 마개 때문에 폭발적 사정 이후 삽입기가 암컷 안에 남게 되는데, 말 그대로 수컷 신체에서 생식 기관이 빠지는 것입니다. 수컷은 살아남지 못합니다만, 삽입기가 정액이 밖으로 흘러나오는 것을 방지

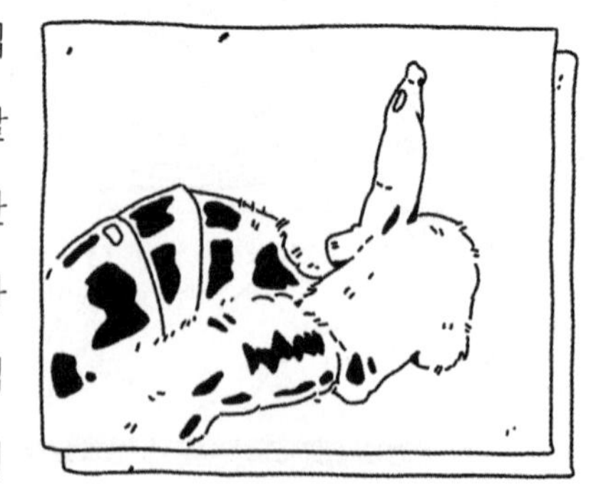

하니 완전히 헛된 죽음은 아니지요. 줄흰나비*Pieris napi* 수컷은 암컷에게 교미에 반감을 갖게 하는 물질을 남겨 다른 수컷을 거부하게 만듭니다. 정자 경쟁을 막기 위한 다양한 방법으로 태어날 자식들의 아빠 자리를 사수하는 것이지요.

이국적인 생식 기관을 다양하게 살펴봤습니다! 처음에 던진 우리의 질문 "왜 생식 기관은 그토록 빠르게 진화할까요?"에 대한 대답은 이들 사례에 함축적으로 담겨 있습니다. 아니, 여러 요인이 생식 기관의 진화에 관여하는 만큼 하나 이상의 대답이 있습니다. 수컷끼리의 경쟁, 수컷과 암컷 간의 경쟁, 유전적으로 얼마나 좋은 상대인지 보여주는 선택의 과정, 포식자 피하기, 정자 먹기 등 다양한 이 요인들은 모두 중요해서 마치 생식 기관이 진화의 모든 과정이 일어나는 축소판 세계라도 되는 것 같습니다.

그래서 생식 기관은 지적 탐구의 대상으로서 제 호기심을 자극합니다. 생식 기관은 생물 다양성이 환상적으로 지저분하고 사나우며 비도덕적이고 창의력의 끝이 없다는 점을 끊임없이 상기시켜서 저와 같은 생물학자들의 지적 욕구를 충족해주거든요. 그리고 과학 대중화에 힘쓰는 학자로서 저는 생식 기관이 축소된 규모로 매우 빠르게 진화의 작동 원리를 설명하는 데 이상적인 모델이라고 생각합니다. 무엇보다도 일화를 좋아하는 사람들의 관심을 단숨에 사로잡을 만큼 흥미로우니까요. 사람들은 생물권의 수백만 종이 그리는 대벽화에서 자기들의 신체 기관이 어디에 있는지 궁금해하거든요.

그러면 인간의 생식 기관이 생물계에서 가장 흥미가 떨어질까요? 그건 아닙니다. 왜냐하면요…….

**20.** 포유류의 생식 기관에서는 **뼈 조직**을 쉽게 볼 수 있습니다. 수컷은 수십 센티미터에 달하는 음경뼈*baculum*가 있으며, 암컷은 음핵뼈*baubellum*가 있습니다. 이 뼈는 교미 시 각각의 생식 기관을 단단하게 유지해주는 역할을 합니다. 인간의 진화적 계보에서 뼈 조직은 점진적으로 사라졌습니다. 침팬지에게는 뼈 조직이 생식 기관 뿌리 쪽에 몇 밀리미터의 알약 크기로 남아 있고, 인간에게는 더는 존재하지 않습니다. 가끔 의학적으로 놀랍고 무척 고통스러워 보이는 사례가 등장하는 것 외에는요. 그래서 인간 남성의 생식 기관의 발기는 원활한 심혈관 체계에 전적으로 의존한 유압 작용으로 이뤄집니다. 음경 가시는 전반적으로 사라졌고, 침팬지에게 약간의 흔적이 남아 있지만, 호모사피엔스에는 아예 없습니다.[6] 요컨대 사라진 이 두 특성(뼈 조직과 음경 가시)은 아직 잘 알려지지 않은 인간의 고유성으로, 의식이나 문화처럼 동물계의 다른 종들과 인간을 효과적으로 구분해줍니다.

그러면 이 특성의 진화를 어떻게 이해해야 할까요? 분명 선택압이 작용했을 텐데 그것이 무엇인지 알아내기는 어렵습니다. 단단하게 발기해 혈관이 건강함을 보여줄 수 있는 개체가 유리했을 테고 이 특성은 암컷을 향한 신호가 되었을 수도 있습니다. 아니면 반대로 일부일처제로 이행하며 교미에 관한 선택압이 줄어서 음경뼈의 필요성도 감소했고 결국

6 그렇지만 진주양 음경 구진증은 남아 있습니다. 1~2밀리미터 크기에 살로 된 작은 돌기들이 음경의 끝에 둥그렇게 생기는 증상입니다. 연구 사례 중 10~40%에서 발견되었는데, 과거의 음경 가시가 격세 유전되어 다시 나타난 것으로 추정됩니다.

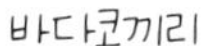


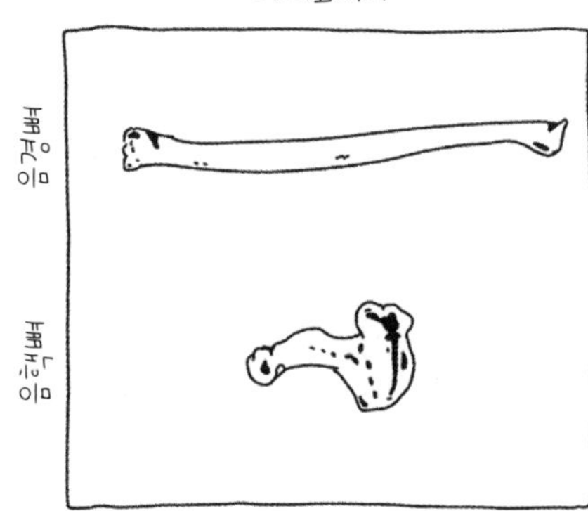


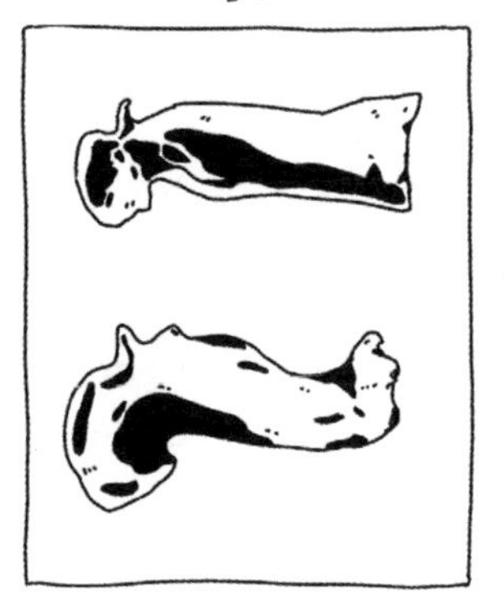


두더지의 눈이나 고래의 다리처럼 세상에서 사라진 것일 수도 있습니다.

진화생물학자들은 여러 가설과 흥미로운 이야기, 그럴듯한 이야기를 끝없이 내놓습니다. 인간에 관한 일이라면 특히 더 그렇고, 인간의 성에 관한 진화라면 더더군다나 말할 것도 없습니다.[7] 그러니까 판단은 잠시 접어두고 대중 과학서에서 오류를 전달하기 전에[8] 근거 있는 연구 결과를 바탕으로 진지한 과학적 합의가 도출되기를 기다려봅시다.

---

7 관련된 목록은 길고도 깁니다. 데즈먼드 모리스(Desmond Morris)의 『털 없는 원숭이 The Naked Ape』(1967년)는 근거 없는 인류학적 학설을 퍼뜨린다고 크게 비난을 받았습니다. 특히 우리 선조의 '자연스러운' 성생활과 이 성생활에서 여성의 입지를 다루는 부분에서요. 큰 논란을 일으킨 책이 또 있습니다. 바로 랜디 손힐(Randy Thornhill)과 크레이그 T. 팔머(Craig T. Palmer)의 『강간의 자연사 – 성적 강압의 생물학적 근거 A Natural History of Rape: Biological Bases of Sexual Coercion』(2000년)입니다. 이 광란의 시작을 뛰어넘으려면 진화심리학에서 할 일이 많습니다.

8 오류가 많이 없기를 바라지만, 혹시라도 발견하신다면 댓글란에 남겨주세요! 아, 맞다. 이건 구식 전달 매체인 책이로군요.

## 질에 관한 연구는 왜 이리 적을까요?

2014년 말 저는 지금도 하는 활동인 과학 대중화에 힘쓰는 과학자이자 과학 유튜버에 전념하기 시작했습니다. 그해 12월에 제가 올린 한 영상은 진화생물학적 질문에 관한 대중의 관심을 확실히 깨닫게 했습니다. 그 영상의 제목은 "음경은 어디에 쓸까요?"였습니다. 이 주제를 다룬 에피소드 세 편을 만들기 위해 몇 달 동안 자료를 수집하면서 저는 표면만 쓰다듬고 있다는 느낌이었습니다. 하지만 적어도 한 가지, 생각과는 달리 가벼운 주제가 아니라는 점은 확실했습니다. 생식 기관은 진화생물학과 그 작동 기제를 이해하는 최적의 수단임은 물론 연구자들이 작업하는 방법을 살펴볼 수 있는 우수한 사례입니다. 왜냐하면 생식 기관 연구가 과학자들에 관해 많은 점을 알려줬거든요.

2016년 퍼트리샤 브레넌Patricia Brennan(오리 암컷의 질이 나선 모양의 해부학적 구조라는 점을 발견한 생물학자입니다)은 인터뷰에서 제게 이렇게 털어놓았습니다. 연구소 대부분을 남성들이 운영하다 보니 많은 질문이 간단하게 연구 대상에서 제외된다고요. 해결되지 않은 수수께끼 목록의 제일 위에 있는 것은 놀랄 것도 없이 암컷의 생식 기관이고요. 퍼트리샤는 실리콘으로 죽은 동물[9]의 생식 기관 주조물을 만들어낸 해부학계의 선두 주자이기도 합니다.

2014년 생식 기관에 관한 연구 논문을 조사한 결과, 수컷 생식 기관

9 실험 대상으로서 여전히 매력적입니다.

에 대한 과학적 편향이 있음이 드러났습니다. 수컷의 생식 기관이 튀어나와서 관찰하기 쉬워서 그럴까요? 조사 보고서 저자들은 그렇게 생각하지 않습니다. 실리콘을 이용한 단순한 기술은 큰 동물에게 쉽게 적용할 수 있고, 의학 영상과 특히 미세 단층 촬영으로 종의 암컷에서 해부학적으로 가장 깊숙이 숨겨진 1센티미터 미만의 부위까지 쉽게 관찰할 수 있습니다.

그러니까 문화적인 문제라는 의미입니다. 젠더에 관한 고정 관념이 연구 주제에도 반영된 것이지요. 그리고 생물학자들은 수컷이 적응에 성공해 발달하고 암컷이 수컷의 적응에 반응하며 발달하는 것처럼 묘사하는 용어를 종종 사용합니다. 적극적인/반응적인 용어는 질문을 던지는 사고방식에도 영향을 미칩니다. 게다가 수컷의 음경뼈에 해당하는 암컷의 음핵뼈의 진화는 여전히 거의 알려지지 않았습니다. 구글 학술 검색에서 '음핵뼈'를 검색해보면 결과물이 178건 나오는 반면, '음경뼈'는 2만 2,000건이 넘습니다. 포유류의 생식 기관이 얼마나 다양한지 알려주는 분석서를 보려면 2017년까지 기다려야 했습니다.

생식 기관이 얼마나 매력적인 지적 탐구의 대상인지 제가 말씀드렸을 때 말입니다.

# 15장

# 여성은 왜 오르가슴을 느낄까요?

충격적이지만 결정적인 사실입니다. 여성은 성관계 중에 오르가슴을 느끼는 빈도가 남성보다 낮습니다. 그렇지만 그렇다고 재생산 능력에 영향을 주지는 않습니다. 진화적 관점에서 이 기묘한 기능은 어떤 의미가 있을까요? 그리고 만약 여성의 오르가슴을 오르가슴 자체로 여긴다면 어떨까요?

2005년 과학 학술 문서를 분석한 결과 깜짝 놀랄 만한 사실을 발견했습니다. 연구서 27건을 분석한 결과 이성애 관계에서 오르가슴을 전혀 느끼지 못했다고 한 여성이 평균 12.4%였습니다. 어떤 연구에서 이 수치는 43%까지 올라갔습니다! 다시 말하자면 평균적으로 이성애 여성 10명 중의 1명이 성관계 중 '해피 엔딩'을 맞지 못합니다. 이 여성 중 많은 수가 아이를 낳았으니 여성의 오르가슴이 남성과는 달리[1] 재생산 행위와 완전히 단절되었음이 분명해 보입니다. 정리하자면 평생 오르가슴을 느끼지 못하더라도 완벽한 엄마가 될 수 있습니다. 불감증인 많은 여성이 그런 것처럼요.

## 오르가슴을 느낄 때의 이점

'기능주의'라는 진화적 관점에서 이런 특성이 존재하는 것은 이상한 일입니다. 왜 그런지 말씀드릴게요. 성공적인 재생산과 연관이 없고 소유자에게 진화적 이점을 주지 못한다면(이웃 여성보다 더 많은 아이를 낳

1 남성의 오르가슴이 어떻게 재생산과 연결될 수 있는지 설명하고 싶은 마음이 별로 안 드네요. 부모님께 설명해달라고 하세요.

을 수 있게 하지 못한다면) 이 특성은 자연 선택을 받지 못합니다. 이 특성은 아무런 **기능**[2]이 없습니다. 이 특성이 있든 없든 유기체의 유전자는 동일하게 전달됩니다.

이런 상황에서 이 비경제적인 특성이 사라지지 못하게 막을 것은 없습니다. 이론적으로, 임의로 등장하는 돌연변이가 후손에게 악영향을 주지 않은 채, 즐거움을 주는 이 특성을 담당하는 유전자를 제거할 수도 있습니다. 반대로 우리 후손이 이 특성이 존재하는 데 필요한 원료, 즉 신경 세포, 감각 세포, 쾌락 기관을 더는 공급하지 않을 수도 있습니다. 이러한 돌연변이는 매 세대에 나타날 수 있고 세대는 머나먼 옛날부터 종의 멸망까지 이어지니 예기치 않은 돌연변이로 이 유전자가 기능을 잃을 가능성은 결국 100%에 가깝습니다. 다시 말하자면 이 특성을 보존하려는 자연 선택이 있지 않았더라면 사라졌을 것입니다.

이 논리를 따라가다 보면 여성의 오르가슴은 두더지의 눈이나 키위새의 날개와 같은 길을 걸었어야 했습니다. 진화의 유물이 되고 생물학적 특성의 무덤으로 사라졌어야 하지요. 그런데 재생산과 관련이 없음에도 불구하고 오르가슴은 분명 실재하고 오르가슴의 존재는 흥미로운 수수께끼로 그 자체로서 꽤 진지한 연구의 주제가 되며 수많은 전문가가 지금 이 시점에도 더 완벽한 답을 찾으려고 노력하고 있습니다. 그렇다면 여성들은 왜 오르가슴을 느낄까요?

---

2 볼드체로 쓴 이유는 논란의 대상이기 때문입니다. 뒤에서 다시 이야기하지요.

## 미지의 대륙

첫 번째로 관찰한 사실은 남성과 여성이 같은 종에 속한다는 것입니다. 이는 특히 남녀가 같은 조직도를 공유하고 있고 이는 생식 기관도 마찬가지라는 뜻입니다. 7주 미만의 배아에는 미분화된 융기부인 생식 결절이 있습니다. 배아에 있는 염색체에 따라 다른 호르몬이 분비되어 XY 보유자에게서는 음경으로, XX 보유자에게서는 음핵으로 발달합니다. 처음의 조직은 동일하고, 분화가 완료된 후에 조직의 해부학적 특징을 비교하면 이를 더 확실히 알 수 있습니다. 음핵은 상당 부분이 신체 내부에 숨어 있습니다. 밖으로 보이는 귀두는 음경의 귀두와 동일하고, 음핵 해면체는 음경 해면체와 같고, 그 옆의 질 전정구는 요도 해면체에 해당합니다.

이론적으로 별로 놀랍지 않다고 하시는 분도 있을 겁니다. 인간은 원래 같은 원료로부터 제작되었고 사춘기까지 다른 발달 과정을 거칠 뿐이라고요. 그렇지만 1998년이 되어서야 요도학자 헬렌 오코넬Helen O'Connell이 음핵의 현대적인 해부학적 모습을 밝혀냈습니다(이 기관을 인류의 절반이 갖고 있는데도 불구하고 말입니다). 오코넬은 몇 년 동안 사체를 해부하고 의학 영상 기술을 활용해 조직과 인대, 혈관 등을 분석해 '음핵 복합체'라는 이름을 붙였습니다. 오코넬은 동료들과 함께 음핵에 관한 분야를 개척했고, 앞서 살았지만 아마도 방황의 시기[3]를 거치다가 이 분야에 관심 두는 것을 잊어버린 의사 선배들에게 경각심을 일깨워줬습니다.

---

3 수백 년에 걸친 방황의 시기네요. 뭐, 누구나 그럴 수 있지요.

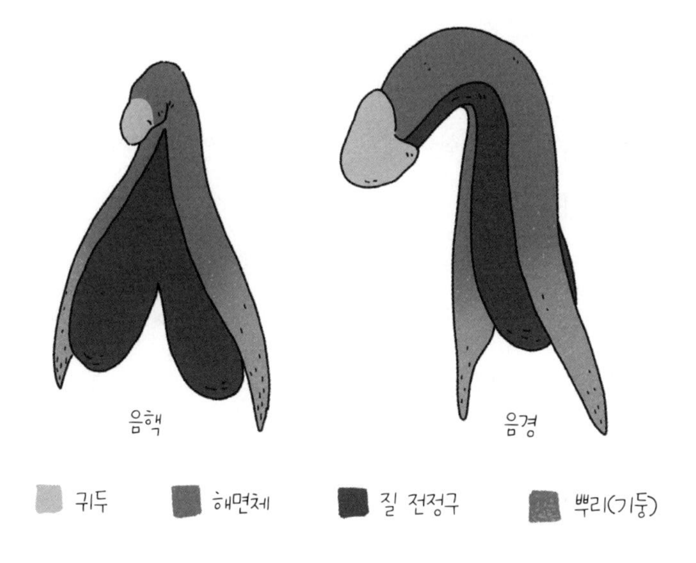


오코넬의 선구적인 논문의 결론은 이론의 여지가 없는 한 문장으로 요약됩니다. "일련의 상세한 해부 작업 결과, 현재 알려진 여성의 생식 기관과 요도에 관한 해부학에는 오류가 있다."[4] 그렇습니다. 각종 논란이 잦아들었습니다. 뒤이어 다른 학자들이 흥분하는 과정에서 혈류가 어떻게 흐르고 삽입 시 이 부위가 어떻게 움직이는지 살피면서 이 연구를 섬세하게 다듬었습니다. 이로써 인류의 절반인 여성의 생식 기관에 관한 지식을 탐구하는 것을 넘어서 성기 절단 후 필요한 외과적 재건 수술의 질도 크게 향상시켰습니다.

---

4 "A series of detailed dissections suggest that current anatomical descriptions of female human urethral and genital anatomy are inaccurate."

## 진화의 부산물?

음핵의 '재발견'을 통해 개인적으로 충분히 활용할 수 있는 여러 사실도 밝혀냈습니다. 기초과학이 실천적 행동으로 전환된 놀라운 사례지요. 작은 사례를 하나 볼까요? G스팟은 질 입구에서 몇 센티미터 떨어진 복부의 한 부위로 음핵 내부와 질의 내벽이 접하는 지점입니다. 특정한 방법으로 이 지점을 자극하면 음핵 자체를 간지럽힐 수 있습니다.

잊고 있었지만, 질 오르가슴은 성숙하고 음핵 오르가슴은 미성숙하다는 프로이트의 이론에도 해부학이 깔끔한 답을 주었습니다. 프랑스에서 2017년 마침내 음핵이 교과서[5]에 처음 등장해 여성과 남성이 해부학적으로 얼마나 유사한지 보여줬습니다. 그리고 해부학적으로 이렇게 유사

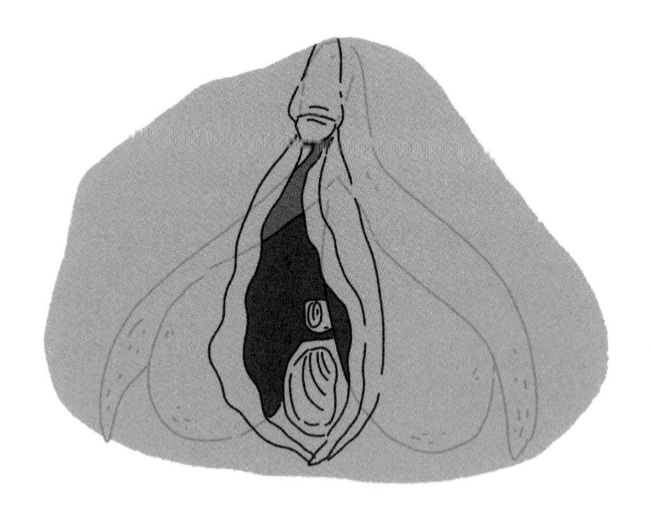

5 처음으로 이런 시도를 한 마냐르 출판사에 박수를 보냅니다. 늦더라도 하지 않는 것보다 낫잖아요!

하다면 오르가슴과 같은 반응도 유사하리라는 가정이 그렇게 비합리적으로 보이지 않습니다. 이런 가설에 따르면 재생산 기능과 무관한 여성의 오르가슴은 인류의 절반이 필요로 하기에 세대를 거쳐 보존된 생물학적 유산이자 진화의 부산물이고 남성 오르가슴의 파생물일 것입니다. 재생산과는 무관하지만 기쁨을 준다는 면에서 여성의 쾌락은 남성의 유두와 비슷하지만 그래도 조금은 더 신비로운 반응이겠지요.

이 가설을 뒷받침하는 관찰 결과가 있습니다. 가장 안타까운 결과는 통계적으로 드러납니다. 이성애 여성의 65%가 상대방과 성관계 중 일반적으로 오르가슴을 느낀다고 답한 반면, 이성애 남성은 95%라고 답했습니다. 같은 침대에서 30%나 차이가 나는 셈입니다!

이 통계는 일견 남성이 여성을 쾌락의 승강기에 태우는 데 필요한 조치를 취하지 못한 성교육의 심각한 문제라고 해석할 수도 있습니다. 동성애 여성의 86%가 대부분의 관계에서 오르가슴을 느낀다고 한 점도 이런 해석에 힘을 실어줍니다. 그런데 섹스에 관해 두 가지 기준이 적용되고 있다고 볼 수도 있습니다. 여성에게는 성적 쾌락을 즐기지 못하게 하는 압력이 작용하고 남성에게는 성적 능력을 발휘해야 한다는 압력이 작용하는 것이지요. 그래서 서로 동등한 입장이고 성이 같아서 쾌락을 안겨줄 수 있는 지식이 많은 동성애 커플보다 격차가 클 수 있습니다.

## 품질 관리

사회문화적 요인이 귀중한 해석의 틀을 제공하긴 하지만, 그림 전체를 묘사하기에는 충분하지 않습니다. 한 가지 걸리는 점이 있기 때문입니다.

왜 음경은 여성을 절정에 다다르게 하기에 적절하지 않은 도구일까요? 사실 이 주제에 관해 발표된 여러 논문은 한 가지 사실을 지적합니다. 여성이 오르가슴을 느낄 확률은 생식관에 고깃덩어리로 된 튜브를 삽입하는 것[6]과는 관련이 없는 행위와 훨씬 관련이 높다고요. 구강성교나 대화, 애무 등의 행위가 오르가슴을 느끼게 하기에 훨씬 더 효과적입니다.[7] 반면 수백만 년에 걸쳐 반대편 성의 생식기와 잘 맞도록 진화한 산물로 보이는 음경이 실은 별로 효율적이지 않은 도구라는 점이 드러났습니다.

관련 주제의 참고 도서가 된 책을 펴낸 과학철학자 엘리자베스 로이드Elisabeth Lloyd에 따르면, 여성 생식 기관의 해부학적 모습을 관찰하면 의문이 풀립니다. 더 정확하게 말하자면 아주 많은 여성의 생식 기관을 분석해 통계를 내는 것이지요. 결과는 변동성이 크다는 한마디로 요약할 수 있습니다. 사실 여성의 생식 기관에서 질의 입구와 음핵 사이의 거리는 매우 다양합니다. 이 거리가 멀면 오르가슴에 도달하기 어려울 수 있는데, 단순히 음핵이 성기 삽입 시 충분히 자극되지 않기 때문입니다. 음핵의 크기를 측정했을 때도 변동성이 크게 나오는데, 이는 음핵이 자연 선택의 영향을 크게 받지 않음을 보여주는 확실한 근거가 됩니다.

원래 자연 선택은 자연 선택이 작용하는 특성의 변이도를 줄이려는 경향이 있습니다. 예를 들어 인간의 두개골 크기는 큰 뇌를 수용하려고 선

---

6 낭만적인 순간을 이렇게 묘사해서 죄송합니다.

7 이 책에서는 음핵의 진화라는 관점에서 여성의 오르가슴을 논의합니다만, 쾌락은 수많은 요인이 조합된 결과입니다. 음핵은 그 주제에 대한 과학적 연구의 시작점일 뿐이지 꼭 종착점이 될 필요는 없습니다.

택되는 경향이 강한 동시에(그래야 매우 똑똑해지고, 또 유튜버, 특히 과학 유튜버 같은 직업을 피할 수도 있으니까요) 출산 시 통과해야 하는 엄마의 골반 크기에 제약을 받지요. 수십만 년에 걸쳐 자연 선택은 이 특성을 최적화했고 사람종에서 두개골의 크기 비율은 두 배까지 커지지는 않습니다.

음핵의 크기에 관한 변동 계수는 음경보다 세 배나 크고 이 특성에 관한 자연 선택이 강하지 않았음을 짐작할 수 있습니다.

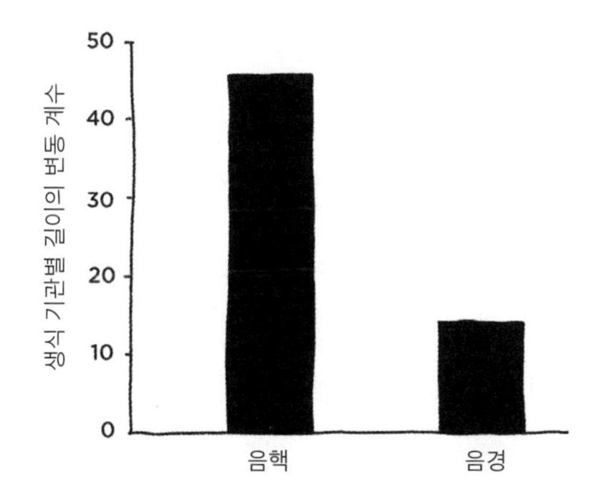


달리 말하자면 생물학적 관점에서 여성의 오르가슴이 남성의 오르가슴보다 필연성이 적고 도달하기 쉽지 않다는 점이 그리 놀랍지 않습니다. 오르가슴을 담당하는 기관이 이미 오래전부터 자연 선택의 품질 관리를 받지 않았기 때문입니다. 이 기관은 '신뢰도'가 낮고 오르가슴이 부족한 현상은 단순히 가부장 제도의 탓만은 아닙니다. 이 특성의 진화 역사에도 책임이 있습니다.

## 세상의 기원의 기원

여성 성기의 진화사는 겨우 몇 년 전에 두 생물학자 미하엘라 파블리체프Mihaela Pavličev와 귄터 바그너Günter Wagner의 연구로 그나마 밝혀졌습니다. 요약하자면 여성의 오르가슴은 기능이 있었지만 언제부턴가 그 기능을 상실했습니다. 이를 이해하려면 척추동물종의 계통수를 보면 됩니다. 인간의 역사는 3억 년 전부터 시작되었으니까요. 당시에 우리 선조는 새로운 시도를 하는 중이었습니다. 바로 체내 수정이지요. 이 특성이 나타나기 전에 암컷은 어딘가 알을 낳고 수컷은 그 위에 정액을 충분히 덮어서 수정시켰습니다. 마치 오늘날 개구리가 수정하는 것처럼요. 체내 수정은 육지에서 유리했습니다. 육지의 건조하고 위험한 환경에서 알을 보호할 수 있었거든요. 그러나 체내 수정을 하려면 난자와 정자가 여성의 생식관에서 만나야 했습니다.

체내 수정이라는 적응은 타이밍을 맞춰야 하는 제약이 있었습니다. 생식 세포가 정확한 시점에 만나야만 했습니다. 수컷은 거의 언제라도 자기 몫의 파이[8]를 내놓을 준비가 되어 있으니까 암컷에서 이 모든 것을 조율하는 생물학적 혁신이 일어나야 했습니다. 아주 오랜 옛날의 선조들은 기온이나 햇살과 같은 환경적 신호를 통해 타이밍을 맞추는 난관을 피해 갔겠지만, 그 후손들, 초기 포유류는 수컷의 자극으로 문제를 해결했습니다. 여전히 고양이, 토끼, 코알라, 쌍봉낙타가 그러는 것처럼 남성의

8 이 농담을 얼마나 하고 싶었는지 모르겠어요. 끝까지 하지 않을 수도 있겠지만요. 정액 크림을 바르는 칙칙한 이야기 말이에요.

발기된 성기를 여성의 생식관에 넣으면 우리 할머니의 할머니의 (……) 증조할머니가 배란을 했고 두 생식 세포는 적절한 시점에 적당한 장소에서 만날 수 있었지요.

우리의 수수께끼를 푸는 데 흥미로운 지점은 삽입 이후에 분비되는 호르몬이 옥시토신과 프로락틴의 혼합물이라는 것입니다. 여성이 오르가슴을 느낄 때 발견되는 혼합물과 같지요.

이 실마리가 미하엘라 파블리체프와 귄터 바그너에게 새로운 길을 열어줬습니다. 2016년 그들은 오르가슴의 진화적 기원이 배란에 있다고 가정했습니다. 우리의 선조는 짝짓기를 할 때 호르몬을 분비했고 이것이 재생산을 가능하게 했습니다. 그러나 약 9,000만 년 전에 배란은 주기적으로 바뀌었습니다. 더는 외부 자극이 필요 없어진 것이지요. 난자는 성숙해진 후 주기적인 간격으로 정자를 만나려고 이동합니다. 오르가슴 반사는 불필요해졌지만 그래도 보존되었고 세대에서 세대를 거쳐 우리에게까지 전해졌습니다.

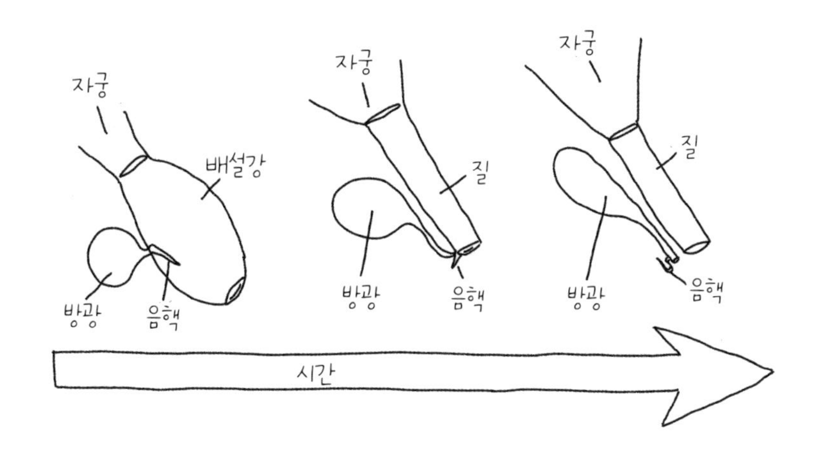

여러 가지 논거가 일치합니다. 주기적인 배란을 하는 종은 세대가 지나면서 음핵이 생식관으로부터 점차 빠져나왔습니다. 남성의 자극을 받으려고 내부에 있었던 음핵이 결국 질의 끝으로 나왔고 오르가슴과 배란 사이의 연관 관계는 끝이 났습니다.

2019년 그들의 시나리오를 보강하는 새로운 실험이 있었습니다. 프로작을 토끼에게 처방했습니다. 논리는 이러했습니다. 항우울제 프로작과 같은 선택적 세로토닌 재흡수 억제제의 부작용은, 복용자가 경험할 수 있었던 오르가슴을 느끼지 못하게 한다는 것입니다. 오르가슴과 배란의 호르몬 분비가 동일하다면 프로작이 배란을 막으리라 가정해볼 수 있습니다. 실험을 주도한 과학자들은 토끼에게 프로작을 줘봤는데 빙고! 배란이 1/3 감소했습니다. 배란과 오르가슴은 공통된 부분이 있고 이 점은 오직 해당 특성의 진화사로만 설명할 수 있습니다.

요컨대 오르가슴은 매우 오래된 생물학적 특성으로, 본래의 기능(배란)을 상실하고 우연히 일어나는 즐거운 일처럼 남아 있는 유물일 것입니다.

## 역대 최고의 사건

오르가슴이라는 반사 작용이 수백만 년이 지나 경험적으로 어떤 기능을 갖게 되었을 수도 있습니다. 어쨌든 진화란 거대하고 영구적인 땜질이니까요. 이런 진화적 과정을 굴절 적응(exaptation), 포섭(cooptation), 보충(co-option)이라고 합니다. 생물학자들이 종에 이름을 붙이는 것보다 더 좋아하는 작업이 있다면 바로 개념에 이름을 붙이는 것인 듯합니다. 새의 깃털이 굴절 적응의 전형적인 사례입니다. 비조류형 공룡이 보온이나 화려한 색깔을 통한 성적 과시를 위해 선택한 깃털이 나중에 후손인 새들에게 비행을 위해 사용된 것이지요.

그것이 여성의 오르가슴과 어떤 관계가 있느냐고요? 여성의 오르가슴도 나중에 다른 적응적 기능, 다른 방식으로 개체의 재생산을 쉽게 하는 기능을 획득했을 수 있거든요. 이 '다른 방식'이 무엇일지 찾아내려고 생물학자들은 아이디어를 짜냈습니다. 엘리자베스 로이드의 저서에서 이 반응에 기능을 부여하려는 가설을 20개 이상 볼 수 있습니다.

가령, 어느 날 열성 트위터 사용자이자 해리 포터 세계의 창조자인 J.K. 롤링J.K. Rowling이 남긴 트윗[9]과는 달리, 여성의 오르가슴이 3.5킬로그램의 물체를 질 밖으로 내보내는 동기를 제공하는 기능을 하는 것 같지는 않습니다. 우선 수정에 성공하면 암컷이 몇 달에서 몇 년까지 출산과 양육에 전념해야 하는 종에서 교미 빈도를 높여야 한다는 선택압이 작용했으리라 보기 어렵습니다. 게다가 오르가슴에 동기 부여라는 기능이 있다면 여성이 느낀 쾌감과 성교 횟수 사이의 관계, 또 성교 횟수와 출산한 아이의 수 사이의 관계를 입증해야 하는데 여기에서 문제가 생깁니다.

---

9 J.K. 롤링은 2016년 8월에 미하엘라 파블리체프의 연구를 다룬 《뉴욕 타임스》 기사에 대해 "Yes, the prospect of pushing an 8 pound object out of your vagina should be more than enough incentive for sex.(그렇죠, 8파운드짜리 물체를 질 밖으로 밀어낼 수 있다는 전망은 섹스를 하기에 충분한 동기가 될 겁니다)"라고 트윗을 남겼습니다. 파블리체프는 그저 성공한 작가인 롤링이 진화생물학자들의 연구 성과를 진지하게 여겨주면 좋겠다고 답했습니다. 트위터식 촌철살인과는 다소 거리가 있는 답이지만 그렇다고 흥미롭지 않은 것은 아니네요.

로이드가 연구한 21가지 가설은 근거가 부족했습니다. 오르가슴이 어떤 방식으로든 재생산 성공에 영향을 준다고 입증하기에 턱없이 부족했지요. 그의 가설 중 어떤 것은 때때로 현실에 단단히 기반했다고 보기에는 지나치게 창의적이었습니다.

연구자 윌리엄 P. 번즈William P. Bernds와 데이비드 P. 바라시David P. Barash는 오르가슴이 자원이 부족하거나 엄마에게 임신이 위험할 경우 즉시 임신 중단을 하기 위한 적응이라고 보았습니다. 다소 기묘하고 적응도가 무엇인지 파악하기 어려운 가설이지만, 뭐 중요한 것은 이렇게라도 연구에 참여하는 거니까요. 데즈먼드 모리스Desmond Morris에 따르면 절정의 강도가 여성을 누워 있게 해서 정액이 생식관을 타고 밖으로 흐르지 못하게 해 수정 확률을 높입니다. 천연 신경 안정제로서 이족 보행의 부수적인 피해를 막는다는 뜻이지요. H.L. 앨런H.L. Allen과 W.B. 레먼W.B. Lemmon은 여성의 오르가슴이 질을 수축시켜 남성의 오르가슴을 유발한다고 했습니다. 자궁 수축이 서양배 모양의 관장 기구처럼 작용해 말 그대로 정액을 나팔관까지 빨아들인다는 가설, 즐거운 성교가 기술적으로도[10] 유용한 성교라는 가설도 많습니다.

이런 가설을 실험하려고 창의력을 배로 동원한 연구자들도 있습니다.

## 대략적으로 추정하여 설계한 실험

1969년 진행된 실험에서 과학자들은 여성이 성교하기 직전에 자궁에

---

10 게다가 기체학적으로도요.

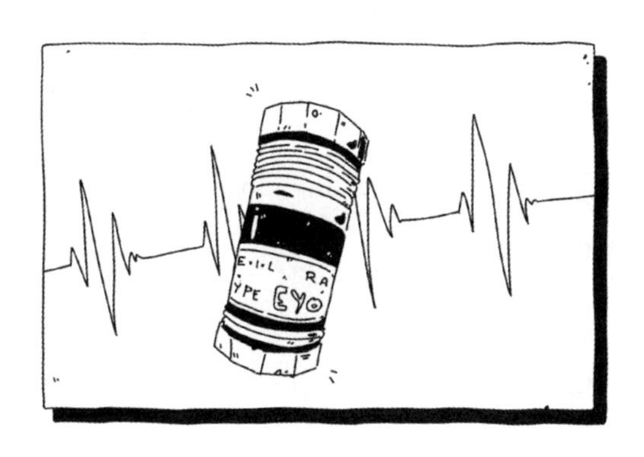

15밀리미터 길이의 무선 조종 압력 변환기를 삽입했습니다. 이 여성의 정체는 밝혀지지 않았으나 논문의 공동 저자인 C.A. 폭스C.A. Fox는 비어트리스 폭스Beatrice Fox 박사에게 "그대가 없었으면 실험이 불가능했을 것"이라고 깊은 감사를 표했습니다. 어쨌든 연구자들은 압력의 변화를 확인했습니다. 자궁이 수축하니까 당연한 결과였지요. 좀 더 직접적인 접근을 꾀한 연구자들도 있습니다. 주삿바늘로 질에 액체를 투입하고 실험 대상에게 오르가슴을 느낄 때까지 자위를 하라고 요구해 자궁까지 도달하는 액체의 양을 측정한 것입니다. 그리고 오르가슴을 느끼지 못한 여성들의 결과와 비교했습니다. 결국 별다른 소득을 얻지 못했지요.

사실 이런 연구들은 독창적이지만 그다지 낭만적이지 못한 실험 방법일 뿐만 아니라 무엇보다 실험 과정이 적절하지 않다는 점에서 문제가 있습니다. 한 개체에서 진행된 실험에서 어떤 결과를 얻을 수 있을까요? 한 연구자 부인의 자궁이 팔딱팔딱 뛰었기 때문에[11] 모든 종에서 오르

---

**11** 이 책에서 가장 멋지고 당당한 문장이 나왔습니다.

가슴이 정액 흡입기라는 진화적 기능을 한다는 결론을 도출할 수 있을까요? 당연히 그렇지 않습니다. 진지한 이론을 수립하기에는 수많은 요소가 빠졌습니다. 예를 들어 흡입이 원활한 난자 수정과 개연성이 있다는 점을 보여줘야 합니다.

그리고 다른 가설들은 주로 여성의 오르가슴이 좋은 상대방을 선택하는 데 도움을 주리라는 데 기대를 걸고 있습니다. 여성이 쾌락을 느낄 때까지 필요한 노력을 기울이는 데 충분히 결의에 차 있거나(따라서 건강하고 충분히 오래 살 수 있겠지요) 자신의 반쪽이 필요로 하는 바에 충분히 주의를 기울이거나 커플로서의 삶이나 아이들 교육에 관심을 두는, 흔히 말하는 만인이 사랑하는 사윗감일 수 있겠지요. 그렇지만 이 경우에도 가설의 근거로 제시된 자료는 좋게 봐야 하나의 일화 정도에 불과합니다.

2013년 두 연구자는 쌍둥이 자매나 일반 자매 8,000명에게 오르가슴을 느끼는 빈도가 어떤지 조사했습니다. 그들은 이 빈도와 출산한 아이 숫자 사이의 개연성을 찾아보려고 했지만, 결국 아무 결론도 얻지 못했습니다.

## 오르가슴을 하나의 예술로 바라보자

이 책을 쓰는 시점에 여성의 오르가슴이 수행하는 기능을 설명하는 가설 중에 설득력을 갖춘 것은 없습니다. 그런 점에서 여성의 오르가슴은 인식론적으로 매우 흥미로운 사례입니다. 이 장의 앞부분에서 언급한 전문가 엘리자베스 로이드는 과학철학자로서 이 문제를 다루는 동료 생물학자들의 접근법에 오랫동안 의문을 품었습니다. 어째서 이 특성의 존재를 설명하기 위해 각자 자기 구미에 맞는 이야기[12]를 만들어내려고 애를 쓸까요? 애초에 왜 이 특성에 진화적 기능이 있다고, 그러니까 개체의 육종가(育種價)를 높이는 데 기여할 것이라고 가정했을까요? 모든 생물학적 특징은 반드시 의미나 목적, 존재 이유가 있어야 할까요? 이 연구자들은 왜 성과 없는 시도에도 불구하고 여성의 절정에 어떤 효용이 있다고 정당화하고 싶어 할까요?

로이드가 던진 질문을 몇 개로 요약해봤습니다. 보시다시피 이 질문들은 여성의 오르가슴의 틀을 넘어 과학적 논리 자체를 건드리고 있습니다. 로이드가 볼 때 어떤 특성에 기능이 있다는 기본 가설에서 시작하면 연구 범위가 훨씬 한정적이 됩니다. 다른 과학 분야에서도 그렇듯이 어떤 특수한 현상(이 경우 적응)이 존재한다는 것을 입증하려면, 이 현상이 존재하지 않는다는 귀무가설(歸無假說)을 반박해야 합니다. 그리고 여성의 오르가슴의 경우에는 아무도 지금까지 귀무가설을 반박하지 못했습니다.

그렇다면 여성의 오르가슴의 용도는 무엇일까요? 현재로서는 단 하나의 사실만 확인할 수 있습니다. "용도는 없습니다. 적어도 아이 수를 늘리는 효과가 있다는 생물학적인 기능 측면에서는요."라는 것이지요. 여성의 오르가슴은 완벽하게 무용하고 동기가 없는 진화의 선물입니다. 어쩌면 생리가 생긴 후 업보 보상의 차원에서 생겼을지도 모르지요.

---

12 래퍼 노토리어스 B.I.G.(Notorious B.I.G.)의 언어로 말하자면, '그저 그럴듯한 이야기'지요.

미하엘라 파블리체프는 관련 논문에서 이렇게 적었습니다. 이 장을 마치는 데 최적의 글이라고 생각되어 여기에 옮겨봅니다.

"인간은 예술을 감상하는 능력이 있다. 이 능력은 아무래도 뇌의 심층 구조에 뿌리내리고 있는 것 같다. 우리는 이 능력의 특징이 무엇이고 진화 과정 중 어떻게 등장했는지 모른다. 하지만 그렇다고 해서 우리의 예술에 대한 열정이 사그라지지는 않는다. 우리는 누군가 예술이 미학적, 사회적, 심지어 실용적 가치를 잃었다고 한다면 우리 뇌에서 비적응적 특성이 발현된 결과일 거라고 여길 것이다. 〈중략〉 여성의 오르가슴도 그 자체로는 어떤 유용한 목적을 달성하지 못하는 하나의 예술이다. 아마도 가장 은밀하고 한두 명의 관객을 위한 예술일 것이다."[13]

13 G.P. Wagner & M. Pavličev, ≪ What the evolution of female orgasm teaches us ≫, *Journal of Experimental Zoology*, Part B : Molecular and Developmental Evolution, 2016, 326(6), p. 325.

# 16장

"민트초콜릿 아이스크림 먹을래?"

- 저의 할머니 -

# 할머니들은 왜 존재할까요?

재생산할 수 없게 하는 현상(완경)이 왜 진화에 의해 선택되었을까요? 왜 생물계에서 할머니를 보기가 이렇게 어려울까요? 완경과 할머니의 일반적인 장점을 알아봅시다!

타이타닉호가 난파된 시기에 암컷 범고래*Orcinus orca*가 북태평양의 깨끗한 바다에서 태어났습니다. 오랜 세월이 흐른 뒤 과학자들은 이 고래에게 '그래니(할머니)'라는 이름을 붙였고, 이 고래는 연구가 많이 된 집단의 여자 가장으로서 스타 범고래가 되었습니다. 1924년 저의 친할머니가 태어나셨고, 슈퍼스타는 아니셨지만[1] 그래니와 많은 공통점이 있습니다. 친할머니의 생애는 20세기 전반에 걸쳐 있고 제2차 세계대전 이후에 수많은 아이를 키우셨고 저를 비롯한 더 많은 손주에게 훌륭한 할머니가 되어주셨습니다. 이 두 할머니는 환상적인 생물학적 과정을 보여줍니다.

## 매우 드물게 존재하는 할머니들

그래니는 자식과 손주들이 많았습니다. 'J 문중'이라는 범고래 집단에서 자식과 손주들을 키우고 통솔했지요. 그래니의 진짜 탄생 연도에 관해 논란이 분분하지만 104년을 살면서 범고래 종의 생존 기록을 경신한 것은 분명합니다. 그래니는 워싱턴주 오르카스섬에서 명예 시장으로 임명되었습니다.[2] 이 두 할머니는 2016년과 2017년, 1년 사이에 세상을 떠

1 물론 제게는 놀라운 분이셨습니다.

2 동물을 명예 시장으로 선출하는 일은 현지의 전통이기도 합니다. 이 글을 쓰고 있는

났습니다. 그들의 삶은 가족의 생물학에 관한, 그리고 진화에서 할머니가 등장하게 된 것에 관한 매력적인 이야기들로 가득합니다.

사실 우리가 알고 있는 인간 할머니는 진화에서 예외적인 사례이자 포유류에서 소수의 경우에만 나타나는 혁신입니다. 물론 유성 생식을 하는 모든 종은 암컷이 있고 딸과 손녀를 낳으니 넓은 의미에서 '할머니'가 존재하기는 하지요. 그렇지만 인간 할머니나 범고래 할머니와 다른 포유류 대부분의 할머니 사이에는 큰 차이가 있습니다. 사피엔스에서 할머니는 재생산을 하지 않습니다.

남성은 죽을 때까지 재생산을 합니다. 실제로 96세에 아버지가 된 남성이 현재 최고 기록입니다. 반면 사피엔스 할머니는 생식 순환의 종료를 뜻하는 완경을 겪습니다. 인간 할머니가 다른 포유류 대부분과 크게 다른 점입니다. 다른 포유류 대부분은 더는 재생산을 하지 못하면 죽습니다.

시점의 명예 시장은 아주 귀여운 마법사 분장을 한 도마뱀 리키입니다.

완경은 포유류 다섯 종, 인간, 범고래, 일각돌고래*Monodon monoceros*, 흰고래*Delphinapterus leucas*, 들쇠고래*Globicephala macrorhynchus*에게만 있습니다.

진딧물종*Quadrartus yoshinomiyai*의 암컷은 생식이 끝나도 생존할 수 있는 것[3] 같지만, 현재 지식수준에서 이는 생물계에서 드물게 존재하는 능력입니다. 이런 특징에 관해 생물학자들은 자동으로 온갖 종류의 질문을 던지게 마련입니다. 왜 이 특성이 인간에게 존재할까요? 어떤 상황에서 완경과 같은 생물학적 특성이 나타나고 선택되며, 인간이 완경을 하는 유일한 영장류라는 점은 무슨 의미일까요?

## 완경과 수명

첫 번째 접근법으로 완경은 사람종에 위생 관념과 의학이 등장함에 따른 논리적이고 우발적인 결과라는 가설을 살펴봅시다. 이 신기술은 인간의 수명을 인위적으로 연장시켰고 구석기 시대의 우리 할머니들은 완

---

3 진딧물의 생애는 매우 흥미로워서 내용이 좀 길더라도 관련 각주가 필요합니다. 일본 진드기는 조록나무속(*Distylium*) 나무에 오배자를 만듭니다. 오배자는 잎에 공 모양으로 달린 큰 돌기인데 입구가 있고 그 안에는 진드기 몇 세대가 공존합니다. 오배자를 만든 암컷은 그 안에 날개가 없는 딸들을 낳습니다. 이 딸들은 날개가 있는 다른 딸들을 낳아 정상적인 진드기의 삶을 살게 합니다. 이 시간 동안 첫 번째 딸 세대는 모습을 바꿉니다. 예전에 알을 품었던 복부에 왁스 제형의 끈끈한 방어 물질이 가득 차게 됩니다. 이들 어머니(딸들이 자식을 낳음에 따라 곧 할머니가 됨)는 오배자의 입구에 자리를 잡고 새로운 방어 기관으로 잠재적인 포식자의 공격에 대비합니다. 이들은 우리의 할머니들처럼 좀 더 넓은 의미의 자손을 보호하기 위해 재생산을 그만둔 것입니다. 아직 다 밝혀지진 않았습니다만, 이렇게 독특한 삶의 방식을 가진 다른 종이 분명 또 있을 겁니다.

경의 나이까지 살 수 없었습니다. 배고픈 검치호랑이나 짓궂은 살모넬라 감염증이 할머니가 되기 전에 일찌감치 죽음을 선사했고 우리 할머니와 같은 생식(生殖) 후의 삶은 4만 년 전의 수렵채집인들에게는 불가능했습니다.

이 가설에서 여성들의 난모세포 양은 고정되어 있었고 기대 수명에 맞춰져 있었습니다. 수명이 길어졌지만 난소는 이를 따라가지 못해 완경이 일어났습니다. 그러니까 완경은 자연 선택의 산물이 아니라 근대 사회에서 수명이 늘어난 결과일 뿐입니다.

그렇지만 이 가설은 커다란 문제에 부딪힙니다. 구석기 시대의 우리 선조들이 완경을 겪을 수 있을 만큼 (꽤) 충분히 오래 살았다고 볼 수 있는 근거가 있습니다. 첫 번째 단서는 치아 화석의 연구 결과입니다. 어릴 때에는 치아가 꽤 예상 가능한 방식으로 성장하고 성인이 되면 점차 닳아서 치아 주인의 나이를 추정할 수 있습니다. 물론 치아의 노화 조건은 생활 방식과 식생활, 연구자들이 통제할 수 없는 기타 여러 요인에 따라 달라지기에 나이를 굉장히 대략적으로밖에 추정할 수 없습니다. 오류를 줄이기 위해 성인을 '젊은 성인'과 '나이 든 성인', 이렇게 두 집단으로 구분할 정도입니다.

인간만이 치아를 보유한 유일한 영장류[4]가 아니라는 게 치아의 장점입니다. 그래서 연구자들은 서로 다른 시대를 살았던 오스트랄로피테쿠

4 침팬지의 송곳니 크기를 보면 사람종은 치아 게임에서 거의 무의미한 존재라고 할 수 있습니다.

스, 호모에렉투스, 네안데르탈인, 호모사피엔스의 치아를 비교할 수 있습니다. 연구자들은 무엇을 확인했을까요? 진화가 진행됨에 따라 '나이든 성인'의 치아가 더 많이 발견되었고 이는 구석기 시대에 노령층이 분명히 존재했다는 뜻입니다.

## 수렵채집인 할머니

다른 접근법도 이 결과를 뒷받침합니다. 이 접근법은 오늘날에도 여전히 인간이 후기 구석기 시대의 기술 수준으로 살고 있는 민족들을 연구합니다. 지구상의 여러 수렵채집 민족이 대표 표본, 즉 농업이 개발되기 이전의 삶이 어떤지 보여주는 연구 모델이 될 수 있습니다. 수렵채집과 원예에 종사하는 20개의 민족을 살펴본 결과 15세까지 생존한 사람(출생아 수의 절반에 불과합니다)의 2/3가 70세까지 사는 데 성공했습니다. 통계학적으로 말하자면 현재 수렵채집을 하는 성인의 사망 나이 최빈값[5]은 72세입니다. 이는 전기 산업 사회의 스웨덴[6]과 얼추 비슷한 수준입니다.

이 자료는 그들이 여러 세대의 농부들에게 밀려 한층 외진 지역에 살았다는 점에서 더 인상적입니다. 칼라하리 사막의 산San족을 예로 들 수 있겠네요. 산족이 사는 지역은 특히 건조하고 살기 힘든 곳으로 다소 쾌

5 [역자 주] 최빈(最頻)값: 주어진 자료 중 가장 많은 빈도로 나타나는 변량 또는 자료.

6 스웨덴은 인구 상당 부분의 사망에 관한 자세한 정보가 꽤 이른 시절부터 존재하는 나라입니다. 성당이 소교구에 성사 대장을 위임하고 현지 성직자가 정성스레 기록했겠지요. 이 성사 대장은 우리가 13장에서 봤듯이 근래의 진화에 관한 수많은 자료를 제공합니다.

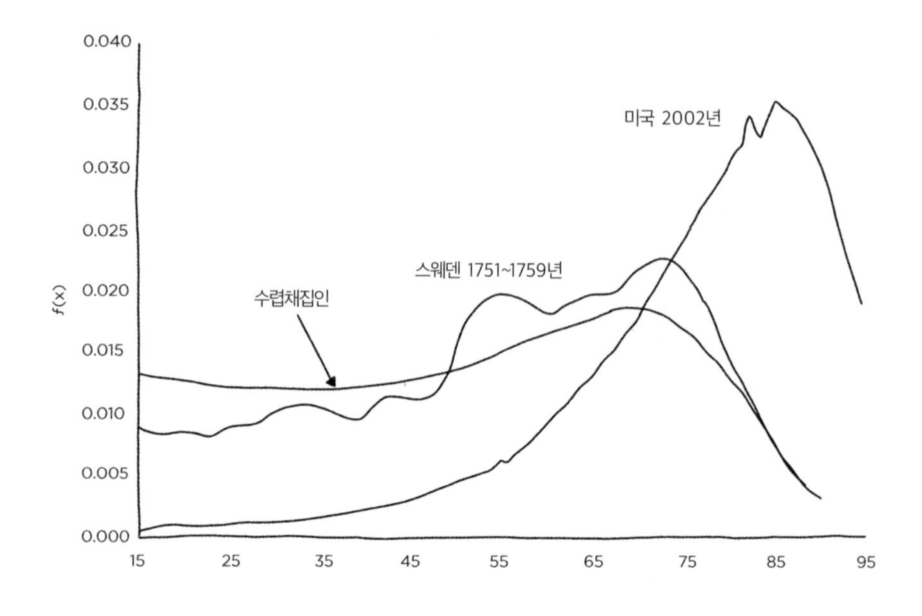


적한 지역을 자유롭게 뛰어다니는 수렵채집인과는 상당히 다른 생활 방식이 요구됩니다. 영아 사망률이 높아 평균치를 끌어내린 탓에 태어난 시점에 그들의 기대 수명은 매우 낮지만, 15세를 넘기면 적어도 50세까지 살면서 완경을 겪을 가능성이 큽니다.

달리 말해 이들 연구에 따르면 인간의 생식 후 삶은 단순히 근대화와 함께 나타난 평균 수명 상승의 부수적인 효과가 아니라 선사 시대부터 수십만 년 동안 진행된 선조들의 진화 환경이었습니다.

## 진화적 역사를 찾아서

그러니 진화생물학적 관점에서 완경의 이유가 무엇인지 살펴야 하며 으레 그렇듯이 다양한 가설이 있습니다.

첫 번째 가설은 완경에 관련된 유전자가 생애 초기에는 재생산에 유리해서 진화로 선택되고 생애 말에는 불리해져서 노화로 이어진 결과라고 합니다. 이 '길항적 다면 발현' 가설은 1950년대 중반 진화생물학자 조지 C. 윌리엄스가 제안했습니다. 이 미국인 연구자는 리처드 도킨스, 존 메이너드 스미스, 에른스트 마이어Ernst Mayr 등 저명한 생물학자들과 함께 현대 진화론을 구축하는 데 공헌을 했으며 "왜 개체는 노화할까?, "왜 유기체는 성교를 할까?", "왜 완경이 존재할까?" 등의 질문에 관심을 뒀습니다.

길항적 다면 발현 가설에서 완경에 관련된 유전자는 생애 초기에 유리한 특성 때문에 선택됩니다. 그런데 그게 무슨 특성일까요? 연구자들은 난모세포의 성숙과 점진적 소멸이 여성의 건강에 매우 중요한 복잡한 호르몬 체계의 핵심이며, 이 과정의 대가로서 난모세포가 소진된다고 했습니다. 그러니까 완경은 여성의 호르몬 주기에서 난모세포의 성숙이 중요하기 때문에 우발적으로 발생한 결과라는 뜻입니다. 이 가설에 따르면 그렇답니다.

좋아요, 우리 솔직해집시다. 이 가설은 모든 것을 설명하기에는 부족합니다. 가령 난모세포가 성숙하면서 배출되는 호르몬이 생리학적으로 여성에게 그렇게 중요하다면 자연 선택이 왜 그 영향력을 생애 말까지 늘리지 않았을까요? 그리고 왜 동일한 가능성이 있는 수백만 종 중에서 다섯 종만 이 길항적 다면 발현의 영향을 받았을까요?

그러니까 이 가설은 어느 정도 만족스럽지만, 자애로운 할머니의 존재를 설명하기에 최적의 가설은 아닙니다. 좀 더 연구가 많이 되고 더 많은 관찰 결과와 견고한 근거를 모은 다른 가설도 있습니다. 그리고 가설의 이름도 '길항적 다면 발현'보다 훨씬 발음하기도 쉽고 이해하기도 쉽습니다.

이제 '할머니 가설'을 소개할 시간이네요.

## 그래니로 되돌아갈 시간

북태평양 연안의 피오르 해안을 후손들과 헤엄쳐 다니던 100살 먹은 범고래 그래니를 기억하시지요? 그래니는 밴쿠버와 시애틀을 연결하는 해협과 만이 많은 거대한 지역인 살리시해에 사는 남부 거주 개체군에 속합니다. 이 개체군은 지구상에서 가장 연구가 많이 되었고 가장 큰 위협을 받기도 합니다. 해양 운송과 도시화로 야기된 오염이 해안가에 축적되면서 이들의 생활 환경을 위험하게 만들고 있습니다.

고래류를 연구하는 고래학자들이 몇 세대에 걸쳐 진득하게 수집한 자료 덕분에, 쌍안경을 들고 조디악 보트를 타고 10도의 바다를 헤치며 수행한 관측 자료 수천 개를 교차 비교해서 친근한 이빨고래아목과 범고래들의 사회 체제가 어떻게 작동하는지 마침내 알아냈습니다. 범고래의 암컷은 30~40대에 출산을 멈추지만 60세 이상까지 삽니다. 이 기간 동안 암컷들은 자기 딸과 아들, 딸의 아이 등으로 구성된 집단을 통솔합니다. 이 암컷의 수명은 꽤 길어서 최대 4세대가 같이 살기도 합니다. 개체가 이 집단에서 멀어질 때는 번식을 할 때뿐입니다.

한 가지 흥미로운 점이 관찰되었습니다. 할머니 범고래가 죽은 후 2년 동안 손주 범고래가 죽을 확률은 평소보다 4.5배 높았습니다. 이런 영향은 자식에게도 마찬가지였고, 그들의 주요 식량인 연어가 부족해서 평소보다 더 힘든 시절에 더 큰 영향을 미쳤습니다. 할머니 범고래들은 사냥의 결과물을 자손들(심지어 먼 자손들까지)과 나누고 어디에서 먹이가 잘 잡히는지와 같은 경험을 전달하는 것 같습니다. 그러니까 대가족을 돌보는 것이지요.

## 범고래처럼 영리하게!

이런 유형의 행동이 등장하고 선택되려면 꽤 특수한 조건이 필요합니다. 긴 수명과, 아기 범고래가 모든 지식을 습득해서 자립할 때까지 필요한 시간 등이 있겠지요. 범고래들에게는 세대를 거쳐 물려주는 지방 방언이 있고 개체군에 따라 다른 사냥법이 있습니다. 예를 들어 범고래는 바다표범이 빙산 위에 앉아 있을 때 파도를 일으켜 바다표범을 떨어뜨리는 방법이나, 물고기를 바다 표면에 토해내서 바닷새를 유인해 잡아먹는 방법 등을 배웁니다.

더 놀라운 점은 범고래는 바다표범이 많은 해안으로 다가갈 때 옆으로 몸을 기울여 수영하면서 미래의 먹이에게 등지느러미를 감춥니다. 범고래들은 '회전목마' 대형으로 함께 사냥하기도 합니다. 고기 떼 주위를 번갈아가며 고속으로 회전하는 복잡한 방식으로, 고기 떼가 공 모양을 만들기를 기다렸다가 범고래 한 마리가 다가가 꼬리지느러미로 내려쳐 배부르게 먹습니다. 이런 종에서 어른이 된다는 것은 이 모든 기술을 습득해야 한다는 것을 의미하며 그 교육 과정에서 할머니가 중추적 역할을 합니다.

• 무자비한 자연의 생존 경쟁 •

• 전지 화면 •

예, 저 바다표범이에요. 제가 왜 이런 상황에 처해 있는지 궁금하실 겁니다.

## 사촌 몇 명을 위해 당신의 여동생 한 명을 희생할 수 있나요?

할머니는 손주들을 도와주면서 얻는 게 있습니다. 손주들에게 자기 유전자가 있으니까요. 자식들은 대립 유전자의 절반을 갖고 있고, 손주들은 1/4, 증손주들은 1/8, 이렇게 갖고 있지요. 한 개체의 총적응도(쉽게 말해 '진화적 성공')는 자연에 퍼뜨린 유전자의 총합에 따라 달라집니다. 그런데 유전적 계산법에서는 자기가 아이를 하나 더 낳는 것과, 자기 딸이나 아들이 자식 둘을 더 낳도록 돕는 것이 동일한 이득이 있습니다.

언젠가 J.B.S. 홀데인이 "나는 형제 두 명이나 사촌 여덟 명을 위해 나를 희생할 수 있다"라고 했던 것처럼요.

물론 이 모든 과정을 유기체가 의식할 필요는 없습니다. 한 유전자가 나타났는데 그 유전자가 손주를 잘 보살피도록 해 손주 수를 늘린다고 가정해봅시다. 이 유전자를 가진 개체의 수가 많으니까 전통적인 자연선택에 따라서 이 유전자는 자동으로 다음 세대에게 전달될 겁니다. 이런 계산 유형을 '포괄 적응도'라고 합니다. 한 개체의 생식 성공률만 고려하지 않고 성인의 나이까지 살아남는 아이의 수, 다소 거리가 있는 근연 관계에 대한 기여도까지 살핍니다. 이 개체가 손주, 조카, 사촌이 살아남아 그들이 각자 수준에서 보유한 유전자를 전하도록 돕는지를 보는 것이지요.

그렇다면 완경은요? '할머니 가설'에서는 할머니가 손주들에 대한 보살핌을 늘리려고 생식 활동에 종지부를 찍도록 선택되었다고 합니다. 사실 임신은 나이가 들수록 더 위험하고 나이 든 엄마가 출산하면 자식이 자립할 때까지 자식의 필요를 충족해주지 못할 확률이 높아집니다. 엄마가 나이가 많아서 힘들기도 하고 아이가 성체가 되기 전에 죽을 수도 있으니까요. 요컨대 아이가 성장하는 데 수년이 필요하다면 젊은 엄마와 나이 든 엄마가 아이에게 해줄 수 있는 것에는 상당한 차이가 있고, 그래서 완경은 충분히 선택될 만한 진화적 혁신입니다.

## 할머니의 실제적 유용성에 관해

범고래와 인간에게 바로 이런 일이 있는 것 같습니다. 60년 전 이 가설이 세워진 이래로 수많은 과학적 관찰 결과가 이 논의에 불을 지폈고 더 큰 그림을 완성해갔습니다.

최초의 경험적 확인은 유타대학교 인류학자 크리스틴 호크스Kristen Hawkes와 동료들의 현장 연구에서 나왔습니다. 그들은 탄자니아의 하드자Hadza족과 아마존 열대 우림의 치마네Tsimane족을 연구해 인간 할머니는 채집을 통해 공동체에 막대한 먹거리를 제공하고 새로운 세대에게 중요한 문화유산을 전달한다는 점을 발견했습니다. 이런 결과는 최근 서구의 산업화 이전 사회를 분석한 자료로도 입증되었습니다. 그들은 또 퀘벡과 핀란드 성당의 성사 대장[7]을 살펴 지리적으로 할머니가 가깝게 있는 가정과 멀리 있는 가정을 비교했습니다. 이를 위해 자매의 가정을 비교했지요.

산업화 이전의 시기에 서구 국가의 영아 사망률은 꽤 높아서 태어난 아이 중 약 절반만이 15세까지 살아남았고[8] 엄마들은 아이를 평균 8명 낳았습니다. 분석해본 결과 연구자들은 할머니의 존재가 딸에게 평균 1.75명의 아이를 더 낳게 했으며 이는 할머니 가설과 일치한다는 점을 알게 되었습니다. 다시 말하자면 유전적으로 볼 때 손주를 두 명 키우는 일을 돕는 것은 자기 스스로 한 명을 낳는 것과 동일합니다.

---

7 이 성사 대장으로 뭐든 할 수 있네요.

8 이 수치는 퀘벡인들과 칼라하리 사막의 수렵채집 민족이 동일한 수준입니다. 이 정보로 정확히 무엇을 할 수 있을지 모르겠지만, 저녁 데이트에 나갈 때 멋있어 보일 수 있을 것 같네요.

## 구석기 시대부터 자애로운 할머니

그리니까 퀘벡의 할머니들은 완경 이후 딸의 양육을 도우면서 아이를 하나 더 갖는 효과를 낸 셈입니다.[9] 하나의 사례에 불과하지만 제 할머니 이야기도 이 가설과 얼추 비슷합니다. 프랑스의 '영광의 30년'[10] 동안 여섯 아이를 키우고 1970년대 말부터 1990년대 초까지 태어난 스무

9 1.75를 둘로 나누면 0.875입니다. 그러니까 기술적으로 퀘벡 할머니들은 87.5%의 아이를 더 가진 셈이지요. 이 정보로도 무엇을 할 수 있을지 모르겠네요.

10 [역자 주] 영광의 30년: 1945년부터 1973년까지 계속된 프랑스의 경제 성장기를 이르는 말.

명 남짓한 손주들의 할머니가 되셨습니다. 다른 할머니들과 마찬가지로 부모들이 일을 나가면 손주들을 돌봐주고 어른 가장으로서 가족 간 연대 의식을 돈독히 하고 초콜릿 파이[11]를 나눠 주고 전설적인 '조 라 프리트Joe la frite' 사탕 단지로 손주들에게는 기쁨을, 치과의사들에게는 거금을 안겨주셨지요.

물론 이 현대적인 일화는 구석기 시대에 등장한 생물학적 특성을 뒷받침하기에 좋은 논거는 아닙니다. 게다가 할머니의 긍정적인 영향력은 할머니의 나이에 따라 감소해서 나이가 지나치게 많은 할머니는 오히려 손주의 기대 수명을 감소시킨다는 식으로 할머니의 영향력을 묘하게 축소하는 연구도 있습니다.

사실 사람종에서 완경이 유지되는 이유를 설명하기 위해 이 가설의 관점에서 점점 더 많은 연구가 진행된다면, 그림을 완성하기 위해서는 다른 보충 설명도 필요합니다. 예를 들어 어떤 연구자들은 완경이 세대 간 재생산이 겹치지 않도록 해준다고 설명합니다. 엄마가 자신의 딸과 동일한 시점에 아이를 낳지 못하게 한다는 뜻입니다. 수많은 종에서 재생산 기간이 겹치는 일은 큰 문제가 아닙니다만, 인간의 경우 아이를 키우는 데 온 가족의 노력이 필요하기에 문제가 될 수 있습니다. 일정한 나이부터 재생산이 중단되도록 자연 선택되면서 아이 교육에 필요한 자원을 두고 싸우는 일을 막았을 수 있습니다.

어쨌든 재생산 후에도 생존하는 종의 비율이 적다는 점은 이 생물학

---

11 먹다 누가 죽어도 모를 만큼 맛있었어요.

적 특성이 특별한 조건을 요구한다는 것을 의미합니다. 좋은 할머니에게는 다음 두 가지 조건이 필요합니다. 오래 살고 인지력이 뛰어나 세대 간 협업이 가능한 동물, 그리고 성장하려면 시간과 자원이 많이 필요한 아이입니다.

그렇다면 할아버지는 왜 완경과 같은 일을 겪지 않을까요? 이 장 앞부분에서 언급했듯이 할아버지는 죽을 때까지 재생산할 수 있습니다. 이는 수컷의 일반적인 전략과 일맥상통합니다. 아이당 최소한의 자원만을 투입해서 최대한 많은 아이를 낳는 것이지요. 물론 오늘날 할아버지가 손주들의 교육에 기여하지 않는다는 의미는 아닙니다. 단지 과거에 진화적 동력이 그들을 생물학적으로 이 방향으로 가도록 유도하지 않았다는 말입니다.

지금까지 본 가설과 연구 결과를 잠깐 곱씹어보면 우리 사람종의 낭

만적인 측면을 엿보게 됩니다.

북태평양의 차가운 바다에서나 칼라하리의 사막에서나 언덕 위 시골 집에서나 할머니들은 자기 아들딸의 자식들을 교육하고 돌봅니다. 물고기를 사냥하는 법을 가르치고 부모들이 채집하러 나갔을 때 안전하게 돌보고 디즈니 애니메이션을 상영하는 영화관에 데리고 갑니다. 그리고 이 세심한 할머니들은 민트초콜릿 아이스크림콘을 자기 유전자의 1/4을 가진 손주들 손에 들려주면서 축복을 곁들인 볼뽀뽀를 해줍니다. 수백만 번 반복된 이러한 행동을 통해 할머니들은 인간의 기원에 뿌리를 둔 애정의 긴 계보에 공헌합니다.

## 나가며

2020년 9월 코르시카의 해안, 잔잔한 바다를 가로지르며 배가 조용히 멀어지는 와중에 저와 동생은 고무 오리발을 끼고 가능한 한 빨리 헤엄치고 있었습니다. 우리가 상어에게 쫓기거나 그런 종류의 위협을 받고 있었던 건 아니에요. 쥐가오리*Mobula*에게 보여주려고 아크릴 소재의 거울을 펴고 있었어요.

### 예상하지 못한 지능

연골어류에 속하는 이 물고기는 인간과 완전히 다르고 우리와 쥐가오리의 진화적 계보는 약 4억 5,000만 년 전, 생명체가 육지를 발견하기 시작한 시점에 분화되었습니다. 쥐가오리가 진화적으로는 고래와 상당히 거리가 있지만 둘은 공통점이 여럿 있습니다. 우선 큰 입으로 플랑크톤을 흡입해 먹고, 기대 수명이 긴 반면 아이는 적게 낳고(평균 5년에 한 마리), 복잡한 구애 행동을 수행하고, 알 수 없는 이유로 이따금 물 위로 뛰어오릅니다. 그리고 무엇보다 꽤 발달된 두뇌를 갖고 있습니다.

쥐가오리의 두개골 속 내용물은 상대적으로 최근에 발견되었습니다. 그리고 몇 가지 놀라움을 선사했지요. 우선 두뇌가 다른 가오리처럼 미끈하지 않고 주름이 있어서 피질 표면적이 넓습니다. 또 동맥과 정맥의 혈관망, 즉 소동정맥 그물이 뇌를 감싸고 뇌를 뜨겁게 해 화학 반응이 활발하게 일어나게 만듭니다. 이런 혁신은 아마도 인지 능력을 개선하는 효과를 낼 것입니다. 그러나 무엇보다 뇌가 신체 크기에 비해서 유독 큽니다. 비교해보자면 플랑크톤을 흡입하는 친척 돌묵상어의 뇌만 해도 신체 크기에 비해 50배나 작습니다. 그리고 쥐가오리는 복잡한 행동 양식, 사회관계(절친한 친구도 있습니다!), 잠수부를 향한 관심으로 유명합니다. 그러니까 우리는 지금 매력적이면서 우리와는 매우 다르고 그 나름대로 영특해 보이는 동물 앞에 있는 것입니다.

## 쥐가오리에게 자신을 인지하게 하려는 시도

쥐가오리는 수면 아래를 유유히 미끄러지며 우리 주위를 돌았습니다. 놀라운 장면이었습니다. 네오프렌 잠수복을 입은 잠수부 두 명은 쥐가오리를 놀라게 하지 않으려고 움직임을 최소화한 채 커다란 거울을 들고 있었고 폭이 2.5미터나 되는 물고기는 이들을 살피고 가늠하고 있었습니다. 쥐가오리는 빠르게 한 바퀴를 돌더니 우리가 그렇게 흥미롭지 않은지 떠났다가 다시 돌아와 거울 앞으로 다가갔습니다.

이번 탐사는 이 짧은 순간에 완성되었습니다. 맞춤으로 제작된 거울,

쌍안경으로 쥐가오리의 존재를 확인하려 한 자연주의적 관찰 일주일, 이 모든 일은 쥐가오리가 거울을 들여다보고 우리가 쥐가오리의 반응을 살피는 게 목적이었습니다. 쥐가오리는 자기를 알아볼까요? 아니면 다른 쥐가오리라고 생각할까요? 관심을 두지 않을까요? 우리는 말 그대로 숨을 죽였습니다.

아무 근거도 없이 시작된 아이디어는 아닙니다. 이번 탐사가 있기 몇 년 전 바다생물학자 칠러 어리Csilla Ari가 바하마의 아쿠아리움에 거울을 설치했더니 만타가오리 두 마리가 거울 앞에서 수영을 했습니다. 쥐가오리의 가까운 친척인 만타가오리는 놀라운 행동을 보여줬습니다. 자기의 반영 앞에서 긴 시간을 보냈고 거품을 내뿜었고 여러 방향으로 회전했고, 연구자들에 따르면 만타가오리는 그렇게 자기 자신을 관찰했을 가능성이 있습니다. 실험적으로 더 의미 있게 표현하자면, 만타가오리가 자기 반영을 알아봤을 수 있습니다.

## 거울아, 거울아, 누가 자기를 인식하는지 말해주렴

거울 실험은 동물행동학에서 유명한 실험입니다. 기존 실험 버전에서는 동물이 무엇을 알아채거나 느끼지 못한 상태에서 이마에 표시(예를 들어 빨간 점)를 했습니다. 그러고는 피실험 동물을 거울 앞에 두고 반응을 관찰했습니다. 침팬지는 거울에 비친 모습과 자기와의 연관성을 깨달아 거울의 도움으로 이마의 표시를 만졌습니다. 1970년 이 실험을 고안한 고든 갤럽Gordon Gallup에 따르면 이는 동물이 자기를 인식한다는 표시입니다.

이 실험은 수많은 종에게 행해졌고 재미있는 결과를 얻었습니다. 원래 버전의 실험에서 성공하지 못한 동물 중에는 과학자들이 그들의 생태[1]에 맞게 실험을 수정했을 때 자기를 인식하게 된 경우도 있었고 자기를 인식할 수 있을 것 같은 생각이 강하게 드는데도 끝까지 성공하지 못한 경우도 있었습니다. 물고기에서 이 실험은 성공을 거뒀습니다. 청줄청소놀래기(다른 물고기의 죽은 세포를 먹어 치우는 암초 물고기)에게 보이지 않는 곳의 비늘에 색소를 주입했습니다. 그리고 연구자들은 앞에 거울을 놔줬는데, 이 물고기가 거울의 반영을 참고해 수족관 바닥에 얼룩진 부분을 문지르려고 하는 모습이 관찰되었습니다.[2] 하지만 수족관이 아닌 바다에 사는 동물은 문제가 약간 복잡했습니다. 동물에게 빨간 점을 찍을 수도 없었고 그 동물이 점을 지우려고 애쓸 수도 없었기 때문입니다. 팔다리도 없거니와 문지를 만한 표면도 없으니까요.

그렇지만 야생 쥐가오리가 자기의 반영 앞에서 보인 반응은 흥미로웠고 저는 실망하지 않았습니다. 거울 실험에는 연구자가 해석할 거리가 상

---

1 동물행동학자인 프란스 드 발은 저서 『동물의 생각에 관한 생각 – 우리는 동물이 얼마나 똑똑한지 알 만큼 충분히 똑똑한가?』에서 거울 실험이 과학적 실험 과정과 그 한계를 얼마나 잘 보여주는지 적었습니다. 수많은 종이 정말 말도 안 되는 이유로 이 실험에 실패했는데, 예를 들어 코끼리에게 몸을 보기에 너무 작은 거울을 가져다 놓았다든지, 시각이 주가 되는 이 실험을 냄새로 존재를 인식하는 개와 같은 종에게 적용했다든지 그랬습니다. 실패하는 방법도 가지가지지요.

2 이 연구는 우리가 점진적인 자기 인식 등 이 실험에서 얻을 수 있는 결론에 관한 큰 논란을 불러일으켰습니다. 일부 연구자들이 단순한 암초 물고기가 자기를 인식할 수 있다는 데 매우 놀라면서 이 실험의 적합성을 의심해봐야 하는 게 아니냐는 의문을 제기했거든요.

당히 많습니다. 우리가 자기의 반영에 반응했다면 자기 자신을 인식하기 때문일까요? 우리가 자기 자신을 인식한다면 인식 자체를 할 수 있다는 말일까요? 저는 우리 주위를 헤엄치면서 거울에 배를 비추어보고 거울 안의 자기 자신을 들여다보는 쥐가오리를 보면서 많은 질문을 했습니다.

## 인식도 진화할까요?

유튜브 영상을 찍으면서 한 실험이었고 엄격한 조건에서 진행한 연구는 아니었지만 이 실험은 진화 과정에서 인식의 등장을 논하기에 충분히 의미가 있습니다.

인식이 진정으로 무엇을 의미하는지 깔끔한 합의가 있지는 않습니다. 다만 어떤 문제를 다양한 각도에서 접근하는 여러 사고방식의 집합체라고 할 수 있습니다. 통합 정보 이론(Integrated information theory)의 여러 버전에 따르면 정보를 통합하는 모든 체계에는 일종의 인식이 있습니다. 다이오드[3]나 선인장도 어느 정도 선에서 인식이 있지요. 이 관점은 범심론과 관련이 있습니다. 범심론에 따르면 인식은 물질의 기본적인 속성이고 어디에나 있으며 자기에게 집중하는 것이기에 우리로 하여금 지금 이 순간에 대해 의식적 경험[4]을 하게 합니다. 지금 이 순간 저는 글을 쓰고 당신은 이 글을 읽으며 눈썹을 치켜올리듯이 말입니다.

---

3 [역자 주] 다이오드(diode) : 전류를 한쪽으로는 흐르게 하고 반대쪽으로는 흐르지 않게 하는 작용을 하는 전자 부품.

4 [역자 주] 의식적 경험(conscious experience) : 경험하는 사건이나 활동에 대해 인지하고 이해하는 능력. "내가 꽃을 보고 있구나.", "이 꽃이 아름답다고 생각하는구나." 등.

좀 더 기능적인 관점에서 인식은 뇌의 다양한 모듈이 활동한 결과이고 뇌의 진화 과정에서 등장한 산물입니다.[5] 그리고 이 점에 관해서도 가설이 넘칩니다. 영화 〈2001: 스페이스 오디세이〉에서 오스트랄로피테쿠스가 돌기둥을 만지는 순간 경험했을 법한 섬광과 같이 인식은 갑자기 등장했을까요? 아니면 선캄브리아기부터 점차 등장했을까요? 간단히 말해서 박테리아도 인식이 있고, 박테리아의 집락도 인식이 있을까요? 인식이란 무엇일까요? 나는 누구일까요? 나는 어디로 가고 있을까요? 온도계는 원자의 속도를 측정하는 기계일까요? 비디오 게임기의 전구는 진짜 전기를 사용하는 걸까요? 이렇게 삶에 관한 근본적인 질문이 이어집니다.

이 '나가며'에서 여러분에게 인식의 진화에 관한 구체적인 대답을 드릴 순 없습니다. 연구자들도 아직 인식의 정의에 합의하지 못했고 동물을 연구하는 일은 매우 까다롭고 실험의 적합성과 결과의 해석에 관해 논란이 분분하니까요. 그렇지만 진화는 인식이라는 특성이 어떻게 등장해서 세월이 흐르며 어떻게 변했는지 이해할 만한 실마리를 제공합니다. 당신의 세계관이 어떻든 우리의 의식적 경험이 박테리아와 크게 다르다는 점은 인정해야 할 겁니다. 그렇게 생각하지 않는다면 인간의 의식적 경험이 과학적 관점에서어떻게 생겨났는지 살펴보기 위해서라도 진화생물학을 동원할 수밖에 없으니까요.

5 이 내용은 1장에서 언급했습니다.

## "오…… 와우"라고 당신은 반응하겠지요

생물학은 우리를 둘러싼 세계를 설명하는 데 꽤 효과적인 학문입니다. 여러 종류의 반(反)직관적인 발견도, 통찰도 풍성합니다. 와우, 인간은 때때로 수십억만 년이나 나이를 먹은 유전자를 운반하는 수단일 뿐이고, 감정을 비롯해 색깔이나 맛처럼 우리의 경험은 세대에서 세대를 거쳐 우리의 DNA가 천천히 수정된 결과입니다. '죽음과 오르가슴과 할머니들'[6]는 물론 더 넓은 범위가 모두 진화생물학의 연구 분야에 해당합니다.

이 책에 수많은 장을 추가할 수 있었을 겁니다. 진화는 왜 의식을 발명했고, 도덕적 감정은 어떻게 등장했을까요? 사랑은요? 수면은요? 음악을 감상하는 즐거움은요? 동성애는 진화의 산물일까요? 가족의 애착 관계는요? 생명은 어떻게 등장했을까요? 우리는 왜 머리카락이 있을까요?[7] 이런 질문은 제각각 한 장을 할애받아야 마땅합니다. 지구상 수많은 과학자가 진지한 연구 대상으로 삼고 있는 질문이니까요.

하지만 간결함은 하나의 미덕입니다. 대중 과학서에서는 특히 더 그렇지요(제가 봐도 이미 몇몇 장은 꽤 길거든요). 위협적인 벽돌책을 출간해 이미 과학에 관심 있는 사람들만이 이 책을 읽는 일은 별로 바라지 않습니다. 그러니 이만 줄일게요. 진화생물학이 흥미로운 해석의 틀을, 그리고 믿기 어려운 관련 일화들을 제공했으리라 생각합니다. 이제 이 책

---

6 저는 이 책의 제목을 이렇게 짓고 싶었는데, 편집자가 별로 내키지 않는다고 하시더라고요.

7 곰곰이 생각해보면 꽤 이상하긴 합니다.

의 문턱을 넘어서 다른 상세한 저서로 옮겨 가는 일은 당신의 몫입니다.

그때까지 거울에 비친 당신의 모습을 보면서 한번 질문해보세요. "왜 사람종의 진화는 이 앞에 보이는 이미지가 나임을 인식하는 능력을 내게 줬을까?"라고요.

## 감사의 말

여러분도 아시다시피 '감사의 말'은 아무도 읽지 않잖아요. 친구들 기분 좋게 해주라고 있는 거 아닐까요? 그래도 이렇게 읽어주셔서 감사합니다. 환영합니다. '감사의 말'의 용도는 제한적인 게 사실이지만 그래도 책을 집필하는 과정을 더듬어볼 수 있게 해줍니다. 특히 저처럼 좀 혼란스러운[1] 사람의 책이라면 더더군다나 그렇지요.

우선 크리스티앙 쿠니용Christian Counillon(플라마리옹 출판사)에게 이 책을 기획해줘서 그리고 그 희생자가 되어줘서(이 말을 꼭 해야겠어요) 고

1 에둘러 표현하려는 작가 좀 보세요. 아니 진짜로 이 자리에 들어갈 표현은 '완전히 엉망진창인 데다가 뒤죽박죽이고, 심각하게 천 개가 넘는 프로젝트를 시작하지만 제대로 끝내는 건 하나도 없는 사람. 책 한 권 쓰게 만들려면 의자에 묶어놔야 하는, 누구라도 같이 일하기 힘들어하는 사람'일 거예요. 편집자와 일러스트레이터가 아마 그렇게 생각하겠지요.

맙다고 하고 싶네요. 고고학 유적지를 탐사하듯 메일함을 뒤져보다가 이 책을 의논하던 초기 메일을 찾았습니다. 2016년[2]의 일이었지요. 그때 우리 두 사람은 엄청난 일을 꾸밀 계획이었습니다. 그는 불교 수도승에 필적하는 참을성을 갖고 내가 영상 프로젝트 두 개를 만들면서 틈틈이 이 책을 쓰도록 기다려줬습니다. 우리는 인쇄하기 겨우 며칠 전에 이 책을 마무리했습니다. 5년이라는 시간이 있었지만 원래 일의 90%는 마감 기한을 앞두고 막판 스퍼트를 하면서 진행되는 거 아닌가요? ¯_(ツ)_/¯

당신이 감상한 일러스트를 그린 알리스 마젤에게도 고맙습니다. 동생 콜라가 2018년 일러스트를 그리기 시작했는데, 그사이에 자기 유튜브 채널 '콜라 빔Colas Bim'(정말 끝내준답니다)이 인기를 끌어서 바쁜 인플루언서가 되었어요. 아직 세계적인 스타는 아닌(곧 그렇게 되리라 믿어 의심치 않습니다) 알리스가 놀랍고 예쁘고[3] 유머러스한 작업을 해줬습니다. 일러스트에 곁들인 농담은 모두 알리스의 작품이에요!

책을 쓰는 일은 꽤 고독한 작업이지만, 주위에 든든한 지원자들이 있다면 많은 도움이 됩니다. 저는 그런 면에서 운이 꽤 좋았습니다. 연구 분야에서 일하는 폴, 파스칼, 카미유, 조안, 티모테는 제 글을 먼저 읽으며

---

2 2016년은 세계 문화계의 중요한 인물이었던 데이비드 보위(David Bowie), 프린스(Prince), 하람베(Harambe)가 사라진 최악의 해였습니다. 게다가 시리아 난민 문제, 브렉시트, 지카바이러스 감염증도 있었지요. 2020년을 살아내고 그 당시의 기사들을 다시 읽어보니 헛웃음이 나네요.

3 그녀가 인간의 생식 기관보다 곤충의 생식 기관을 그릴 때 좀 더 편하게 작업했다는 이야기를 강조하고 싶어요. 그랬어요. 어떤 판단을 내린 건 아니에요.

교정을 봐줬고, 우리는 긴 토론을 벌이며 다양한 일화와 아이디어를 나눴습니다. 사실 이 책의 처음 착상은 우리가 《다윈의 고환에서》라고 이름 붙인 블로그에서 시작됐어요. '프랑스 앵테르' 라디오의 과학 대중화 프로그램《다윈의 어깨 위에서》에서 따온 이름이지요. 당시 우리는 진화론 석사 논문을 준비하는 학생들이었고 이 블로그 제목이 꽤 웃기다고 생각했어요. 아니, 사실대로 말하자면, 정말 배꼽 빠진다고 생각했어요. 그 친구들은 과학 대중화 대신에 진지한 연구를 하기로 선택했지만 그래도 우리는 서로에게 영감을 불어넣는 사이로 남았습니다. 제 친구들과 같은 친구들을 사귀세요. 그건 꽤 끝내주는 일이에요.[4]

마지막으로 장기 프로젝트를 할 때는 매일매일 심리적 지원을 받는 게 중요해요(특히 질질 끌고 있다면요[5]). 여기에서 언급하지는 않을 한두 사람에게 감사 인사를 전합니다. 저도 지키고 싶은 사생활이 있으니까요. 그리고 제 부모님과 형제자매, 강아지 바이칼에게 인사를 하고 싶어요. 이쯤 되면 이어지는 구절에 익숙하시지요? 그런데 이 사람은 자기가 누구라고 생각하는 걸까요? 오스카상이라도 탔나요?

여기서 줄입니다.

(<3)

4 그렇다고 제 친구들을 빌려주지는 않을 거예요.

5 정확히 말하자면 "특히 '제'가 질질 끌고 있다면요"이겠지요.

# 참고 문헌

대중 교양서는 하나의 문입니다. 이 문을 열면 매력적인 과학의 세계를 탐험할 수 있습니다. 그러니까 이 책은 하나의 문지방이고, 이 문지방을 넘어서서 진화생물학의 세계를 더욱 다양하게 둘러보고 싶다면 살펴볼 만한 자료를 정리했습니다. 좀 더 전문적인 내용을 원하는 독자들을 위해 집필에 참고한 문헌도 실었습니다.

대부분 과학계의 보편적인 언어인 영어로 작성되었지만, 가능한 범위에서 프랑스 자료도 추가하려고 노력했습니다.

## 1부 커다란 질문들

### 1장 믿기 어려운 사실

#### 도서

브라이슨, B.(Bryson, B.), 『거의 모든 것의 역사Une histoire de tout, ou presque...』, '파요 작은 책장'총서, 2011. 현재에 이르기까지의 빅 히스토리를 담았습니다. (빌 브라이슨 지음, 이덕환 옮김, 『거의 모든 것의 역사A short history of nearly everything』, 까치, 2020)

무케르지, S.(Mukherjee, S.), 『옛날 옛적에 유전자가 있었나니Il était une fois le gène』, 플라마리옹, 2017. 좀 더 유전자 중심의 관점을 파악할 수 있습니다. (싯다르타 무케르지 지음, 이한음 옮김, 『유전자의 내밀한 역사The gene: an intimate history』, 까치, 2017)

#### 자료

전선 형태의 박테리아: Pennisi, E., "The mud is electric", *Science*, 2020.

독서와 관련된 뇌 영역: Bell, N., "읽기 공부는 우리 뇌를 어떻게 바꾸는가Comment l'apprentissage de la lecture modifie notre cerveau", *The Conversation*, 2017.

신경계의 진화: fr.wikibooks.org/wiki/Neurosciences/L%27anatomie_du_système_nerveux

해면동물에 관하여: Leys, S. P., "Elements of a 'nervous system' in sponges", *Joural of Experimental Biology*, 218(4), 2015, 581-591쪽.

인간의 뇌에 신경 세포가 몇 개나 될까요?: Herculano-Houzel, S., & Lent, R., "Isotropic fractionator: a simple, rapid method for the quantification of total cell and neuron numbers in the brain", *Journal of Neuroscience*, 25(10), 2005, 2518-2521.

첫 번째 신경계

- Bucher, D., & Anderson, P. A., "Evolution of the first nervous systems – what can we surmise?", *Journal of Experimental Biology*, 218(4), 2015, 501-503쪽.
- Kristan Jr, W. B., "Early evolution of neurons", *Current Biology*, 26(20), 2016, 949-954쪽.
- Jorgensen, E. M., "Animal evolution: looking for the first nervous system", *Current Biology*, 24(14), 2014, 655- 658쪽.

박테리아와 전기 임펄스

- Popkin, G., "Bacteria use brainlike bursts of electricity to communicate", *Quanta Magazine*, 2017.
- Prindle, A., Liu, J., Asally, M., Garcia-Ojalvo, J., & SÜel, G. M., "Ion channels enable electrical communication in bacterial communities", *Nature*, 527(7576), 2015, 59-63쪽.

박테리아의 나노 전선: en.wikipedia.org/wiki/Bacterial_nanowires

## 2장 우리는 생명이 무엇인지 모릅니다

### 도서

슈뢰딩거 E.(Schrödinger E.), 『생명이란 무엇인가?Qu'est-ce que la vie?』, 쇠유, '푸앵 시앙스' 총서, 1993. (에르빈 슈뢰딩거 지음, 서인석·황상익 옮김, 『생명이란 무엇인가-물리학자의 관점에서 본 생명 현상What is life?』 한울, 2001)

너스 P.(Nurse P.), 『생명이란 무엇인가? 5단계로 이해하는 생물학Qu'est-ce que la

vie? Comprendre la biologie en 5 leçons』, 알리시오, 2021. (폴 너스 지음, 이한음 옮김, 『생명이란 무엇인가? - 5단계로 이해하는 생물학What is life? 5 great ideas in biology』, 까치, 2021)

## 자료

달에 있는 물건의 목록: spacegrant.nmsu.edu/lunarlegacies/artifactlist.html

왜 행성 보호는 중요할까요?: McKay, C. P., & Davis, W. L., "Planetary protection issues in advance of human exploration of Mars", *Advances in Space Research*, 9(6), 1989, 197-202쪽.

화성을 점령해야 할까요?

- 반대 입장: Stoner, I., "Humans should not colonize Mars", *Journal of the American Philosophical Association*, 3(3), 2017, 334-353쪽.
- 찬성 입장: Smith, K. C., "The curious case of the Martian microbes: Mariomania, intrinsic value and the prime directive" in *the ethics of space exploration*, Springer, Cham, 195-208쪽.

화성의 생명체 연구 계획: Anton, T., "Life on Mars, from Viking to Curiosity", *Nautilus*, 2018.

정의(定義)의 무용함에 관한 과학철학자 에두아르 마셰리의 유명한 글: Machery, E., "Why I stopped worrying about the definition of life... and why you should as well", *Synthese*, 185.1, 2018, 145-164쪽.

세포 내 구조로 된 생명체: Baez, J., "Subcellular life forms", 2005. 웹 페이지에서도 확인 가능: math.ucr.edu/home/baez/subcellular.html

화산 활동으로 발생한 포스핀: Truong, N., & Lunine, J. I., "Volcanically extruded phosphides as an abiotic source of Venusian phosphine", *Proceedings of the National Academy of Sciences,* 118(29), 2021.

생명의 정의가 있을까요?: Cleland, C., & Chyba C., "Does 'life' have a definition?", in Bedau, M., & Cleland, C., *The Nature of Life: classical and contemporary perspectives from philosophy and science,* Cambridge University Press, 2010.

## 3장 사람은 왜 죽을까요?

### 도서

Howard, J., *Death on Earth: Adventures in Evolution and Mortality*, Bloomsbury Sigma, 2016.

샤르피에, S.(Charpier S.), 『부활의 과학La Science de la résurrection』, 플라마리옹, 2020.

### 자료

헤이플릭 분열 한계: en.wikipedia.org/wiki/Hayflick_limit

노화의 생리학적 흔적: López-Otín, C., Blasco, M. A., Partridge, L., Serrano, M., & Kroemer, G., "The hallmarks of aging", *Cell*, 153(6), 2013, 1194-1217쪽.

노화를 이해하기 위한 메더워의 연구: Medawar, P. B., "An unsolved problem of biology", London: H. K. Lewis, 1952.

윌리엄스의 논문: Williams, G. C., "Pleiotropy, natural selection, and the evolution of senescence", *American Institute of Biological Sciences*, 1960, 6, 332-337쪽.

노화를 피하기 위한 유전자 치료: Regalado, A., "A tale of do-it-yourself gene therapy", *MIT Technologic Review*, 2015.

죽음을 극복하려는 스타트업들: Regalado, A., "A stealthy Harvard startup vents to reverse aging in dogs, and humans could be next", *MIT Technologic Review*, 2018.

## 4장 수컷과 암컷, 그 밖의 분류 2,000개

### 도서

그라세, C. & L.(Grasset, C. & L.), 『더티바이올로지: 성의 위대한 모험DirtyBiology: La Grande Aventure du sexe』, 델쿠르, '옥토퍼스' 총서, 2017.

카르센티 É.(Karsenti É.), 『생명의 기원을 찾아서Aux sources de la vie』, 플라마리옹, 2018.

버섯에 관하여: 셸드레이크, M.(Sheldrake, M.), 『감춰진 세상Le Monde caché』, 퍼스트, 2021. (멀린 셸드레이크 지음, 김은영 옮김, 홍승범 감수, 『작은 것들이 만든 거대한 세계 – 균이 만드는 지구 생태계의 경이로움Entangled Life』, 아날로그(글담), 2021)

## 자료

성별이 20,000개인 버섯에 관한 정보: Condon., B., Hodge, K., "A fungus walks into a singles bar", Cornell University, 2010.

새로운 성별의 진화: Constable, G. W., & Kokko, H., "The rate of facultative sex governs the number of expected mating types in isogamous species", *Nature Ecology & Evolution*, 2(7), 2018, 1168-1175쪽.

왜 크기가 다른 두 성이 남았을까요?: Parker, G., "The origin and maintenance of two sexes (anisogamy), and their gamete sizes by gamete competition", in Togashi T. & Cox P., *The Evolution of Anisogamy: A Fundamental Phenomenon Underlying Sexual Selection*, Cambridge University Press, 2011, 17-74쪽.

두 성의 기원이 된 다세포성: Hanschen, E. R., Herron, M. D., Wiens, J. J., Nozaki, H., & Michod, R. E., "Multicellularity drives the evolution of sexual traits", *The American Naturalist*, 192(3), 2018, 93-105쪽.

초파리는 정자 크기가 큰 수컷을 선호합니다: Greenfieldboyce, N.의 팟캐스트, 'For female fruit flies, Mr. Right has the biggest sperm', 청취 가능한 접속 주소: www.npr.org/sections/health-shots/2016/05/25/479183334/for-female-fruit-flies-mr-right-has-the-biggest-sperm

정자의 서로 다른 형태: en.wikipedia.org/wiki/Sperm_heteromorphism. 그리고 "The many styles of sperm", *Nature*, 469, 2011, 269쪽.

정자 간의 협력: Pizzari, T., & Foster, K. R., "Sperm sociality: cooperation, altruism, and spite", *PLoS Biology*, 6(5), e130, 2008.

고환의 크기: Harcourt, A.H., Harvey, P.H., Larson, S.G., & Short, R.V., "Testis weight, body weight and breeding system in primates", *Nature, 293*, 1981, 55-57쪽.

세 가지 성별의 벌레: Shih, P. Y., Lee, J. S., Shinya, R., Kanzaki, N., Pires-da

Silva, A., Badroos, J. M., ... & Sternberg, P. W., "Newly identified nematodes from mono lake exhibit extreme arsenic resistance", *Current Biology*, 29(19), 2019, 3339-3344쪽.

세 가지 성별의 해초: Takahashi, K., Kawai-Toyooka, H., Ootsuki, R., Hamaji, T., Tsuchikane, Y., Sekimoto, H., ... & Nozaki, H., "Three sex phenotypes in a haploid algal species give insights into the evolutionary transition to a self-compatible mating system", *Evolution*, 2021.

## 5장 완벽한 모순덩어리인 성

### 도서

피에르-앙리 구용(Pierre-Henri Gouyon) 기획, 『성의 기원을 찾아서Aux origines de la sexualité』, 파야르, 2009.

### 자료

바나나의 기원: De Langhe, E., & de Maret, P., "Tracking the banana: its significance in early agriculture", in *The Prehistory of Food,* Routledge, 2004, 387-404쪽.

Otto, S. P., & Lenormand, T., "Resolving the paradox of sex and recombination", *Nature Reviews Genetics*, 2002, 3(4), 252-261쪽.

Gorelick, R., & Heng, H. H., "Sex reduces genetic variation: a multidisciplinary review", *Evolution: International Journal of Organic Evolution*, 65(4), 2011, 1088-1098쪽.

Morran, L. T., Schmidt, O. G., Gelarden, I. A., Parrish, R. C., & Lively, C. M., "Running with the Red Queen: host-parasite coevolution selects for biparental sex", *Science*, 333(6039), 2011, 216-218쪽.

오랜 시간 중성인 종

- 갑각류: Smith, R. J., Kamiya, T., & Horne, D. J., "Living males of the 'ancient asexual' Darwinulidae (Ostracoda: Crustacea)", *Proceedings of the*

*Royal Society B: Biological Sciences*, 273(1593), 2006, 1569-1578쪽.

- 응애목: Heethoff, M., Norton, R. A., Scheu, S., & Maraun, M., "Parthenogenesis in oribatid mites (Acari, Oribatida): evolution without sex", in *Lost Sex,* Springer, Dordrecht, 2009, 241-257쪽.
- 질형목은 바람을 타고 이동합니다: Wilson, C. G., & Sherman, P. W., "Anciently asexual bdelloid rotifers escape lethal fungal parasites by drying up and blowing away", *Science*, 327(5965), 2010, 574-576쪽.

재조합에 관하여: Vakhrusheva, O. A., Mnatsakanova, E. A., Galimov, Y. R., Neretina, T. V., Gerasimov, E. S., Naumenko, S. A., ... & Kondrashov, A. S., "Genomic signatures of recombination in a natural population of the bdelloid rotifer Adineta vaga", *Nature Communications*, 11(1), 2020, 1-17쪽.

### 6장 왜 우리 몸은 하나의 세포가 아니라 여러 개의 세포로 되어 있을까요?

#### 도서

굴드 S. J.(Gould S. J)., 『인생은 아름다워: 진화의 선물La vie est belle: Les surprises de l'évolution』, 쇠유 푸앵 시앙스 총서, 2004.(스티븐 제이 굴드 지음, 김동광 옮김, 『생명, 그 경이로움에 대하여Wonderful Life: The Burgess Shale and the Nature of History』, 경문사(경문북스), 2004)

#### 자료

진화 과정에서 다세포성은 수차례 등장합니다: Parfrey, L. W., & Lahr, D. J., "Multicellularity arose several times in the evolution of eukaryotes (Response to DOI 10.1002/bies.201100187)", *Bioessays*, 35(4), 2013, 339-347쪽.

실험으로 다세포성이 등장하게 할 수 있습니다: Herron, M. D., Borin, J. M., Boswell, J. C., Walker, J., Chen, I. C. K., Knox, C. A., ... & Ratcliff, W. C., "De novo origins of multicellularity in response to predation", 2019, *Scientific Reports*, 9(1), 1-9쪽.

해초를 통해 다세포성을 이해하는 방법: Miller, S. M., "Volvox, Chlamydomonas,

and the Evolution of Multicellularity", *Nature Education,* 3(9), 2010, 65쪽.
다세포성의 진화는 실제로 그렇게 중요할까요?: Grosberg, R. K., & Strathmann, R. R., "The evolution of multicellularity: a minor major transition?", *Annu. Rev. Ecol. Evol. Syst.*, 38, 2007, 621-654쪽.
배고픈 아메바는 집단을 형성합니다: Kelly, B., Carrizo, G. E., Edwards-Hicks, J., Sanin, D. E., Stanczak, M. A., Priesnitz, C., ... & Pearce, E. L., "Sulfur sequestration promotes multicellularity during nutrient limitation", *Nature,* 591(7850), 2021, 471-476쪽.
박테리아는 어떻게 집락을 형성할까요?: Claessen, D., Rozen, D. E., Kuipers, O. P., Søgaard-Andersen, L., & Van Wezel, G. P., "Bacterial solutions to multicellularity: a tale of bio-films, filaments and fruiting bodies", *Nature Reviews Microbiology*, 12(2), 2014, 115-124쪽.
'진정한' 다세포성은 다소 까다로운 조건을 충족해야 합니다: Choi, C. Q., "How did multicellular life evolve?", *Astrobiology at NASA*, 2017, 웹페이지에서도 확인 가능: astrobiology.nasa.gov/news/how-did-multicellular-life-evolve/
왜 어떤 형태의 다세포성이 다른 것보다 유리할까요?: Ostrowski, E. A., "Evolution of Multicellularity: One from Many or Many from One?", *Current Biology,* 30(21), 2020, 1306-1308쪽.
프랑스빌 분지의 유기체: El Albani, A., Mangano, M. G., Buatois, L. A., Bengtson, S., Riboulleau, A., Bekker, A., ... & Canfield, D. E., "Organism motility in an oxygenated shallow-marine environment 2.1 billion years ago", *Proceedings of the National Academy of Sciences*, 116(9), 2019, 3431-3436쪽.
21억만 년 전, 인간 이전의 첫 번째 다세포성 사례: en.wikipedia.org/wiki/Francevillian_biota
유명한 아크리타르크: Cunningham, J. A., Vargas, K., Yin, Z., Bengtson, S., & Donoghue, P. C., "The Weng'an Biota (Doushantuo Formation): an Ediacaran window on soft-bodied and multicellular microorganisms", *Journal of the Geological Society,* 174(5), 2017, 793-802쪽.
인간의 몸에는 세포가 몇 개나 있을까요?: Bianconi, E., Piovesan, A., Facchin, F., Beraudi, A., Casadei, R., Frabetti, F., ... & Canaider, S., "An estimation of the

number of cells in the human body", *Annals of Human Biology*, 40(6), 2013, 463–471쪽.

다세포성의 독립적인 출현: Parfrey, L. W., & Lahr, D. J., "Multicellularity arose several times in the evolution of eukaryotes (Response to DOI 10.1002/bies.201100187)", *Bioessays*, 35(4), 2013, 339–347쪽.

박테리아의 다세포성: Claessen, D., Rozen, D. E., Kuipers, O. P., Søgaard-Andersen, L., & Van Wezel, G. P., "Bacterial solutions to multicellularity: a tale of biofilms, filaments and fruiting bodies", *Nature Reviews Microbiology*, 12(2), 2014, 115–124쪽.

실험을 통한 다세포성: Herron, M. D., Borin, J. M., Boswell, J. C., Walker, J., Chen, I. C. K., Knox, C. A., ... & Ratcliff, W. C., "De novo origins of multicellularity in response to predation", 2019, *Scientific Reports*, 9(1), 1–9쪽.

## 7장 암, 벌거숭이두더지쥐, 쿠바 미사일

### 도서

토마 F.(Thomas, F.) 『암의 고약한 비밀L'Abominable Secret du cancer』, 위망시앙스, 2019.

### 자료

벌거숭이두더지쥐의 고유한 언어: Barker, A. J., Veviurko, G., Bennett, N. C., Hart, D. W., Mograby, L., & Lewin, G. R., "Cultural transmission of vocal dialect in the naked mole-rat", *Science*, 371(6528), 2021, 503–507쪽.

Castle, M.의 팟캐스트, 'The mole rat prophecies', damninteresting.com, 2013, 청취 가능한 접속 주소: www.damninteresting.com/the-mole-rat-prophecies/

올해의 척추동물: American Association for the Advancement of Science, "Notable Developments", *Science*, 342(6165), 2013, 1444쪽.

진사회성의 사례: Nowak, M. A., Tarnita, C. E., & Wilson, E. O., "The evolution of eusociality", *Nature*, 466(7310), 2010, 1057–1062쪽.

실현된 예측: Braude, S., "The predictive power of evolutionary biology and the discovery of eusociality in the naked mole-rat", *Reports of the National Center for Science Education*, 17(4), 1997, 12-15쪽

식물에서 발견되는 진사회성: Burns, K. C., Hutton, I., & Shepherd, L., "Primitive eusociality in a land plant?", *Ecology*, e03373, 2021.

West, S. A., Fisher, R. M., Gardner, A., & Kiers, E. T., "Major evolutionary transitions in individuality", *Proceedings of the National Academy of Sciences*, 112(33), 2015, 10112-10119쪽.

해밀턴은 어디에나 있습니다: Bourke, A. F., "Hamilton's rule and the causes of social evolution", *Philosophical Transactions of the Royal Society B: Biological Sciences*, 369(1642), 20130362, 2014.

해밀턴의 유언: Hamilton, W. D., "My intended burial and why", *Ethology Ecology & Evolution*, 12(2), 2000, 111-122쪽.

낙엽: Hamilton, W. D., & Brown, S. P., "Autumn tree colours as a handicap signal", *Proceedings of the Royal Society of London. Series B: Biological Sciences*, 268(1475), 2001, 1489-1493쪽.

벌거숭이두더지쥐는 왜 그런 사회를 이룰까요?: Shah-Simpson, S., "Evolution of eusociality in mole-rats", in Polyglottus, M., *Mockingbird Tales*: *Readings in Animal Behavior*, 2011.

해밀턴과 액설로드는 협업을 이해하려고 애썼습니다: Axelrod, R., & Hamilton, W. D., "The evolution of cooperation", *Science*, 211(4489), 1981, 1390-1396쪽.

친족 선택에 관한 논란

- 그렇지 않습니다: Nowak, M. A., Tarnita, C. E., & Wilson, E. O., "The evolution of eusociality", *Nature*, 466(7310), 2010, 1057-1062쪽.
- 그렇습니다: Abbot, P., Abe, J., Alcock, J., Alizon, S., Alpedrinha, J. A., Andersson, M., ... & Zink, A., "Inclusive fitness theory and eusociality", *Nature*, 471(7339), 2011, 1-4쪽.

다세포성으로 발생한 속임수로서의 암

- Aktipis, C. A., Boddy, A. M., Jansen, G., Hibner, U., Hochberg, M. E., Maley, C. C., & Wilkinson, G. S., "Cancer across the tree of life:

cooperation and cheating in multicellularity", *Philosophical Transactions of the Royal Society B: Biological Sciences*, 370(1673), 20140219, 2015.
- Pennisi, E., "Is cancer a breakdown of multicellularity?", *Science*, 360(6396), 2018, 1391쪽.
- Trigos, A. S., Pearson, R. B., Papenfuss, A. T., & Goode, D. L., "How the evolution of multicellularity set the stage for cancer", *British Journal of Cancer*, 118(2), 2018, 145-152쪽.

전염성 암
- 태즈메이니아데빌: Pye, R. J., Pemberton, D., Tovar, C., Tubio, J. M., Dun, K. A., Fox, S., ... & Woods, G. M., "A second transmissible cancer in Tasmanian devils", *Proceedings of the National Academy of Sciences*, 113(2), 2016, 374-379쪽.
- 개: Murchison, E. P., "Clonally transmissible cancers in dogs and Tasmanian devils", *Oncogene*, 27(2), 2008, 19-30쪽.
- 대합류: Metzger, M. J., Villalba, A., Carballal, M. J., Iglesias, D., Sherry, J., Reinisch, C., ... & Goff, S. P., "Widespread transmission of independent cancer lineages within multiple bivalve species", *Nature*, 534(7609), 2016, 705-709쪽.

## 8장 첫 번째 색깔의 등장

### 도서

바르데, E.(Bardez, E.), & 발뢰르, B.(Valeur, B.), 『빛과 생명La Lumière et la Vie』, 벨랭, '과학 책장' 총서, 2015.

발뢰르 B.(Valeur B.), 『빛과 색깔의 아름다운 역사Une belle histoire de la lumière et des couleurs』, 플라마리옹, 2016.

### 자료

무각와편모조류의 눈: en.wikipedia.org/wiki/Warnowiaceae... 《내셔널 지오그래

픽》의 다음 논문에 요약본 게재: Yong, E., "Single-celled creature has eye made of domesticated microbes", *National Geographic*, 2015.

와편모충류의 자포: Gavelis, G. S., Wakeman, K. C., Tillmann, U., Ripken, C., Mitarai, S., Herranz, M., ... & Leander, B. S., "Microbial arms race: Ballistic 'nematocysts' in dinoflagellates represent a new extreme in organelle complexity", *Science Advances*, 3(3), e1602552, 2017.

무각와편모조류의 발견자: en.wikipedia.org/wiki/Oscar_Hertwig

오셀로이드: Hayakawa, S., Takaku, Y., Hwang, J. S., Horiguchi, T., Suga, H., Gehring, W., ... & Gojobori, T., "Function and evolutionary origin of unicellular camera-type eye structure", *PLoS One*, 10(3), e0118415, 2015.

세포 내 공생적 기원: Gavelis, G. S., Hayakawa, S., White III, R. A., Gojobori, T., Suttle, C. A., Keeling, P. J., & Leander, B. S., "Eye-like ocelloids are built from different endosymbiotically acquired components", *Nature*, 523(7559), 2015, 204-207쪽.

다윈, C.(Darwin, C.), 『종의 기원L'Origine des espèces』, 알프레드 코스트, 1921. 웹 페이지에서도 확인 가능:classiques.uqac.ca/classiques/darwin_charles_robert/origine_especes/darwin_origine_des_especes.pdf, 206쪽.

식물은 어떻게 볼까요?: Baluška, F., & Mancuso, S., "Vision in plants via plant-specific ocelli?", *Trends in plant science*, 21(9), 2016, 727-730쪽.

군부의 눈은 부식됩니다: Speiser, D. I., Eernisse, D. J., & Johnsen, S., "A chiton uses aragonite lenses to form images", *Current Biology*, 21(8), 2011, 665-670쪽. Yong, E., "Chitons see with eyes made of rock", *National Geographic*, 2011.

오징어의 거대한 눈: Nilsson, D. E., Warrant, E. J., Johnsen, S., Hanlon, R., & Shashar, N., "A unique advantage for giant eyes in giant squid", *Current Biology*, 22(8), 2021, 683-688쪽.

동수구리의 눈: De Marco, E., "Giant guitarfish eye gymnastics", *Science*, 2015.

동공의 형태: Banks, M. S., Sprague, W. W., Schmoll, J., Parnell, J. A., & Love, G. D., "Why do animal eyes have pupils of different shapes?", *Science Advances*, 1(7), e1500391, 2015.

검물벼룩의 눈: Gregory, R. L., Ross, H. E., & Moray, N., "The curious eye of Copilia", *Nature*, 201(4925), 1964, 1166-1168쪽.
가리비의 눈: Palmer, B. A., Taylor, G. J., Brumfeld, V., Gur, D., Shemesh, M., Elad, N., ... & Addadi, L., "The image-forming mirror in the eye of the scallop", *Science*, 358(6367), 2017, 1172-1175쪽.
안점의 진화와 기능: Williams, D. L., "Light and the evolution of vision", *Eye*, 30(2), 2016, 173-178쪽.
눈의 진화: Schwab, I. R., "The evolution of eyes: major steps. The Keeler lecture 2017: centenary of Keeler Ltd.", *Eye*, 32(2), 2018, 302-313쪽.
해파리 눈의 진화: Coates, M. M., "Visual ecology and functional morphology of Cubozoa (Cnidaria)", *Integrative and Comparative Biology*, 43(4), 2003, 542-548쪽.

## 9장 우리를 죽이는 수없이 다양한 변종들

### 도서

모랑, S.(Morand, S.), 『다음번 페스트: 감염병의 전반적인 역사La prochaine peste: Une histoire globale des maladies infectieuses』, 파야르, 2016.
루이, T.(Louis, T.), 『바이러스의 광기 어린 역사La folle histoire des virus』, 위망시앙스, 2020.

### 자료

토끼의 적응: Alves, J. M., Carneiro, M., Cheng, J. Y., de Matos, A. L., Rahman, M. M., Loog, L., ... & Jiggins, F. M., "Parallel adaptation of rabbit populations to myxoma virus", *Science*, 363(6433), 2019, 1319-1326쪽.
Miller, I. F., & Metcalf, C. J. E., "Evolving resistance to pathogens", *Science*, 363(6433), 2019, 1277-1278쪽.
호주에 사는 토끼: www.rabbitfreeaustralia.com.au/rabbits/the-rabbit-problem/
당시 호주 상황을 묘사한 만화: en.wikipedia.org/wiki/Darling_Downs%E2%80%

93Moreton_Rabbit_Board_fence#/media/File:Stevensons_wire_fence,_1884.tiff

점액종 바이러스의 진화: Kerr, P. J., Ghedin, E., DePasse, J. V., Fitch, A., Cattadori, I. M., Hudson, P. J., ... & Holmes, E. C., "Evolutionary history and attenuation of myxoma virus on two continents", *PLoS Pathog*, 8(10), e1002950, 2012.

다윈의 토끼: www.cam.ac.uk/darwinsrabbit

인간의 질병에 맞서는 자연 선택: Karlsson, E. K., Kwiatkowski, D. P., & Sabeti, P. C., "Natural selection and infectious disease in human populations", *Nature Reviews Genetics*, 15(6), 2014, 379-393쪽.

전 세계의 코로나19 바이러스 현황: Sender, R., Bar-On, Y. M., Gleizer, S., Bernshtein, B., Flamholz, A., Phillips, R., & Milo, R., "The total number and mass of SARS-CoV-2 virions", *Proceedings of the National Academy of Sciences*, 118(25), 2021.

코카콜라 캔 하나 안에: Yates, C., "All the coronavirus in the world could fit inside a Coke can, with plenty of room to spare", *The conversation*, 2021.

변종에 관한 훌륭한 설명: Jewel, M., "A primer on coronavirus, variants, mutation and evolution", NC State University, 2021.

"Evolution goes viral", *Nat Ecol Evol* 5, 143, 2021.

면역력이 저하된 환자: Kupferschmidt, K. U. K., "Variant puts spotlight on immunocompromised patients'role in the COVID-19 pandemic", *Science* (News), 2020.

항생제의 영향과 내성, 전망에 관한 대대적인 보고서: O'Neill, J., "Tackling drug-resistant infections globally: final report and recommendations", *The review on antimicrobial resistance*, 2016.

알리 마우 말린과 그의 믿을 수 없는 인생: Doucleff, M., "Last Person To Get Smallpox Dedicated His Life To Ending Polio", npr.org, 2013.

약간 무서워지는 발표: globalnews.ca/news/7545830/coronavirus-pandemic-big-one-who/

전체 인용문은 다음과 같습니다: "This pandemic has been very severe, it has spread around the world extremely quickly and has affected every corner of this planet. But this is not necessarily the big one. This virus is very transmissible and kills people, it has deprived so many people of loved ones. But its current case fatality is reasonably low in comparison to other emerging diseases. This is a wake-up call."

## 2부 인간에 관한 마인드퍽

### 10장 (거의) 인간 고유의 특성

#### 도서

콩데미, S.(Condemi, S.) & 사바티에, F.(Savatier, F.), 『네안데르탈인, 나의 형제여 Néandertal, mon frère』, 플라마리옹, '과학 분야' 총서, 2019. (실바나 콩데미 & 프랑수아 사바티에 지음, 정수민 옮김, 『내 형제 네안데르탈인 – 30만 년 인류의 역사 Néandertal, mon frère』, 형주, 2023)

#### 자료

홀데인의 인용: quoteinvestigator.com/2010/06/23/beetles/

다양한 버섯: www.asmscience.org/content/book/10.1128/9781555819583.chap4

애도 행위:

- 고래: Reggente, M. A., Alves, F., Nicolau, C., Freitas, L., Cagnazzi, D., Baird, R. W., & Galli, P., "Nurturant behavior toward dead conspecifics in free-ranging mammals: new records for odontocetes and a general review", *Journal of Mammalogy*, 97(5), 2016, 1428-1434쪽.
- 까치: Bekoff, M., "Animal emotions, wild justice and why they matter: Grieving magpies, a pissy baboon, and empathic elephants", *Emotion, Space and Society*, 2(2), 2009, 82-85쪽.

- 코끼리: McComb, K., Baker, L., & Moss, C., "African elephants show high levels of interest in the skulls and ivory of their own species", *Biology Letters*,

2(1), 2006, 26-28쪽.

Anderson, J. R., "Responses to death and dying: primates and other mammals", *Primates*, 61(1), 2020, 1-7쪽.

개미의 가축화 능력: Branstetter, M. G., Ješovnik, A., Sosa-Calvo, J., Lloyd, M. W., Faircloth, B. C., Brady, S. G., & Schultz, T. R. "Dry habitats were crucibles of domestication in the evolution of agriculture in ants", *Proceedings of the Royal Society B: Biological Sciences*, 284(1852), 20170095, 2017.

Nygaard, S., Hu, H., Li, C., Schiøtt, M., Chen, Z., Yang, Z., ... & Boomsma, J. J., "Reciprocal genomic evolution in the ant-fungus agricultural symbiosis", *Nature Communications*, 7(1), 2016, 1-9쪽.

영장류의 도구:

- 호두를 깨는 행동이 옛날부터 있었음을 알려주는 고고학적 흔적: Mercader, J., Barton, H., Gillespie, J., Harris, J., Kuhn, S., Tyler, R., & Boesch, C., 4300-year-old chimpanzee sites and the origins of percussive stone technology", *Proceedings of the National Academy of Sciences*, 104(9), 2007, 3043-3048쪽.
- 스펀지: Lamon, N., Neumann, C., Gruber, T., & Zuberbühler, K., "Kin-based cultural transmission of tool use in wild chimpanzees", *Science Advances*, 3(4), e1602750, 2017.

흰머리카푸친이 남긴 흔적이 있는 고고학 유적지: Haslam, M., Luncz, L. V., Staff, R. A., Bradshaw, F., Ottoni, E. B., & Falótico, T., "Pre-Columbian monkey tools", *Current Biology*, 26(13), 2016, 521-522쪽.

수달의 흔적: Haslam, M., Fujii, J., Espinosa, S., Mayer, K., Ralls, K., Tinker, M. T., & Uomini, N., "Wild sea otter mussel pounding leaves archaeological traces", *Scientific Reports*, 9(1), 2019, 1-11쪽.

코끼리와 상자: Foerder, P., Galloway, M., Barthel, T., Moore III, D. E., & Reiss, D., "Insightful problem solving in an Asian elephant", *PLoS One*, 6(8), e23251, 2011.

개코원숭이와 바위: Hamilton, W. J., Buskirk, R. E., & Buskirk, W. H., "Defensive stoning by baboons", *Nature*, 256(5517), 1975, 488-489쪽.

맹금류와 불: Bonta, M., Gosford, R., Eussen, D., Ferguson, N., Loveless, E., & Witwer, M., "Intentional fire-spreading by 'Firehawk' raptors in Northern Australia", *Journal of Ethnobiology*, 37(4), 2017, 700-718쪽.

## 11장 당신은 그저 인간일 뿐인가요?

### 도서

에예르, É.(Heyer, É.), 『유전자 오디세이L'Odyssée des gènes』, 플라마리옹, 2020. (에블린 에예르 지음, 김희경 옮김, 『유전자 오디세이L'Odyssée des gènes』, 사람in, 2023)

콩데미, S.(Condemi, S). & 사바티에, F.(Savatier, F.), 『사피엔스의 최신 소식Dernières nouvelles de Sapiens』, 플라마리옹, 2021.

### 자료

최초의 사피엔스가 나타난 시기 : Schlebusch, C. M., Malmström, H., Günther, T., Sjödin, P., Coutinho, A., Edlund, H., ... & Jakobsson, M., "Southern African ancient genomes estimate modern human divergence to 350,000 to 260,000 years ago", *Science*, 358(6363), 2017, 652-655쪽

인간, 독특한 포식자: Darimont, C. T., Fox, C. H., Bryan, H. M., & Reimchen, T. E., "The unique ecology of human predators", *Science*, 349(6250), 2015, 858-860쪽.

도처에서 거대 동물이 멸종했습니다: Burney, D. A., & Flannery, T. F., "Fifty millennia of catastrophic extinctions after human contact", *Trends in Ecology & Evolution*, 20(7), 2005, 395-401쪽. Sandom, C., Faurby, S., Sandel, B., & Svenning, J. C., "Global late Quaternary megafauna extinctions linked to humans, not climate change", *Proceedings of the Royal Society B: Biological Sciences*, 281(1787), 20133254, 2014.

큰 동물들의 선택: Smith, F. A., Smith, R. E. E., Lyons, S. K., & Payne, J. L., "Body size downgrading of mammals over the late", *Quaternary. Science*, 360(6 386), 2018, 310-313쪽.

미국에서 거대 동물이 멸종했습니다: Faith, J. T., & Surovell, T. A., "Synchronous extinction of North America's Pleistocene mammals", *Proceedings of the National Academy of Sciences*, 106(49), 2009, 20641-20645쪽.

모아의 멸종: Holdaway, R. N., Allentoft, M. E., Jacomb, C., Oskam, C. L., Beavan, N. R., & Bunce, M., "An extremely low-density human population exterminated New Zealand moa", *Nature Communications*, 5(1), 2014, 1-8쪽.

유순한 방식의 멸종: Degioanni, A., Bonenfant, C., Cabut, S., & Condemi, S., "Living on the edge: Was demographic weakness the cause of Neanderthal demise?", *PLoS One*, 14(5), e0216742, 2019.

네안데르탈인의 교배를 통한 멸종: Barton, C. M., Riel-Salvatore, J., Anderies, J. M., & Popescu, G., "Modeling human ecodynamics and biocultural interactions in the late Pleistocene of western Eurasia", *Human Ecology*, 39(6), 2011, 705-725쪽.

다른 종에서 교배를 통한 멸종: Todesco, M., Pascual, M. A., Owens, G. L., Ostevik, K. L., Moyers, B. T., Hübner, S., ... & Rieseberg, L. H., "Hybridization and extinction", *Evolutionary Applications*, 9(7), 2016, 892-908쪽.

연어: Karlsson, S., Diserud, O. H., Fiske, P., Hindar, K., & Handling editor: W. Stewart Grant, "Widespread genetic introgression of escaped farmed Atlantic salmon in wild salmon populations", *ICES Journal of Marine Science*, 73(10), 2016, 2488-2498쪽.

아프리카의 뿔 지방: Mounier, A., & Lahr, M. M., "Deciphering African late middle Pleistocene hominin diversity and the origin of our species", *Nature Communications*, 10(1), 2019, 1-13쪽.

여러 차례에 걸쳐 아프리카에서 떠났습니다: Bae, C. J., Douka, K., & Petraglia, M. D., "On the origin of modern humans: Asian perspectives", *Science*, 358(6368), 2017.

홀로세 시대의 이주: en.wikipedia.org/wiki/Early_human_migrations#Holocene_migrations

5,000년 이상 함께 지낸 네안데르탈인과 사피엔스: Hublin, J. J., Sirakov, N., Aldeias, V., Bailey, S., Bard, E., Delvigne, V., ... & Tsanova, T., "Initial

Upper Palaeolithic Homo sapiens from Bacho Kiro Cave Bulgaria", *Nature*, 581(7808), 2020, 299-302쪽.

네안데르탈인의 DNA, 시작: Green, R. E., Krause, J., Briggs, A. W., Maricic, T., Stenzel, U., Kircher, M., ... & Pääbo, S. "A draft sequence of the Neanderthal genome", *Science*, 328(5979), 2010, 710-722쪽.

수많은 교배: Gokcumen, O., "Archaic hominin introgression into modern human genomes", *American Journal of Physical Anthropology*, 171, 2020, 60-73쪽.

Callaway, E., "Evidence mounts for interbreeding bonanza in ancient human species", *Nature*, 2016.

두 번에 이루어진 교배: Hubisz, M. J., Williams, A. L., & Siepel, A. "Mapping gene flow between ancient hominins through demography-aware inference of the ancestral recombination graph", *PLoS Genetics*, 16(8), e1008895, 2020.

여러 번에 걸친 데니소바인과의 교배: Browning, S. R., Browning, B. L., Zhou, Y., Tucci, S., & Akey, J. M., "Analysis of human sequence data reveals two pulses of archaic Denisovan admixture", *Cell*, 173(1), 2018, 53-61쪽.

코이산족의 이국적인 선조들: Schlebusch, C. M., Sjödin, P., Breton, G., Günther, T., Naidoo, T., Hollfelder, N., ... & Jakobsson, M., "Khoe-san genomes reveal unique variation and confirm the deepest population divergence in Homo sapiens", *Molecular biology and evolution*, 37(10), 2020, 2944-2954쪽.

가장 최근 발견된 호모루소넨시스: Fleming, N., "Unknown human relative discovered in Philippine cave", *Nature*, 2019.

## 12장 진화론을 입증하는 민족들

### 자료

### 모델 유기체

탈리도마이드: Tantibanchachai, C., & Yang, J., "Studies of Thalidomide's effects on rodent embryos from 1962-2008", *Embryo Project Encyclopedia*, 2004.

그다지 유용하지 않은 모델 동물: Scarborough, R., "Of mice and men: why animal trial results don't always translate to human", *The Conversation*, 2017. Perel, P., Roberts, I., Sena, E., Wheble, P., Briscoe, C., Sandercock, P., ... & Khan, K. S., "Comparison of treatment effects between animal experiments and clinical trials: systematic review", *Bmj*, 334(7586), 2007, 197쪽.

모델 유기체로서의 인간: FitzGerald, G., Botstein, D., Califf, R., Collins, R., Peters, K., Van Bruggen, N., & Rader, D. "The future of humans as model organisms", *Science*, 361(6402), 2018, 552-553쪽.

### 가소성

물속에서도 잘 볼 수 있는 모켄족: Gibbens, S., "'Sea Nomads'are first known humans genetically adapted to diving", *National Geographic*, 2018. Gislén, A., Dacke, M., Kröger, R. H., Abrahamsson, M., Nilsson, D. E., & Warrant, E. J., "Superior underwater vision in a human population of sea gypsies", *Current Biology*, 13(10), 2003, 833-836쪽.

누구나 물속에서 볼 수 있는 능력을 습득할 수 있습니다: Gislén, A., Warrant, E. J., Dacke, M., & Kröger, R. H., "Visual training improves underwater vision in children", *Vision Research*, 46(20), 2006, 3443-3450쪽.

영국인들의 키가 커졌습니다: Hatton, T. J., Bailey, R. E., & Inwood, K., "Health, height and the household at the turn of the 20th century", *Economic History Review*, 69(1), 2016, 35-53쪽.

### 귀지

Yoshiura, K., *et al*. (39 co-authors), "A SNP in the ABCC11 gene is the determinant of human earwax type", *Nature Genetics*, 38, 2006, 324-330쪽.

귀지의 나이를 예측합니다: Ohashi, J., Naka, I., & Tsuchiya, N., "The impact of natural selection on an ABCC11 SNP determining earwax type", *Molecular Biology and Evolution*, 28(1), 2011, 849-857쪽.

에스키모인의 귀지 연구: Bass, E. J., & Jackson, J. F., "Cerumen types in Eskimos", *American Journal of Physical Anthropology*, 47(2), 1977, 209-210쪽.

### 이종 교배

이바노프와 그가 진행한 실험들: Rossiianov, K., "Beyond species: Il'ya Ivanov and his experiments on cross-breeding humans with anthropoid apes", *Science in Context*, 15 (02), 2003.

네안데르탈인과 코로나19 바이러스: Zeberg, H., & Pääbo, S., "The major genetic risk factor for severe Covid-19 is inherited from Neanderthals", *Nature*, 587(7835), 2020, 610-612쪽.

도킨스와 침팬지인간: Randerson, J., "Richard Dawkins: How would you feel about a half-human half-chimp hybrid?", *The Guardian*, 2009.

우리는 인간인가요?: www.youtube.com/watch?v=940mJse7H5Q

침팬지 조상과 인간 조상의 교배: Patterson, N., Richter, D. J., Gnerre, S., Lander, E. S., & Reich, D., "Genetic evidence for complex speciation of humans and chimpanzees", *Nature*, 441(7097), 2006, 1103-1108쪽.

곰들 간의 교배: Cahill, J. A., Heintzman, P. D., Harris, K., Teasdale, M. D., Kapp, J., Soares, A. E., ... & Shapiro, B., "Genomic evidence of widespread admixture from polar bears into brown bears during the last ice age", *Molecular Biology and Evolution*, 35(5), 2018, 1120-1129쪽.

en.wikipedia.org/wiki/Archaic_human_admixture_with_modern_humans

데니소바인과의 교배: Algar, J., "Tibetan 'super athlete' gene courtesy of an extinct human species", *Tech Times*, 2014.

유전자: en.wikipedia.org/wiki/EPAS1

Fan, Z., Ortega-Del Vecchyo, D., & Wayne, R. K., "EPAS1 variants in high altitude Tibetan wolves were selectively introgressed into highland dogs", *PeerJ*, 5, e3522, 2017.

### 유전적 부동

핀지랩의 역사: Sheffield, V. C., "The vision of typhoon Lengkieki", *Nature Medicine*, 6(7), 2000, 746-747쪽.

핀지랩 섬의 색맹: en.wikipedia.org/wiki/Pingelap, www.bbc.com/news/magazine-34346428. Morton, N. E., Lew, R., Hussels, I. E., & Little,

G. F., "Pingelap and Mokil Atolls: historical genetics", *American Journal of Human Genetics*, 24(3), 1972, 277쪽. Hussels, I. E., & Morton, N. E., "Pingelap and Mokil Atolls: achromatopsia", *American Journal of Human Genetics*, 24(3), 1972, 304쪽. Sheffield, V. C., "The vision of typhoon Lengkieki", *Nature Medicine*, 6(7), 2000, 746-747쪽.

켄터키주에 사는 피부가 파란 사람들: en.wikipedia.org/wiki/Blue_Fugates. www.nclark.net/BluePeopleofTroublesomeCreek. Adams, C., "Is there really a race of blue people?", *The Straight Dope*, 1998. Donaldson James, S., "Fugates of Kentucky: Skin bluer than Lake Louise", *abcNEWS*, 2012.

## 기타

발리섬 주민들의 청각 장애: 팟캐스트 '벵칼라, 발리섬의 청각 장애인 마을 Bengkala, un village de sourds sur l'île de Bali', 《프랑스 앵테르France Inter》의 프로그램, "다른 나라Ailleurs", 2011년 10월 20일. Winata, S., Arhya, I. N., Moeljopawiro, S., Hinnant, J. T., Liang, Y., Friedman, T. B., & Asher, J. H., "Congenital non-syndromal autosomal recessive deafness in Bengkala, an isolated Balinese village", *Journal of Medical Genetics*, 32(5), 1995, 336-343쪽.

칸지두 고도이, 브라질의 쌍둥이 마을: en.wikipedia.org/wiki/C%C3%A2ndido_God%C3%B3i

브라질 아라라스 주민에게 미치는 햇빛의 영향: www.news.com.au/lifestyle/health/health-problems/residents-of-the-brazilian-village-of-araras-are-melting-away-due-to-rare-skin-condition/news-story/530e2fa5db65c90a3f946c17d0255cba

게베도세스의 늦게 발달하는 남성 성기: www.bbc.com/news/magazine-34290981

## 이주

노예의 유전자: Micheletti, S. J., Bryc, K., Esselmann, S. G. A., Freyman, W. A., Moreno, M. E., Poznik, G. D., ... & Mountain, J. L., "Genetic consequences of the transatlantic slave trade in the Americas", *The American Journal of*

*Human Genetics*, 107(2), 2020, 265-277쪽.

Caspermeyer, J., "New insights and consequences of the transatlantic slave trade on African ancestry in the Americas", *Molecular Biology and Evolution*, 38(9), 2021, 4056쪽.

Jobling, M. A., "The impact of recent events on human genetic diversity", *Philosophical Transactions of the Royal Society B: Biological Sciences*, 367(1590), 2012, 793-799쪽.

마다가스카르섬 주민들: Wellcome Trust Sanger Institute, "Human inhabitants of Madagascar are genetically unique", *ScienceDaily*, 2005.

Creanza, N., & Feldman, M. W., "Worldwide genetic and cultural change in human evolution", *Current Opinion in Genetics & Development*, 41, 2016, 85-92쪽.

아프리카를 벗어난 인류의 유전적 다양성이 아프리카 다양성의 샘플입니다: Tishkoff, S. A., Reed, F. A., Friedlaender, F. R., Ehret, C., Ranciaro, A., Froment, A., ... & Williams, S. M., "The genetic structure and history of Africans and African Americans", *Science*, 324(5930), 2009, 1035-1044쪽.

### 자연 선택

방대한 논문: Rees, J. S., Castellano, S., & Andrés, A. M., "The genomics of human local adaptation", *Trends in Genetics*, 36(6), 2020, 415-428쪽.

폴리네시아인들과 당뇨병: www.cia.gov/library/publications/the-world-factbook/fields/367rank.html. en.wikipedia.org/wiki/Obesity_in_the_Pacific. Minster, R. L., Hawley, N. L., Su, C. T., Sun, G., Kershaw, E. E., Cheng, H., ... & McGarvey, S. T., "A thrifty variant in CREBRF strongly influences body mass index in Samoans", *Nature Genetics*, 48(9), 2016, 1049-1054쪽.

셀레늄: White, L., Romagné, F., Müller, E., Erlebach, E., Weihmann, A., Parra, G., ... & Castellano, S., "Genetic adaptation to levels of dietary selenium in recent human history", *Molecular Biology and Evolution*, 32(6), 2015, 1507-1518쪽.

바자우족: Ilardo, M. A., Moltke, I., Korneliussen, T. S., Cheng, J., Stern, A.

J., Racimo, F., ... & Willerslev, E., "Physiological and genetic adaptations to diving in sea nomads", *Cell*, 173(3), 2018, 569-580쪽.

최신 적응 사례: Fan, S., Hansen, M. E., Lo, Y., & Tishkoff, S. A., "Going global by adapting local: A review of recent human adaptation", *Science*, 354(6308), 54-59쪽.

비소에 대한 내성이 생긴 아르헨티나인들: Schlebusch, C. M., Gattepaille, L. M., Engström, K., Vahter, M., Jakobsson, M., & Broberg, K., "Human adaptation to arsenic-rich environments", *Molecular Biology and Evolution*, 32(6), 2015, 1544-1555쪽.

아카 피그미족: Perry, G. H., Foll, M., Grenier, J. C., Patin, E., Nédélec, Y., Pacis, A., ... & Barreiro, L. B., "Adaptive, convergent origins of the pygmy phenotype in African rainforest hunter-gatherers", *Proceedings of the National Academy of Sciences*, 111(35), 2014, 3596-3603쪽.

키가 큰 네덜란드인들: Turchin, M. C., Chiang, C. W., Palmer, C. D., Sankararaman, S., Reich, D., & Hirschhorn, J. N., "Evidence of widespread selection on standing variation in Europe at height-associated SNPs", *Nature Genetics*, 44(9), 2012, 1015-1019쪽. Stulp, G., Barrett, L., Tropf, F. C., & Mills, M. "Does natural selection favour taller stature among the tallest people on earth?", *Proceedings of the Royal Society B: Biological Sciences*, 282(1806), 20150211, 2015.

아시아인들의 두꺼운 모발: Lachance, J., & Tishkoff, S. A. "Population genomics of human adaptation", *Annual Review of Ecology, Evolution, and Systematics*, 44, 2013, 123-143쪽.

## 고도

좀 더 큰 폐: Droma, T., McCullough, R. G., McCullough, R. E., Zhuang, J., Cymerman, A., Sun, S., ... & Moore, L. G., "Increased vital and total lung capacities in Tibetan compared to Han residents of Lhasa (3,658m)", *American Journal of Physical Anthropology*, 86(3), 1991, 341-351쪽.

evolution.berkeley.edu/evolibrary/news/101001_altitude

검은 피부와 흰 피부: Gibbons, A., "New gene variants reveal the evolution of human skin color", *Science*, 2017.

에스키모인들: Fumagalli, M., Moltke, I., Grarup, N., Racimo, F., Bjerregaard, P., Jørgensen, M. E., ... & Nielsen, R., "Greenlandic Inuit show genetic signatures of diet and climate adaptation", *Science*, 349(6254), 2015, 1343-1347쪽.

추위에 적응하기: Overfield, T. *Biological Variation in Health and Illness: Race, Age, and Sex Differences*, CRC Press, 1995, 137-141쪽.

최고의 한랭 혈관 반응: en.wikipedia.org/wiki/Hunting_reaction

University of California - Berkeley. "Adaptation to high-fat diet, cold had profound effect on Inuit, including shorter height: Greenlanders developed unique mutations to deal with diet high in omega-3 fatty acids", *ScienceDaily*, 2015.

Yin, S., "Cold tolerance among Inuit may come from extinct human relatives", *New York Times*, 2016.

유전적 특이성을 가진 민족을 표시한 (벌써 반 이상 완성된) 지도: www.google.com/maps/d/edit?mid=1LsKK3bZQvCJzdbdwsIwk8ZRxjEA

## 13장 인류는 여전히 진화 중일까요?

### 도서

Solomon, S. E., *Future Humans*, Yale University Press, 2016.

에예르, É.(Heyer, É.), 『유전자 오디세이L'Odyssée des gènes』, 플라마리옹, 2020. (에블린 에예르 지음, 김희경 옮김, 『유전자 오디세이L'Odyssée des gènes』, 사람in, 2023)

### 자료

미래의 인간들: Olson, P., "How the human face might look in 100,000 years", *Forbes*, 2013.

"From text claw to tech neck: how technology affects our bodies", TollFreeForwarding.com, 2019.

데이비드 애튼버러, 진화에 관하여: Meikle, J., "Sir David Attenborough warns against large families and predicts things will only get worse", *The Guardian*, 2013.

다른 생물학자들: Hawks, J., "Did biologists really think that human evolution stopped?", *john hawks weblog*, 2009.

릴오쿠드르섬에 관한 다큐멘터리 '세상의 후속편을 찾아Pour la suite du monde': www.onf.ca/film/pour_la_suite_du_monde/

릴오쿠드르섬의 주민과 경제: 마르탱, Y.(Martin, Y)., 「릴오쿠드르섬: 주민과 경제L'Isle-aux-Coudres: Population et économie」, 《퀘벡의 지리 연구Cahiers de géographie du Québec》, 2(2), 1957, 167-195쪽.

릴로쿠드르섬의 선택에 관한 연구: Milot, E. et al., "Evidence for evolution in response to natural selection in a contemporary human population", *Proceedings of the National Academy of Sciences*, 108(41), 2011, 17040-17045쪽.

팔뚝의 정중 동맥: Lucas, T., Kumaratilake, J., & Henneberg, M., "Recently increased prevalence of the human median artery of the forearm", *A microevolutionary change. Journal of Anatomy*, 237(4), 2020, 623-631쪽.

최근 입증된 선택의 몇 가지 사례: Byars S. G., Ewbank D., Govindaraju D. R., Stearns S. C., "Colloquium papers: Natural selection in a contemporary human population", *Proceedings of the National Academy of Sciences,* 107, 2010, 1787-1792쪽.

Tropf F. C, *et al.*, "Human fertility, molecular genetics, and natural selection in modern societies", *PLoS One*, 10, e0126821, 2015.

Beauchamp J. P., "Genetic evidence for natural selection in humans in the contemporary United States", *Proceedings of the National Academy of Sciences,* 113, 2016, 7774-7779쪽.

Moorad, J. A., & Walling, C. A., "Measuring selection for genes that promote long life in a historical human population", *Nature Ecology & Eevolution*, 1(11), 2017, 1773-1781쪽.

Moorad, J. A. "A demographic transition altered the strength of selection for fitness and age-specific survival and fertility in a 19th century American

population", *Evolution*, 67(6), 2013, 1622-1634쪽.
Sanjak, J. S., *et al*., "Evidence of directional and stabilizing selection in contemporary humans", *Proceedings of the National Academy of Sciences*, 115(1), 2018, 151-156쪽.
새로운 기관들: www.gurumed.org/2020/10/10/evolution-une-majorit-dhumains-profiteront-dune-nouvelle-artre-mdiane-dans-lavant-bras-dici-2100/, Hicks, L., "You may have a new organ lurking in the middle of your head", *Science*, 2020.
19세기 말에 감소된 영아 사망률: Roser, M., "Mortality in the past - around half died as children", *Our World in Data*, 2019.
유타주의 인구 변천: Moorad, J. A., "A demographic transition altered the strength of selection for fitness and age-specific survival and fertility in a 19th century American population", *Evolution*, 67(6), 2013, 1622-1634쪽.
건강의 특성에 인구 변천이 미치는 영향: Corbett, S., Courtiol, A., Lummaa, V., Moorad, J., & Stearns, S., "The transition to modernity and chronic disease: mismatch and natural selection", *Nature Reviews Genetics*, 2018, 19(7), 419-430쪽.
감비아에서 인구 변천이 신체에 미치는 영향: Courtiol, A., Rickard, I. J., Lummaa, V., Prentice, A. M., Fulford, A. J., & Stearns, S. C., "The demographic transition influences variance in fitness and selection on height and BMI in rural Gambia", *Current Biology*, 23(10), 2013, 884-889쪽.
염기 서열 분석 비용: www.genome.gov/27541954/dna-sequencing-costs-data/
게놈 정보가 많은 국가들: www.clinicalomics.com/articles/10-countries-in-100k-genome-club/1860
읽기 쉬운 관련 기사들: Pennisi, E., "Humans are still evolving and we can watch it happen", *Science*, 2016. Zhang, S., "Huge DNA databases reveal the recent evolution of humans", *The Atlantic*, 2017.
2010 - (선택을 측정한) 선구자: Stearns, S. C., Byars, S. G., Govindaraju, D. R., & Ewbank, D., "Measuring selection in contemporary human populations", *Nature Reviews Genetics*, 11(9), 2010, 611-622쪽.

Khan, R., "Natural selection in our time", *Gene Expression*, 2010.

2017 – Mostafavi, H., Berisa, T., Day, F. R., Perry, J. R., Przeworski, M., & Pickrell, J. K., "Identifying genetic variants that affect viability in large cohorts", *PLoS Biology*, 15(9), e2002458, 2017.

2018 – 영국의 자료를 바탕으로: Sanjak, J. S., Sidorenko, J., Robinson, M. R., Thornton, K. R., & Visscher, P. M., "Evidence of directional and stabilizing selection in contemporary humans", *Proceedings of the National Academy of Sciences*, 115(1), 2018, 151–156쪽.

Khan, R., "Natural selection in humans (OK, 375,000 British people)", *Gene Expression*, 2017.

## 14장 왜 생식 기관은 그토록 빠르게 진화할까요?

### 도서

스힐트하위전, M.(Schilthuizen, M.), 『동물처럼. 동물이 우리의 성에 관해 알려준 것들Comme les bêtes. Ce que les animaux nous apprennent de notre sexualité』, 플라마리옹, '과학 분야' 총서, 2018.

Howard, J., *Sex on Earth: A Journey Through Nature's Most Intimate Moments,* Bloomsbury Sigma, 2014.

### 자료

민달팽이의 역사: Nitz, B., Falkner, G., & Haszprunar, G. "Inferring multiple Corsican Limax (Pulmonata : Limacidae) radiations: a combined approach using morphology and molecules", In *Evolution in Action*, Springer, Berlin, Heidelberg, 2010, 405–435쪽.

오리의 음경: Brennan, P. L., Clark, C. J., & Prum, R. O. "Explosive eversion and functional morphology of the duck penis supports sexual conflict in waterfowl genitalia", *Proceedings of the Royal Society B: Biological Sciences*, 277(1686), 2010, 1309–1314쪽.

정액을 운반하기 위한 인간의 음경: Gallup Jr, G. G., Burch, R. L., Zappieri, M. L., Parvez, R. A., Stockwell, M. L., & Davis, J. A., "The human penis as a semen displacement device", *Evolution and Human Behavior*, 24(4), 2003, 277-289쪽.

상어의 청소기 같은 생식 기관: Fitzpatrick, J. L., Kempster, R. M., Daly-Engel, T. S., Collin, S. P., &. Evans, J. P., "Assessing the potential for post-copulatory sexual selection in Elasmobranchs", *Journal of Fish Biology* 80, 2012, 1141-1158쪽.

돌고래의 밸브판이 있는 질: Orbach, D. N., Marshall, C. D., Mesnick, S. L., Würsig, B., "Patterns of cetacean vaginal folds yield insights into functionality", *PLoS One*, 12(3), e0175037, 2017.

다듬이벌레 암컷의 유사 음경: Yoshizawa, K., Ferreira, R. L., Kamimura, Y., & Lienhard, C., "Female penis, male vagina, and their correlated evolution in a cave insect", *Current Biology*, 24(9), 2014, 1006-1010쪽.

음경을 둘둘 말았다가 푸는 초시류: Gack, C., & Peschke, K., "'Shouldering' exaggerated genitalia: a unique behavioural adaptation for the retraction of the elongate intromittant organ by the male rove beetle (Aleochara tristis Gravenhorst)", *Biological Journal of the Linnean Society*, 84(2), 2005, 307-312쪽.

Andersson, J., Borg-Karlson, A. K., & Wiklund, C., "Sexual cooperation and conflict in butterflies: a male-transferred anti-aphrodisiac reduces harassment of recently mated femels", *Proceedings of the Royal Society of London. Series B: Biological Sciences*, 267(1450), 2000, 1271-1275쪽.

데즈먼드 모리스의 책에 관한 그다지 달갑지 않은 반응들: Dunbar, R., Saini, A., Garrod, B., Rutherford, A., "The Naked Ape at 50: 'Its central claim has surely stood the test of time'", *The Guardian*, 2017.

왜 암컷의 생식 기관은 거의 연구되지 않을까요?: Ah-King, M., Barron, A. B., & Herberstein, M. E., "Genital evolution: why are females still understudied?", *PLoS Biology*, 12(5), e1001851, 2014.

연구에 있어서 다양성의 중요성: Haines, C. D., Rose, E. M., Odom, K. J., &

Omland, K. E., "The role of diversity in science: A case study of women advancing female birdsong research", *Animal Behaviour*, 168, 2020, 19-24쪽.

음핵뼈는 음경뼈보다 다양합니다(그리고 아마도 그래서 선택압의 영향을 덜 받았을 것입니다): Lough-Stevens, M., Schultz, N. G., & Dean, M. D., "The baubellum is more developmentally and evolutionarily labile than the baculum", *Ecology and evolution*, 8(2), 2018, 1073-1083쪽.

## 15장 여성은 왜 오르가슴을 느낄까요?

### 도서

Lloyd, E. A., *The Case of the Female Orgasm: Bias in the Science of Evolution, Harvard University Press*, 2009.

### 자료

오르가슴 횟수와 자녀의 수 사이에는 연관성이 없습니다: Zietsch B. P., Santtila P., "No direct relationship between human female orgasm rate and number of offspring", *Animal Behaviour,* 86, 2013, 253-255쪽.

초기 음핵의 해부: O'Connell, H. E., Hutson, J. M., Anderson, C. R., & Plenter, R. J., "Anatomical relationship between urethra and clitoris", *The Journal of Urology*, 159(6), 1998, 1892-1897쪽.

오코넬 작업의 분석: Cencin, A., 「헬렌 오코넬(1998-2005)이 음핵에서 발견한 것들의 여러 설명. 과학적 재건과 미디어를 통한 대중화Les différentes versions de la 'découverte' du clitoris par Helen O'Connell (1998-2005). Entre restitution scientifique et vulgarisation médiatique」, 《젠더, 성, 사회Genre, sexualité & société》, (권외 특별호 no.3), 2018.

성적 지향과 행위에 따른 오르가슴의 빈도: Frederick, D. A., John, H. K. S., Garcia, J. R., & Lloyd, E. A., "Differences in orgasm frequency among gay, lesbian, bisexual, and heterosexual men and women in a US national sample", *Archives of Sexual Behavior*, 47(1), 2018, 273-288쪽.

쉽게 오르가슴을 느끼기 위한 해부학의 중요성: Wallen, K., & Lloyd, E. A., "Female sexual arousal: Genital anatomy and orgasm in intercourse", *Hormones and Behavior*, 59(5), 2011, 780-792쪽.

음핵의 변이성: Wallen, K., & Lloyd, E. A., "Clitoral variability compared with penile variability supports nonadaptation of female orgasm", *Evolution & Development*, 10(1), 2008, 1-2쪽.

두개골 크기의 진화: Miller, G. F., & Penke, L., "The evolution of human intelligence and the coefficient of additive genetic variance in human brain size", *Intelligence*, 35(2), 2007, 97-114쪽.

여성 오르가슴의 진화적 기원을 찾아보는 논문: Pavličev, M., & Wagner, G., "The evolutionary origin of female orgasm", *Journal of Experimental Zoology Part B: Molecular and Developmental Evolution*, 326(6), 2016, 326-337쪽.

여성 오르가슴에서 교훈을 찾아보는 논문: Wagner, G. P., & Pavličev, M., "What the evolution of female orgasm teaches us", *Journal of Experimental Zoology Part B: Molecular and Developmental Evolution*, 326(6), 2016, 325-325쪽.

배란이 시작된 동물에게 항우울제가 미치는 영향: Pavličev, M., Zupan, A. M., Barry, A., Walters, S., Milano, K. M., Kliman, H. J., & Wagner, G. P., "An experimental test of the ovulatory homolog model of female orgasm", *Proceedings of the National Academy of Sciences*, 116(41), 2019, 20267-20273쪽.

J. K. 롤링과 오르가슴: Saul, H., "J. K. Rowling : Scientists advise author to 'actually read' their paper on purpose of female orgasm", *The Independent*, 2016.

크게 변화하는 여성 오르가슴: Garcia, J. R., Lloyd, E. A., Wallen, K., & Fisher, H. E., "Variation in orgasm occurrence by sexual orientation in a sample of US singles", *The Journal of Sexual Medicine*, 11(11), 2014, 2645-2652쪽.

자궁이 정액을 흡입하는 능력을 측정하려는 실험: Fox, C. A., Wolff, H. S., & Baker, J. A., "Measurement of intra-vaginal and intra-uterine pressures during human coitus by radio-telemetry", *Reproduction*, 22(2), 1970, 243-251쪽.

King, R., Dempsey, M., & Valentine, K. A., "Measuring sperm backflow following female orgasm: a new method", *Socioaffective Neuroscience & Psychology*, 6(1), 2016, 31927쪽.

## 16장 할머니들은 왜 존재할까요?

### 자료

할머니 고래(그래니)를 다룬 위키피디아 페이지: en.wikipedia.org/wiki/Granny_(killer_whale)

할머니 고래는 워싱턴주 오르카스섬의 명예 시장이었습니다: orcasmayor.org/orcas-island-childrens-house

할머니 진딧물: Foster, W. A., "Behavioural ecology: The menopausal aphid glue-bomb", *Current Biology*, 20(13), 2010, 559-560쪽.

치아 연구에 따르면 나이 든 사람은 진화 역사에서 최근에 등장했습니다: Caspari, R., & Lee, S. H., "Older age becomes common late in human evolution", *Proceedings of the National Academy of Sciences*, 101(30), 2004, 10895-10900쪽.

수렵채집인들은 그래도 오래 살았습니다: Gurven, M., & Kaplan, H., "Longevity among hunter-gatherers: a cross-cultural examination", *Population and Development Review*, 33(2), 2007, 321-365쪽.

노화에 관해 쉽게 쓴 괜찮은 기사: Alex, B., "When did humans start to get old?", *Discover*, 2019.

길항적 다면 발현으로 완경을 설명할 수 있을까요?: Wood, J. W., O'Connor, K. A., Holman, D. J., Brindle, E., Barsom, S. H., & Grimes, M. A., "The evolution of menopause by antagonistic pleiotropy", *Center for Studies in Demography and Ecology: Working Papers*, 2001, 1-4쪽.

고래의 사냥 기술: Morell, V., "How orcas work together to whip up a meal", *National Geographic*, 2015.

고래는 문화를 전달하고 생존의 기회를 늘립니다: Nattrass, S., Croft, D. P., Ellis, S., Cant, M. A., Weiss, M. N., Wright, B. M., ... & Franks, D. W.,

"Postreproductive killer whale grandmothers improve the survival of their grandoffspring", *Proceedings of the National Academy of Sciences*, 2019, 116(52), 26669-26673쪽.

엄마와 딸의 재생산 경쟁으로 완경을 설명할 수 있을까요?: Croft, D. P., Johnstone, R. A., Ellis, S., Nattrass, S., Franks, D. W., Brent, L. J., ... & Cant, M. A., "Reproductive conflict and the evolution of menopause in killer whales", *Current Biology*, 27(2), 2017, 298-304쪽.

고래는 손주에게 지식을 전달합니다: Frederick, E., "Granny killer whales pass along wisdom - and extra fish - to their grandchildren", *Science*, 2019.

완경에 관한 여러 가설의 요약본: Hägg, F., "Evolutionary Theories of Menopause", 2020.

할머니는 인류의 진화에 얼마나 많은 영향을 미쳤나요? : Landau, E., "How much did grand-mothers influence human evolution?", *Smithsonian Magazine*, 2021.

퀘벡에서 할머니들이 지리적으로 가까이 있을 때 손주가 더 많이 태어났습니다: Engelhardt, S. C., Bergeron, P., Gagnon, A., Dillon, L., & Pelletier, F., "Using geographic distance as a potential proxy for help in the assessment of the grandmother hypothesis", *Current Biology*, 29(4), 2019, 651-656쪽.

핀란드에서 할머니들이 나이가 많을수록 손주가 적게 태어났습니다: Chapman, S. N., Pettay, J. E., Lummaa, V., & Lahdenperä, M., "Limits to fitness benefits of prolonged post-reproductive lifespan in women", *Current Biology*, 29(4), 2019, 645-650쪽.

완경의 진화, 상세한 논문: Johnstone, R. A., & Cant, M. A., "Primer: evolution of menopause", *Current Biology Magazine*, 29, 2019, 105-119쪽.

할머니들은 딸들이 아이를 더 낳게 돕습니다: Cell Press, "Studies lend support to 'grandmother hypothesis', but there are limits", *Science Daily*, 2019.

## 나가며

### 도서

밸컴 J.(Balcombe J.), 『물고기는 무슨 생각을 할까À quoi pensent les poissons?』, 라플라주, 2018. (조너선 밸컴 지음, 양병찬 옮김, 『물고기는 알고 있다 – 물속에 사는 우리 사촌들의 사생활What a Fish Knows』, 에이도스, 2017)

프랑수아 B.(François B.), 『정어리의 웅변Éloquence de la sardine』, 파야르, 2019. (빌 프랑수아 지음, 이재형 옮김, 『정어리의 웅변Éloquence de la sardine』, 레모, 2022)

드보브 S.(Debove S.), 『왜 우리 뇌는 선과 악을 만들었나Pourquoi notre cerveau a inventéle bien et le mal』, 위망시앙스, 2021.

### 자료

쥐가오리의 큰 뇌: Ari, C., "Encephalization and brain organization of mobulid rays (Myliobatiformes, Elasmobranchii) with ecological perspectives", *The Open Anatomy Journal*, 3(1), 2011.

소동정맥 그물: Alexander, R. L., "Evidence of brain-warming in the mobulid rays, Mobula tarapacana and Manta birostris (Chondrichthyes : Elasmobranchii : Batoidea : Myliobatiformes)", *Zoological Journal of the Linnean Society*, 118(2), 1996, 151-164쪽.

쥐가오리를 대상으로 수행한 실험: Ari, C., & D'Agostino, D. P., "Contingency checking and self-directed behaviors in giant manta rays: Do elasmobranchs have self-awareness?", *Journal of Ethology*, 34(2), 2016, 167-174쪽.

쥐가오리는 친구가 있습니다: Perryman, R. J., Venables, S. K., Tapilatu, R. F., Marshall, A. D. Brown, C., & Franks, D. W., "Social preferences and network structure in a population of reef manta rays", *Behavioral Ecology and Sociobiology*, 73(8), 2019, 1-18쪽.

**1판 1쇄 발행** 2024년 6월 18일
**지은이** 레오 그라세
**일러스트** 알리스 마젤
**옮긴이** 서희정
**발행인** 도영
**표지 디자인** 씨오디
**내지 디자인** 손은실
**편집 및 교정 교열** 김미숙
**발행처** 그러나 등록 2016-000257
**주소** 서울시 마포구 동교로 142, 5층(서교동)
**전화** 02) 909-5517
**팩스** 02) 6013-9348, 0505) 300-9348
**이메일** anemone70@hanmail.net


ISBN 979-11-984242-2-8 03470
* 책값은 뒤표지에 있습니다.